“十三五”职业教育
国家规划教材

高等职业教育在线开放课程
配套教材

# 计算机应用技术导论

## （第二版）

JISUANJI YINGYONG JISHU DAOLUN

主　编　张　永　聂　明
副主编　夏　平　王玉娟　董志勇

中国教育出版传媒集团
高等教育出版社·北京

## 内容提要

本书是“十三五”职业教育国家规划教材。本书是依据教育部最新印发的《高等职业学校专业教学标准》中关于本课程的教学要求，并参照相关的国家职业技能标准和行业职业技能鉴定规范修订而成的。

本书概要介绍了计算机相关技术所涉及的计算机专业范畴内的一些基本概念、基本原理。全书共分10章，内容主要包括计算机系统概述、硬件系统、软件系统、信息系统与数据库、软件开发技术、网络与信息安全技术、数字媒体技术、新技术及应用、计算机相关职业、职业资格与认证等。

本书适合作为各职业院校计算机及相关专业的专业前导课程的教材，也可供计算机技术爱好者自学使用。

**图书在版编目(CIP)数据**

计算机应用技术导论/张永，聂明主编. —2版
.—北京：高等教育出版社，2019.11(2022.7重印)
ISBN 978-7-04-053104-6

Ⅰ.①计… Ⅱ.①张…②聂… Ⅲ.①电子计算机—高等职业教育—教材 Ⅳ.①TP3

中国版本图书馆CIP数据核字(2019)第277053号

**策划编辑** 张尕琳 **责任编辑** 张尕琳 王 威 **封面设计** 张文豪 **责任印制** 高忠富

| | | | |
|---|---|---|---|
| **出版发行** | 高等教育出版社 | **网　　址** | http://www.hep.edu.cn |
| **社　　址** | 北京市西城区德外大街4号 | | http://www.hep.com.cn |
| **邮政编码** | 100120 | **网上订购** | http://www.hepmall.com.cn |
| **印　　刷** | 当纳利（上海）信息技术有限公司 | | http://www.hepmall.com |
| **开　　本** | 787mm×1092mm 1/16 | | http://www.hepmall.cn |
| **印　　张** | 13.75 | **版　　次** | 2014年10月第1版 |
| **字　　数** | 333千字 | | 2019年11月第2版 |
| **购书热线** | 010－58581118 | **印　　次** | 2022年7月第2次印刷 |
| **咨询电话** | 400－810－0598 | **定　　价** | 30.00元 |

本书如有缺页、倒页、脱页等质量问题，请到所购图书销售部门联系调换

**物 料 号　53104-00**

# 配套学习资源及教学服务指南

## 二维码链接资源

本书配套微视频、拓展阅读等学习资源，在书中以二维码链接形式呈现。手机扫描书中的二维码进行查看，随时随地获取学习内容，享受学习新体验。

## 在线自测

本书提供在线交互自测，在书中以二维码链接形式呈现。手机扫描书中对应的二维码即可进行自测，根据提示选填答案，完成自测确认提交后即可获得参考答案。自测可以重复进行。

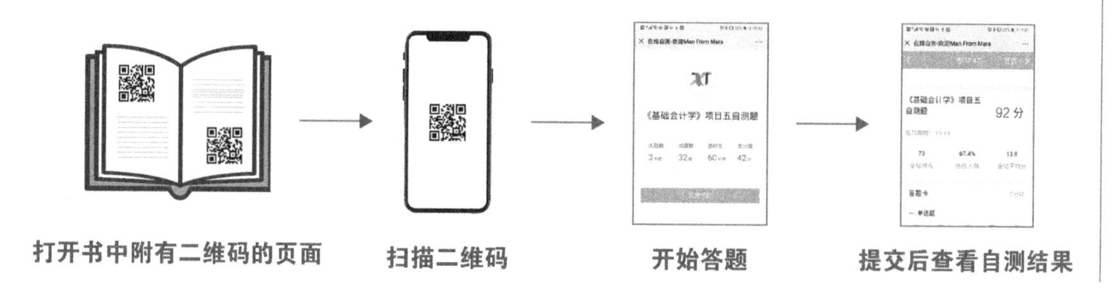


## 教师教学资源索取

本书配有课程相关的教学资源，例如，教学课件、习题及参考答案、应用案例等。选用教材的教师，可扫描以下二维码，添加服务QQ（800078148）；或联系教学服务人员（021-56961310/56718921，800078148@b.qq.com）索取相关资源。

## 本书二维码资源列表

| | 类型 | 说　明 |
|---|---|---|
| 第 1 章 | 微视频 | 计算机系统概述-1 |
| | 微视频 | 计算机系统概述-2 |
| | 拓展阅读 | 超级计算机简介 |
| | 微视频 | 中国的超级计算机系统 |
| | 互动练习 | 第 1 章自测题 |
| 第 2 章 | 微视频 | 硬件系统-1 |
| | 微视频 | 硬件系统-2 |
| | 微视频 | 我国的芯片产业 |
| | 互动练习 | 第 2 章自测题 |
| 第 3 章 | 微视频 | 软件系统概述-1 |
| | 微视频 | 软件系统概述-2 |
| | 微视频 | 国产操作系统 |
| | 互动练习 | 第 3 张自测题 |
| 第 4 章 | 微视频 | 信息系统和数据库-1 |
| | 微视频 | 信息系统和数据库-2 |
| | 微视频 | 阿里的自研数据库 |
| | 互动练习 | 第 4 章自测题 |
| 第 5 章 | 微视频 | 软件开发技术-1 |
| | 微视频 | 软件开发技术-2 |
| | 微视频 | 微信的诞生和发展 |
| | 互动练习 | 第 5 章自测题 |

| | 类型 | 说　明 |
|---|---|---|
| 第 6 章 | 微视频 | 网络与信息安全技术-1 |
| | 微视频 | 网络与信息安全技术-2 |
| | 微视频 | 棱镜门事件 |
| | 互动练习 | 第 6 章自测题 |
| 第 7 章 | 微视频 | 数字媒体技术-1 |
| | 微视频 | 数字媒体技术-2 |
| | 微视频 | 流浪地球与特效制作 |
| | 互动练习 | 第 7 章自测题 |
| 第 8 章 | 微视频 | 新技术及应用-1 |
| | 微视频 | 新技术及应用-2 |
| | 微视频 | 人工智能大事件 |
| | 互动练习 | 第 8 章自测题 |
| 第 9 章 | 微视频 | 计算机相关职业-1 |
| | 微视频 | 计算机相关职业-2 |
| | 微视频 | 中国的著名程序员 |
| | 互动练习 | 第 9 章自测题 |
| 第 10 章 | 微视频 | 职业资格与认证-1 |
| | 微视频 | 职业资格与认证-2 |
| | 微视频 | 华为认证体系 |
| | 互动练习 | 第 10 章自测题 |

# 前言

随着我国现代职业教育体系的全面建成，纵向可工可学、横向普职融通的符合我国基本国情、独具我国特色的“中国职教方案”已经基本成形。2019年1月24日，国务院发布的《国家职业教育改革实施方案》，对职业教育的发展提出了更高的定位，这就要求职业教育的育人目标，必须具有终身性、融通性、开放性等多元化特征，职业教育的教材建设也必须做到随着时代的发展与时俱进。

本书是“十三五”职业教育国家规划教材，遵循教育部最新印发的《高等职业学校专业教学标准》中对本课程的要求，依据最新颁发的国家标准和信息产业的行业规范，对照职业技能等级证书，坚持“三全育人”的思想要求修订而成。

本书依照高职学生的认知特点，从日常熟悉的应用场景展开，逐次递进。全书共10章，包括计算机系统概述、硬件系统、软件系统、信息系统与数据库、软件开发技术、网络与信息安全技术、数字媒体技术、新技术及应用、计算机相关职业、职业资格与认证等。各章节紧密联系实际，充分展现了计算机技术在解决现实问题时所具有的特点，具有典型的职业应用特色。

本版修订，在第一版的基础上，从全面提高人才培养质量这个核心点出发，与课程内容相结合，围绕培养学生家国情怀、展现中国最新IT领域巨大成就、提升学生信息安全与法治意识三条主线，选取了与本课程相关度高、结合紧密的思政资源，融入教材中。同时着重突出了立体化课程资源建设的思路，通过微课视频、延伸阅读、互动练习等多种手段，使得教材成为课程立体化资源的枢纽；在教学资源的整合中，融趣味性、专业性、思政性为一体，对接企业用人标准，强调职业素养与职业道德，增强职业资格证书意识，为培养新时代的技术技能人才提供助力。

全书由张永、聂明担任主编，夏平、王玉娟、董志勇担任副主编。为本书编写提供帮助的还有南京信息职业技术学院计算机与软件学院的其他一线资深教师，在此对他们的无私贡献和真诚建议表示十分的感谢。

本书的编写参考了大量的书籍、期刊以及互联网上的资源，为此，我们向有关的作者、编者、译者表示真诚的感谢。

还要感谢高等教育出版社的专家学者们，他们在本书的再版过程中辛勤工作，才能使本书与读者见面。

目前，计算机及相关技术蓬勃发展、一日千里，加之新事物层出不穷，编者水平所限，书中疏漏之处在所难免，恳请读者批评指正。

编　　者

# 前言

# 目　录

# 目 录

# 第1章 计算机系统概述

**本章课前准备**

探讨计算机给人们生活带来的各种变化

查找一些计算机专业术语，看看自己能否理解

**本章教学目标**

明确计算机系统的一些基本概念

简单了解计算机技术的发展脉络

确立计算机系统相对规范完整的印象

**本章教学要点**

正确建立计算机系统的完整概念

**本章教学建议**

讨论、示例、讲述、演示相结合

微视频

计算机系统概述-1

现代社会几乎每个人对计算机都不算陌生，但是计算机专业人员对计算机系统及构成的理解需要比普通用户更加深入，本章将从计算机的基本概念、计算机技术的发展脉络和计算机系统组成几个方面，帮助读者建立相对完整、规范的知识体系。

## 1.1 基本概念

**互动教学** 你能熟练使用计算机进行日常事务处理吗？哪些设备可被称为计算机？

计算机技术从出现到现在，已经有60余年的时间。从当初的神秘事物，到如今的大众化设备，计算机对人们生活的影响随处可见，几乎每个人都可以举出具体应用示例。从使用角度来看，计算机用户有两类，一类是把计算机当成工具的普通用户，他们不需要关心计算机是如何工作的，能用它完成自己的日常事务即可；另一类是计算机专业人士，他们需要懂得很多计算机的工作原理及相关知识。

本章主要介绍计算机基本概念、计算机技术发展脉络、典型计算机系统示例等相关内容。

### 1.1.1 计算机及分类

电子计算机(Electronic Computer)简称计算机，俗称电脑，是所有具有计算和存储记忆功能的装置的统称。计算机由硬件系统(Hardware)和软件系统(Software)组成。计算机系统的基本工作流程如图1-1所示。

计算机的分类方法很多，根据计算能力、存储能力、体系结构、应用目的可分为如下类型。

(1) 个人计算机(Personal Computer，PC)：台式机、笔记本电脑、平板电脑、手持终端

(PDA、智能手机、游戏机)等,如图 1-2 所示。

(2) 网络计算机:服务器(Server)、交换机(Switch)、路由器(Router)等,如图 1-3 所示。

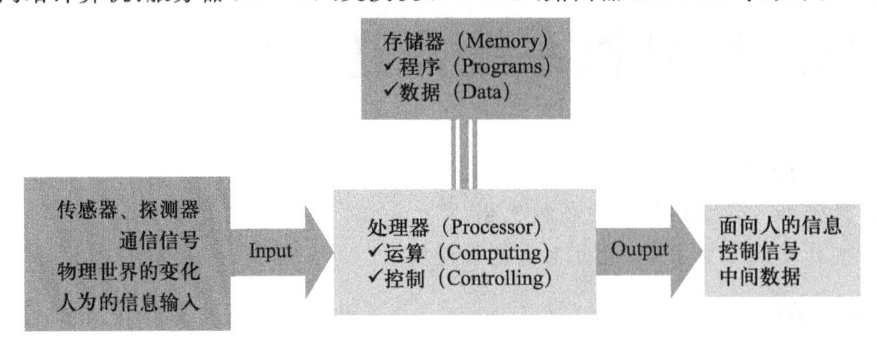


图 1-1 计算机系统工作流程示意图

图 1-2 各类 PC

图 1-3 服务器、交换机与路由器

图 1-4 天河二号超级计算机系统

(3) 超级计算机:在气象、军事、能源、航天、探矿等领域承担大规模、高速度的计算任务的大型机、巨型机等。2013 年 6 月 17 日,在德国莱比锡召开的国际超级计算大会上,世界超级计算机 TOP500 组织正式发布了第 41 届世界超级计算机 500 强排名榜,国防科技大学研制的天河二号超级计算机(图 1-4)位居榜首,其主要参数见表 1-1。

表 1-1　天河二号超级计算机系统主要参数

| 参　数 | 说　明 |
|---|---|
| 结点数 | 16 000 |
| 芯片供应商/承建商 | NUDT(国防科技大学)、Inspur(浪潮) |
| 作业管理者 | 中国国家超级计算中心 |
| 置放地点 | 中华人民共和国广东省广州市 |
| 中央处理器 | 英特尔 Xeon IveBridge E5-2692(2.2 GHz)32 000 颗 |
| 初级互联 | TH Express-2 专用高速互联网络 |
| 操作系统 | 麒麟操作系统 (Kylin Linux) |
| 组件汇总 | CPU Cores:384 000、Accelerator/CP:48 000 |
| 单结点存储 | 64 GB |
| 容积、占地面积 | 720m$^2$ |
| 内部存储器 | 1 375TB |
| 外部存储器 | 12.4PB |
| 运算速率 | 54.9PFLOPS(理论峰值)、33.86PFLOPS(实际峰值) |
| 造价 | 1 亿美元 |

(4) 嵌入式计算机:几乎存在于所有智能电气设备中,如计算器、机顶盒、手机、数字电视、多媒体播放器、汽车、微波炉、数字相机、家庭自动化系统、电梯、空调、安全系统、自动售货机、消费电子设备、自动化仪表与医疗仪器等,如图 1-5 所示。

图 1-5　嵌入式芯片与嵌入式产品

发展中的生物计算机、光子计算机、量子计算机等如图 1-6 所示。

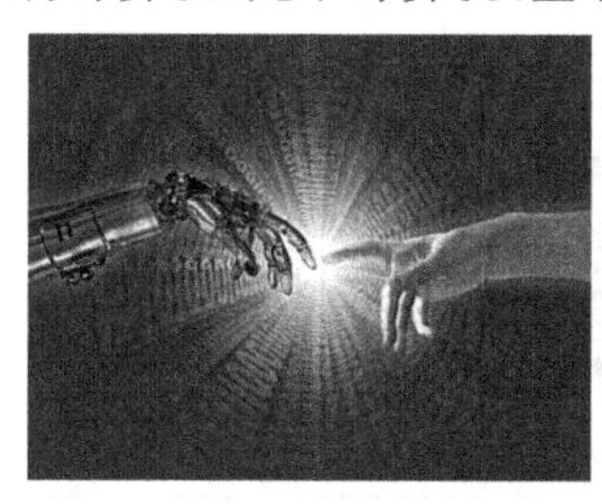

图 1-6　光子计算机与量子计算机假想图

### 1.1.2　计算机组成与连网

计算机系统是从基础硬件到顶层软件相互支撑协调构成的,多台计算机相互连网,还可以组成更加复杂、功能也更强大的各种应用系统。

以 PC 为例，其系统组成情况如图 1-7 所示。其核心部分为硬件系统，如硬件系统未安装任何软件，称之为“裸机”；覆盖在硬件系统之上的第一层软件为操作系统（Windows 7、Linux 等）；在操作系统之上，为各种语言处理程序（常见的有 Java、Visual Studio 环境等）；再往上，为各种实用程序或软件包（比如数据库软件或驱动程序等）；最顶层的为用户熟悉的各类应用程序。

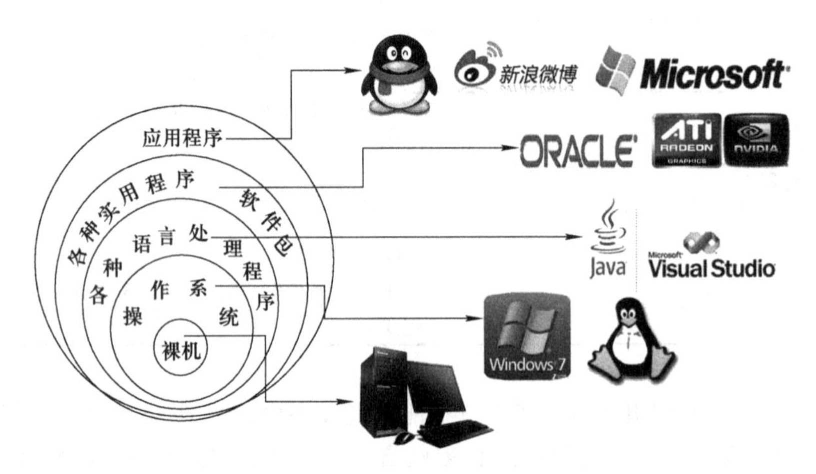


图 1-7　计算机系统组成



多机连网可构成更加复杂的应用系统，图 1-8 为常见的校园一卡通系统结构示意图。

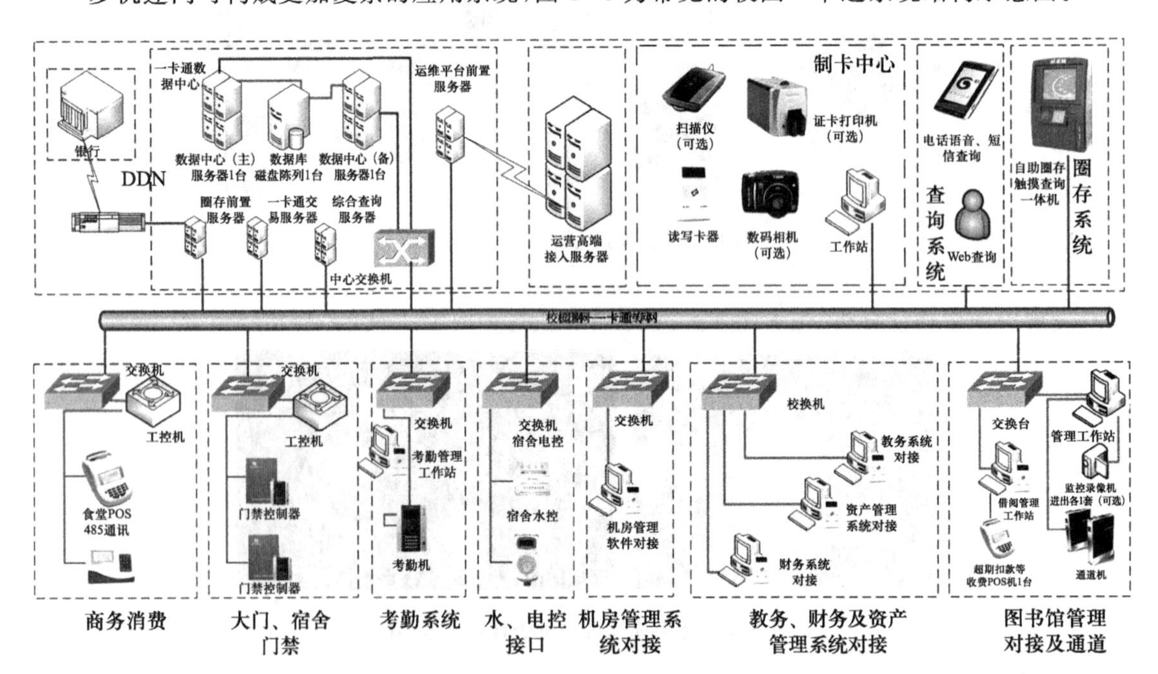


图 1-8　典型连网系统（校园一卡通）

### 1.1.3　典型计算机应用系统

以计算机为核心，可构成各类计算机应用系统。图 1-9 所示为×××职业技术学院网络拓扑结构，此系统为一典型三层结构的园区网络，可实现比较大规模的园区局域网的互联互通。

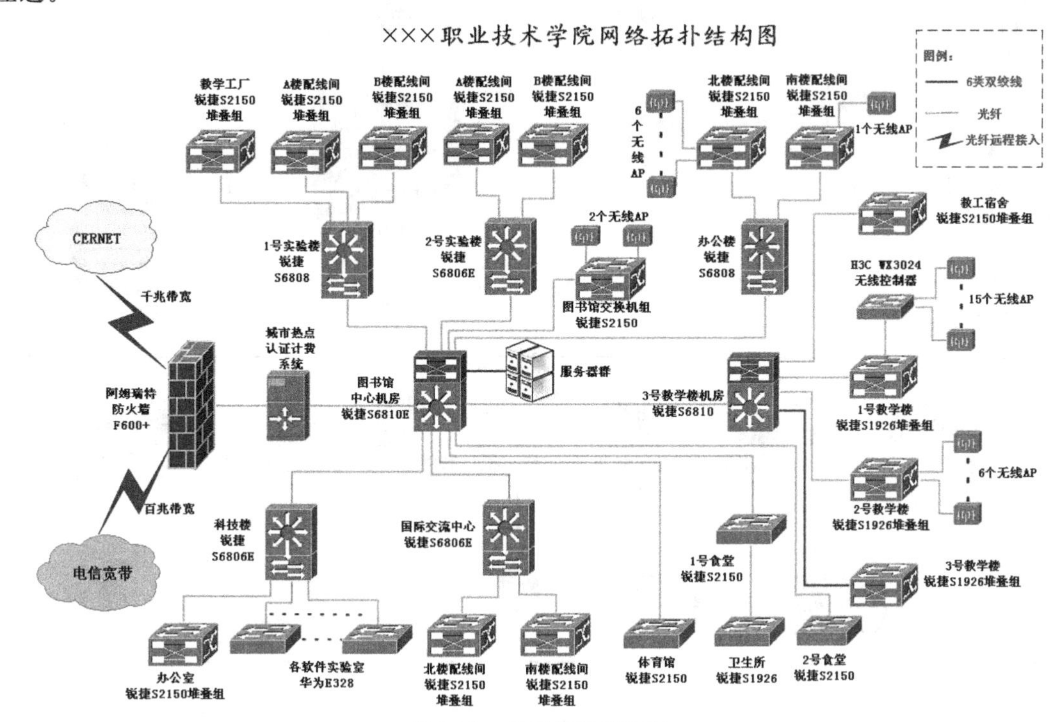


图 1-9　典型局域网系统

图 1-10 为智能家居系统示意图。随着智能电子产品的普及、物联网技术的逐步推广和人们对生活质量的追求，智能家居系统近几年发展速度很快。智能家居系统主要是采用成熟的技术进行系统集成，在网络技术的支持下，完成家庭各种生活设备的集中管理和远程控制，将来人们通过手机，在办公室（或有网络的更远地方）关闭家里的电灯将是随手可以办到的事情。

图 1-11 为智能车辆调度系统示意图，公交公司可通过该系统对所有运行车辆进行实时动态监控与调度，随时掌握车辆的动向。

### 1.1.4　计算机的特征

综合前面所学各部分内容，计算机的典型特征总结如下：

- 运算速度快、精度高；
- 具有存储或记忆能力；
- 具有逻辑判断能力；
- 自动化程度高；
- 连网与分布式计算能力出众。

按照广义的概念，符合上述特征的电子设备都可以算作计算机。

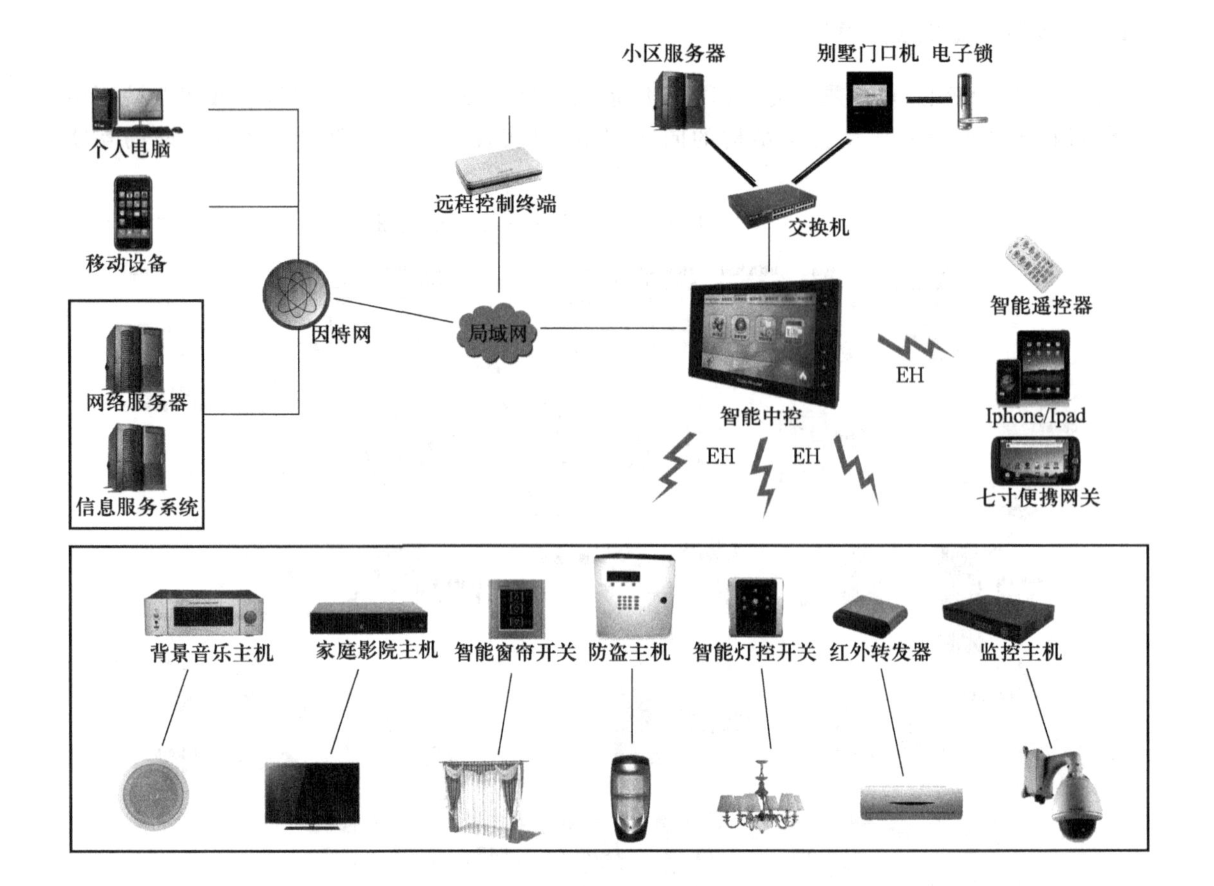


图 1-10 智能家居系统示意图



### 1.1.5 计算机的应用领域

计算机现在几乎已经深入人们生活的各个领域，在某些应用比较深入的地方(比如发达城市)，如果所有计算机系统一旦停止运转，会造成无法想象的后果。

概括起来，计算机的应用领域可以分类如下：

- 科学计算(或数值计算)——这是计算机最基本的功能。
- 数据处理(或信息处理)——大部分日常应用都可归入此范围，是最广泛的应用类型。
- 辅助技术(CAD、CAM、CAI、…)——辅助设计，辅助制造，辅助教学。
- 过程控制(或实时控制)——工业生产领域应用较多，比如自动化流水线。
- 人工智能(或智能模拟)——计算机应用比较前沿的领域，计算机越来越“像”人。
- 网络应用——现在不能连网的计算机用途十分有限。
- 通信、娱乐——日常比较主流的应用。

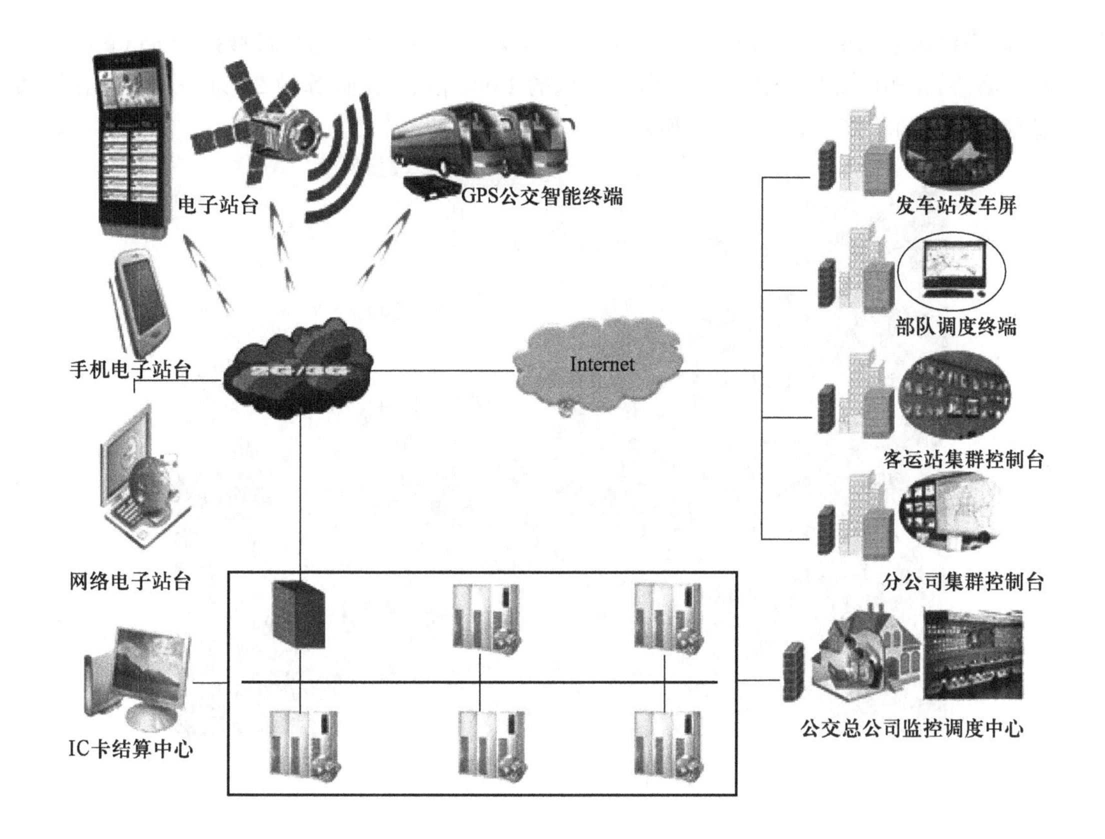


图1-11　智能车辆调度系统示意图



## 1.2　计算机技术发展脉络

互动教学　对现今人类社会产生重大影响的计算机技术是如何产生的？它的各个阶段又有哪些代表性成果呢？

### 1.2.1　计算机的产生

关于世界上第一台计算机有很多不同的说法，但大家比较公认的是1946年2月14日在美国费城宾夕法尼亚大学莫尔电机学院开始运行的ENIAC(中文名为埃尼阿克)(电子数字积分计算机的简称，英文全称为 Electronic Numerical Integrator And Computer)是第一台通用数字电子计算机，ENIAC宣告了一个新时代的开始，从此，科学计算的大门向人类打开了。

ENIAC的研制时间是在第二次世界大战后不久，那时，随着火炮的发展，弹道计算日益复杂，原有的一些计算工具已不能满足使用要求，迫切需要有一种新的快速的计算工具。这样，在当时电子技术已显示出具有记数、计算、传输、存储控制等功能的基础上，电子计算机就应运而生了。

ENIAC长30.48 m，宽1 m，占地面积约170 $m^2$，30个操作台，相当于10间普通房间的大小，重达30 t，功耗150 kW，造价达48万美元。它包含了17 468个真空管、7 200个晶体二极管、70 000 个电阻器、10 000 个电容器、1 500 个继电器、6 000 多个开关，每秒执行 5 000 次加法或 400 次乘法，是当时速度最快的继电器计算机的 1 000 倍、手工计算的 20 万倍，这在当时，确实已是很了不起的功能。如图 1-12 所示。

图 1-12　ENIAC

承担 ENIAC 开发任务的是一个叫“莫尔小组”的项目组，由四位科学家和工程师埃克特、莫克利、戈尔斯坦、博克斯组成，总工程师埃克特在当时年仅 24 岁。图 1-13 所示。

图 1-13　ENIAC 研发团队

关于冯·诺依曼(图 1-14),现在大家都公认他为计算机之父,实际上,他是中途加入 ENIAC 研发团队的。约翰·冯·诺依曼(John von Neumann,1903—1957),美籍匈牙利人,数学家、计算机学家、物理学家、经济学家,在 ENIAC 研制的时候任弹道研究所顾问,正在参加美国第一颗原子弹研制工作,在研制过程中期加入了研制小组,1945 年,冯·诺依曼和他的研制小组在共同讨论的基础上,发表了一个全新的"存储程序通用电子计算机方案"——EDVAC(Electronic Discrete Variable Automatic Computer),在此过程中他对计算机的许多关键性问题的解决作出了重要贡献,从而保证了计算机的顺利问世。

图 1-14　冯·诺依曼

自第一台计算机问世以后,人类的科学计算就进入了飞速发展时期,越来越多的高性能计算机被研制出来。自 1946 年之后,比较有典型代表意义的计算机技术发展时间简表如下:

| | |
|---|---|
| 1947 年 | 晶体管诞生 |
| 1958 年 | 集成电路(IC)诞生 |
| 1969 年 | 计算机网络诞生(以 ARPANet 为标志) |
| 1969 年 | UNIX 操作系统第一版开发完成 |
| 1971 年 | 世界上第一个微处理器 4004 出现 |
| 1972 年 | C 语言出现 |
| 1979 年 | DOS 操作系统出现 |
| 1985 年 | 386 微处理器出现 |
| 1990 年 | 万维网(WWW)出现 |

20 世纪 90 年代,人类社会开始进入计算机技术飞速发展时代。

微视频

计算机系统概述-2



### 1.2.2　计算机的制造

不同时期的计算机的制造工艺是不一样的,但都代表了当时最先进的电子设备制造水平。现代的计算机制造集成了当代最顶尖的生产工艺,集中运用了各种类型的加工工艺。

对当前计算机制造技术中比较有代表性的生产工艺简介如下。

#### 1. 芯片生产技术

各种类型的芯片是电子产业的核心,也代表了时代最尖端的生产工艺。现在主流的芯片生产技术还是采用半导体材料(主要是硅)来制造。大体的流程为首先从石英砂中精炼提纯出硅元素(纯度等级不低于 99.999%),然后将硅元素制成硅棒,切片后就是芯片制作具体需要的晶圆。芯片制造工厂的等级一般就按能够生产的晶圆的尺寸来划分的,单晶硅圆片按其直径分为 6 英寸、8 英寸、12 英寸(300 mm)及 18 英寸(450 mm)等,如图 1-15 所示。直径越大的圆片,所能刻制的集成电路越多,芯片的成本也就越低,但大尺寸晶片对材料和技术的要求也越高。对晶圆继续进行涂膜、光刻显影(主要用紫外线)、蚀刻、掺杂等工艺,形成相应的 P、N 类半导体材料,进行切割后就成为一个个晶圆颗粒,复杂的芯片(比如 CPU)可能需要多层这样的半导体材料层层叠加,形成一个立体结构,再使用金属导线相连,接下来对连接好的晶圆组进行测试,合格之后再对成品进行封装(封装也是在专门的工厂进行,封装工艺多达几十种,常见的封装材料包括塑料、陶瓷和金属等),封装完毕之后再次测试,剔除不良品,最后是包装、销售。

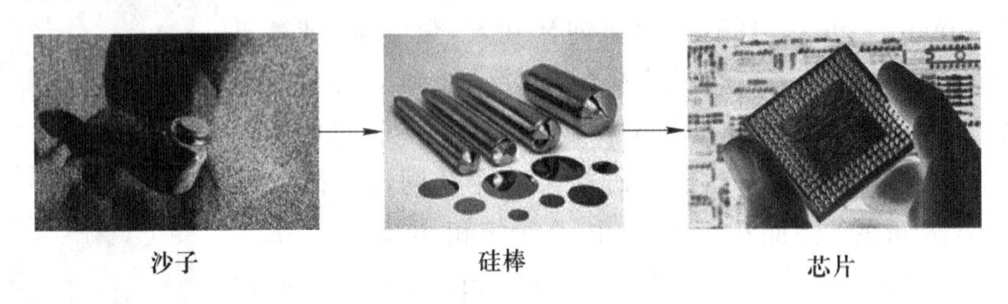


图 1-15　芯片生产流程示意图

现在芯片的制造工艺水准已经达到纳米级别,通常称为芯片的制程工艺,典型代表就是 CPU 芯片。制程工艺是指在生产 CPU(或其他芯片)过程中,集成电路(Integrated Circuit,简写为 IC)的精细度(精度)越高,生产工艺越先进。在同样的材料中可以制造更多的电子元件,连接线也越细,精细度就越高,CPU 的功耗也就越小。

制程工艺的纳米是指 IC 内电路与电路之间的距离。制程工艺的趋势是向密集度愈高的方向发展。密度愈高的 IC 电路设计,意味着在同样大小面积的 IC 中,可以拥有密度更高、功能更复杂的电路设计。微电子技术的发展与进步,主要是靠工艺技术的不断改进,使得器件的特征尺寸不断缩小,从而集成度不断提高,功耗降低,器件性能得到提高。芯片制造工艺在 1995 年以后,从 0.5 μm、0.35 μm、0.25 μm、0.18 μm、0.15 μm、0.13 μm、90 nm、65 nm、45 nm、32 nm 一直发展到目前最新的 22 nm,而 14 nm 制程工艺将是下一代 CPU 的发展目标。



**2. 主板生产工艺**

主板(Mainboard)是很多电子产品中最重要的承载板,对电子产品性能的好坏有非常重要的影响。主板可为矩形或不规则形状,上面安装了组成电子产品的主要电路系统。对于 PC 机来说,主板上一般有 BIOS 芯片、I/O 控制芯片、键盘和面板控制开关接口、指示灯插接件、扩充插槽、主板及插卡的直流电源供电接插件等元件。

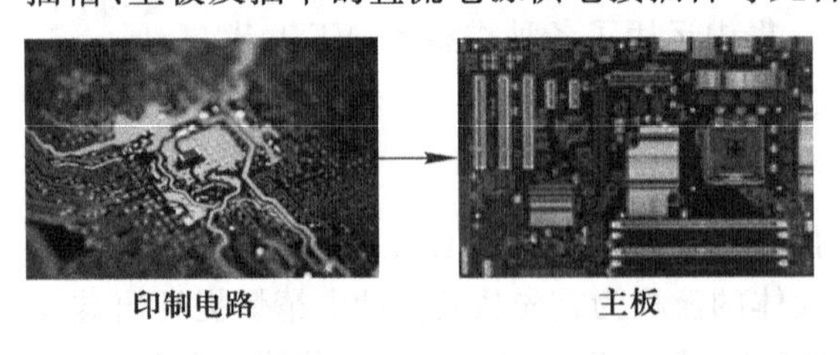


图 1-16　主板生产工艺

主板的生产工艺简单来说,需要三个专业方向(不严格划分)的精诚合作,首先需要有电子信息工程方向生产的各种电子元件(电阻、电感、电容、二极管、三极管、集成电路芯片等),然后需要一块 PCB(Printed Circuit Board,印制电路板)作为连接器,PCB 板的制造技术属于微电子工程方向,其生产过程主要步骤为光绘、下料及冲钻基准孔、化学镀铜、蚀刻、电气通断检验、通孔及沉铜、覆阻焊层、铣边等。在此过程中,需要用到化学蚀刻、电镀、印刷术(这也是印制电路板名字的由来,主板上的细如发丝的导线是印刷在基础板材上的)等相关工艺。最后通过一种叫作 SMT(Surface Mounted Technology,表面贴装技术)的工艺,将各种元器件贴、焊到 PCB 板表面规定的位置上。主板的生产工艺也能代表一个国家电子制造工业的水准,如图 1-16 所示。

**3. 显示设备**

显示系统是直接与用户打交道最多的部分，其效果的好坏直接影响到用户的体验。通常显示性能的好坏衡量指标包括色彩、亮度、清晰度等。显示元器件的制造工艺与性能也与计算机的其他部件一样，始终是在不断提高的。现在的显示设备（以屏幕为典型代表）已经越来越薄，清晰度和色彩丰富度都非常好，功耗也越来越低了（图 1-17）。传统的显示设备制造工艺曾经使用过阴极射线管（庞大、笨重的玻璃屏幕显示器），现在普遍都采用液晶技术来实现。液晶在显示系统中主要提供颜色（图形）显示，显示系统的光是由液晶后面的发光板发出的，所以此发光板制造技术是影响屏幕薄厚、功耗高低的关键。早些年的液晶屏使用 CCFL（冷阴极管）技术，现在比较主流的技术为 LED（发光二极管）背光，LED 具有功耗低、发热量低、亮度高、寿命长等特点，采用此技术制造的屏幕，相比于传统液晶屏，更薄，亮度更高，寿命更长，也更加省电。近几年在手机屏等显示领域，又出现了一些更加先进的显示技术，比如使用 OLED（有机发光二极管技术）的柔性屏等，可以实现更加神奇的显示效果。

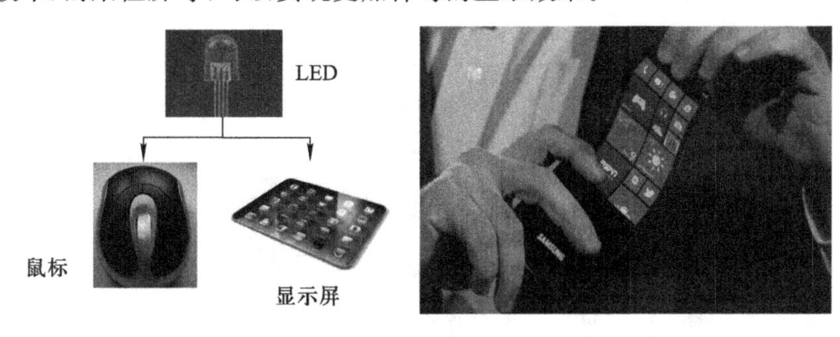


图 1-17　显示设备制造

## 1.2.3　当前的计算机

当前的各种计算机如图 1-18 所示，其特点可以概括为运算速度快、存储容量大、体积小、价格低、智能化程度高。

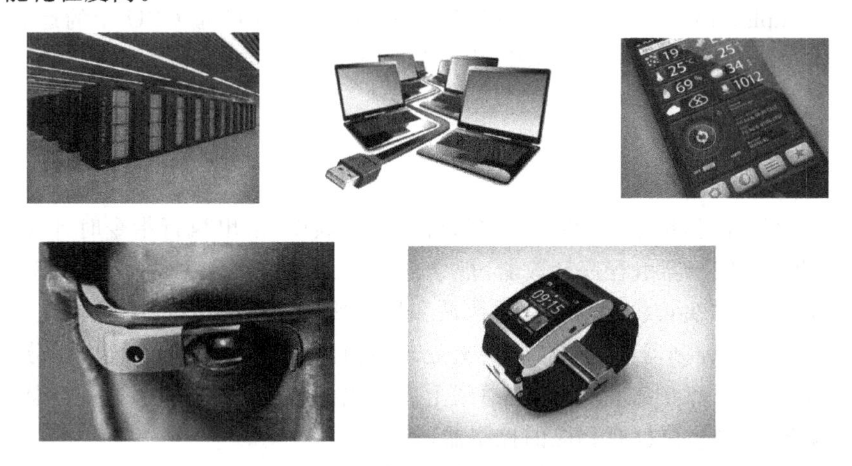

图 1-18　各种类型计算机

### 1.2.4 前沿技术展望

对于计算机相关技术，我们有理由相信，在不久的将来：

- 可能会出现新的计算机体系结构和制造技术；
- 未来的计算机会更加小巧、智能；
- 分布式运算越来越普及；
- 智能系统不断发展成熟；
- 社会生产率更高。

## 1.3 计算机系统概述

计算机系统由硬件系统和软件系统组成，按照冯·诺依曼体系，计算机硬件系统包含五大部分，分别是运算器、控制器、存储器、输入设备和输出设备(图 1-19)。



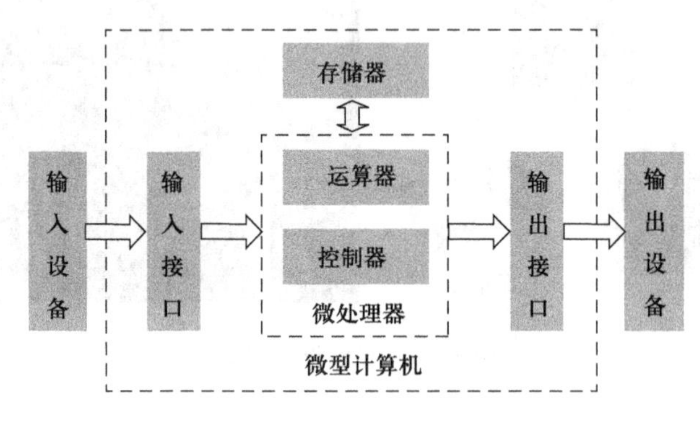


图 1-19 计算机硬件系统示意图

### 1.3.1 运算器

PC 的运算器最主要的是中央处理器中的 ALU(Arithmetic Logic Unit，算术逻辑单元)和显卡的 GPU(Graphic Processing Unit，图形处理器)芯片。ALU 是 CPU 中的运算器，主要完成算术运算和逻辑运算(图 1-20)。GPU 中的计算单元主要完成计算机输出的二维、三维图形的计算、渲染等。

### 1.3.2 控制器

控制器是计算机的指挥中心，负责决定执行程序的顺序，给出执行指令时计算机各部件需要的操作控制命令。控制器由程序计数器、指令寄存器、指令译码器、时序产生器和操作控制器组成，它是发布命令的“决策机构”，即完成协调和指挥整个计算机系统的操作。

从所在位置来说，控制器不仅仅位于中央处理器内部，整个计算机系统中都分布有相当多的功能不同的控制器。举例来说，在系统总线上有总线控制器，每个外部设备与总线之间也存在控制器，常见的 U 盘接口也有相应的控制器。

所有的控制器相互协调，共同构成了计算机的控制系统。

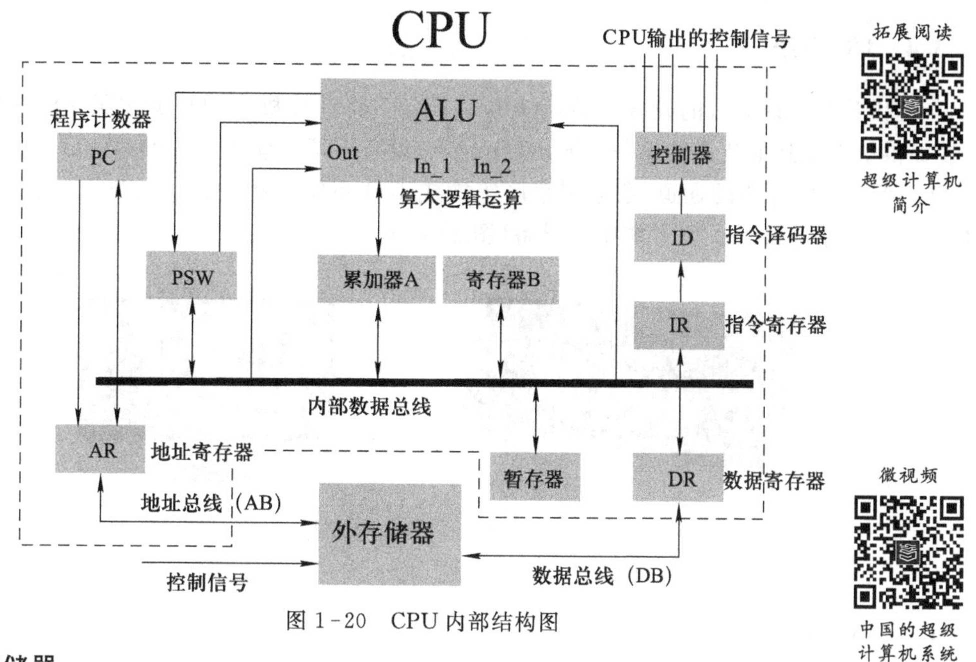


图 1-20　CPU 内部结构图

拓展阅读

超级计算机简介

微视频

中国的超级计算机系统

### 1.3.3　存储器



存储器分临时性的和永久性的。内存(主存,Memory)为数据临时存储区,直接与 CPU 交换数据。外存(辅存,Storage)可长期保存数据,通过内存与 CPU 交换数据。硬盘、U 盘、光盘、磁带(存储介质中单位存储信息成本低、容量大、标准化程度高的常用存储介质,主要用于海量数据备份)都是外存设备。各种存储器构成(存储体系)如图 1-21 所示。

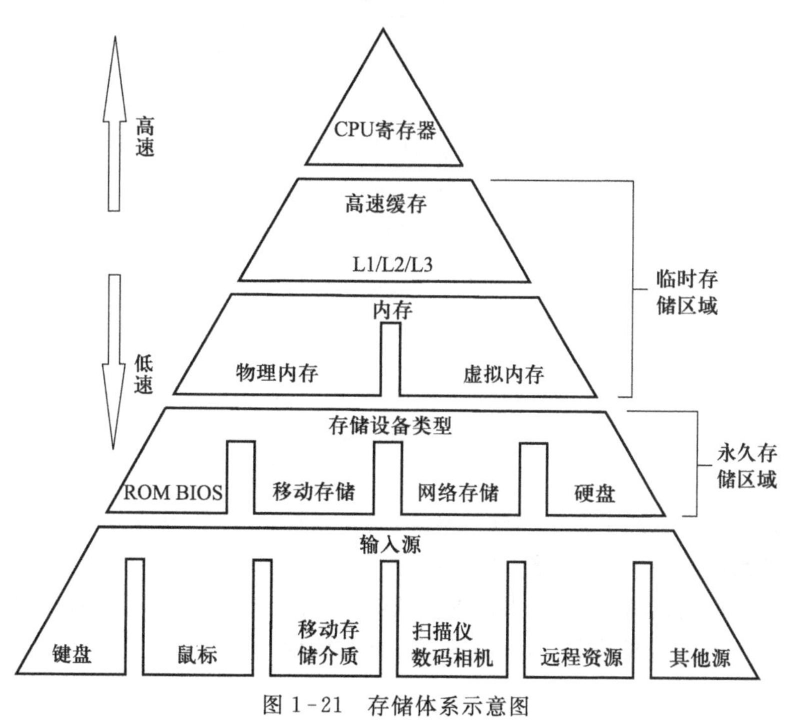


图 1-21　存储体系示意图

### 1.3.4 I/O 系统

提供数据给计算机的设备为输入(Input)设备。将计算机中的数据按照一定的“格式及方式”提供给人或其他装置的设备叫输出(Output)设备。两者统称为I/O(Input/Output)设备。I/O设备及与之相连的通道、数据缓存区等构成I/O系统。键盘、鼠标、显示器、打印机、投影仪、话筒、音箱等都是I/O系统中的设备(图1-22)。

图1-22 典型I/O设备

### 1.3.5 软件系统



计算机的硬件系统是基础,软件系统是灵魂。硬件通过特定的结构实现底层的基本计算和控制,但是只有通过特定软件的控制,它才能完成特定的计算和I/O。软件系统大体可以划分为系统软件、支撑软件和应用软件三个层次(图1-23)。

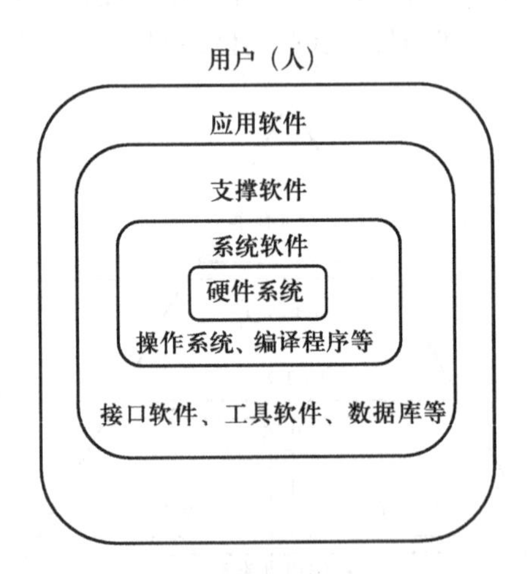


图1-23 软件系统结构图

系统软件是计算机系统中基础的软件系统,它包括操作系统、编译系统和数据库等。其中操作系统在软件系统的最下层,紧接着底层硬件。

支撑软件包括网络通信程序、多媒体支持软件、硬件驱动程序、实用软件工具等。

应用软件是为满足不同需求、不同场景而设计的软件。

## 1.4　相关职业岗位能力

本部分知识可为下列职业人员提供岗位能力支持：

互动练习

第 1 章自测题

- 计算机系统推广销售人员
- 系统运维工程师

提供基础知识,部分能力支撑。

- 软件系统工程师

提供基础知识,部分能力支撑。

## 1.5　课后体会

### 学生总结

年　月　日

# 第2章　硬件系统

**本章课前准备**

查找相关资料，了解计算机硬件系统组成

思考一下，哪些工作需要了解计算机硬件系统

**本章教学目标**

使学生建立相对完整、科学的计算机硬件体系知识

能理解硬件描述方法中各项参数指标的含义

知道相关岗位的职业能力要求

**本章教学要点**

硬件知识体系的科学建立与描述

**本章教学建议**

讨论启发与讲述、演示相结合

生活中人们衡量计算机系统（包括智能手机）的好坏的最重要指标就是速度，至于其内部各部件是如何工作的，大家并不关心；然而作为专业人员，必须懂得计算机系统的基础——硬件系统，通过更细致的性能指标才能了解哪些因素影响计算机的速度。

## 2.1　硬件系统概述

互动教学　你能完整地描述出典型的计算机硬件系统吗？试举例说明。

图2-1　主流台式机外观

对于个人用户来说，计算机曾经以不同的形态在人们面前展示，即使是现在，这一变化也从未停止。想完整而科学地掌握计算机的硬件系统不是一朝一夕的事情，可以先从人们最熟悉的PC的硬件分解开始，来逐步深入探讨计算机的硬件系统。

图2-1至图2-9所示是比较主流的台式计算机的主要配件（虽然一些硬件的配置标准不断提高，但整体物理结构变化不是特别大）。近年，随着笔记本电脑性能不断提升，价格不断降低，台式计算机已经不再是个人配置计算机的首选，但是它还是具有空间大、扩展容易、结构稳固、价格低的特点，所以依然是学校机房、单位办公室和计算机发烧友的首要选择。

上述硬件都是安装在台式机的机箱内部的，加上外在可见的显示器、键盘和鼠标，基本上就是主流台式机的主要配置了。

图 2-2　主机箱打开后的样子

图 2-3　台式机主板

图 2-4　Intel(英特尔)CPU

图 2-5　AMD CPU

图 2-6　内存

图 2-7　台式机显卡

图 2-8　台式机硬盘

图 2-9　DVD 光驱

下面来看看笔记本电脑的物理分解情况，如图 2-10～图 2-13 所示。

图 2-10 标准笔记本电脑外观

图 2-11 特殊造型笔记本

图 2-12 去掉外壳的笔记本主机部分

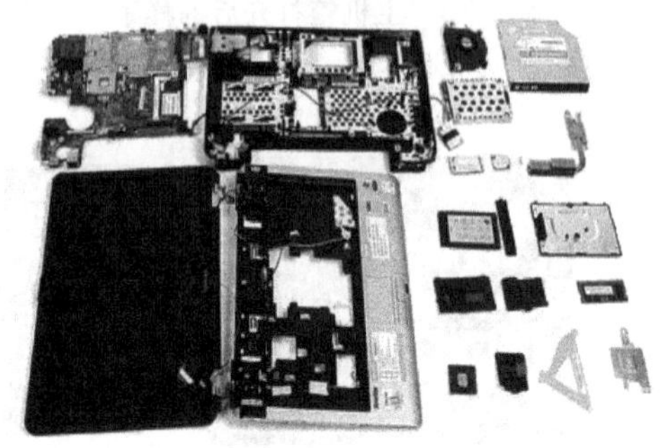

图 2-13 笔记本电脑完全分解图



注 从物理结构方面来讲，笔记本电脑包含的部件组成与台式机是一样的，只是由于笔记本电脑高度集成的特性要求，所以全部的部件都做得尽可能地小巧和集成化了。对于普通的计算机用户，笔记本电脑的拆解是个很难完成的工作。另外也由于笔记本电脑的高集成特性，所以对它的硬件进行升级也是远不如台式机方便的。

正如人们所了解到的，计算机的形态绝对不仅仅是台式机和笔记本这两种，还有很多其他形态的计算机系统。图 2-14～图 2-19 展示的是典型的智能手机的硬件组成。

图 2-14 iPhone 4S

图 2-15 拆开后盖

图 2-16 拿掉电池之后

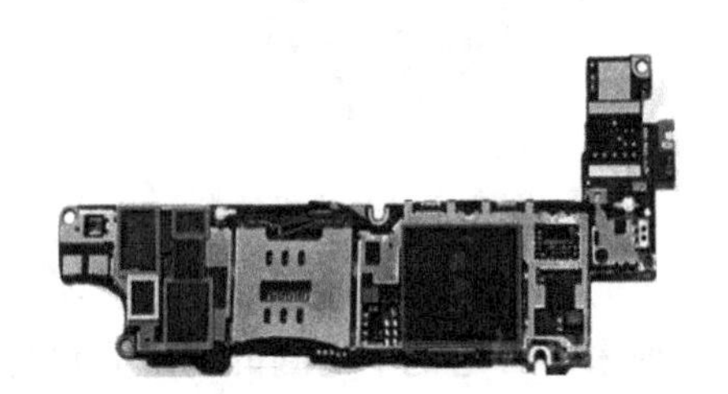

图 2-17 手机主板

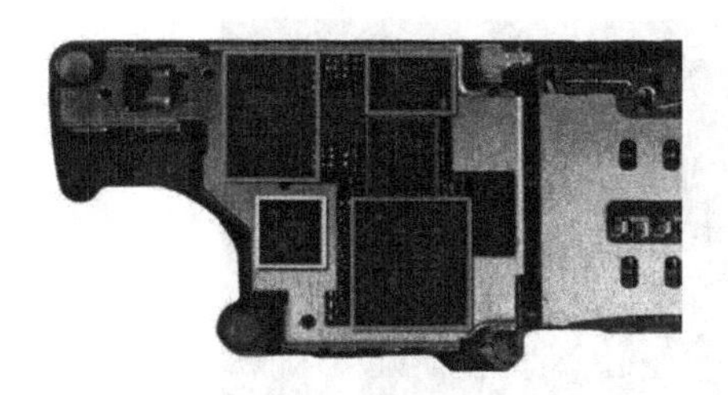

图 2-18　模组配件(各种芯片组)

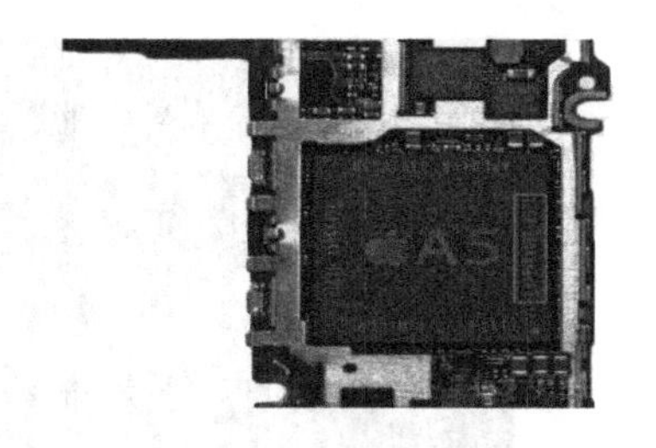

图 2-19　主处理器　(A5)

图 2-20 展示的是数据中心常用的机架式服务器的分解图及由大量服务器构成的专业数据中心。机架式服务器是一种标准化的产品,宽度统一,都安装在 19 英寸的机柜里,便于集中存放和管理,但是厚度可以有许多规格。常见的专业服务器类型主要包括:塔式服务器、机架式服务器和刀片式服务器。PC 也能担当非专业的服务器角色,但其在硬件设计指标上,与专业服务器的差别很大,两者的价格也相差很远。对于由服务器构成的数据中心,许多人都会觉得很陌生,但数据中心提供的服务人们几乎天天都会用到,各种网络服务(QQ、微博、在线视频、网银等)全部都是由数据中心提供的。

图 2-20　机架式服务器及专业数据中心



有一些规模极其庞大的信息服务公司(如阿里巴巴、百度)会建有自己的专用数据中心并分布于全球各地(图 2-21),在这些专用数据中心里,各种服务器会进行有效的组织和整合,构成一套完整的信息服务系统,为用户提供综合信息服务。

**注** 一般专业数据中心的服务器是分属于不同组织的。若公司规模较小,想搭建网络平台,可不必建立自己的数据中心,只需要将服务器放入专业数据中心托管即可。

除此之外,还有一类计算机,即超级计算机系统,其构成模式是将成千上万的各类处理器相连接后,在统一操作系统的管理下,成为一个性能超强的计算机系统(图 2-22)。超级计算机是功能最强、运算速度最快、存储容量最大的一类计算机,多用于国家级高科技领域和尖端技术研究,是一个国家科研实力的体现,它对国家安全、经济和社会发展具有举足轻重的意义,是国家科技发展水平和综合国力的重要标志。

图 2-21 阿里巴巴公司数据中心

图 2-22 “天河二号”超级计算机系统



以上展示的是各种计算机系统中能看得见摸得着的物理设备，这就是人们常说的计算机硬件(Hardware)系统。

概括起来结论如下：

- 计算机硬件系统是由不同类型的器件使用不同的加工技术和体系结构制造的。
- 不同用途的计算机硬件系统的体系结构是不一样的。

构成计算机系统的所有物理设备称为计算机硬件系统，即由机械、光、电、磁器件构成的具有计算、控制、存储、输入和输出功能的实体部件。自计算机出现以来，人们就不断地开发新技术以提高计算机的性能，有些曾经主流的技术已经被淘汰，也有一些新的技术即将应用。

回顾计算机的发展历史，公认的现代计算机之父为美籍匈牙利人约翰·冯·诺依曼(John von Neumann，1903—1957)。冯·诺依曼体系约定了计算机硬件系统是由五大部分组成的，分别是运算器、控制器、存储器、输入设备和输出设备。

以 PC 为例，典型的现代计算机的硬件逻辑结构如图 2-23 所示。

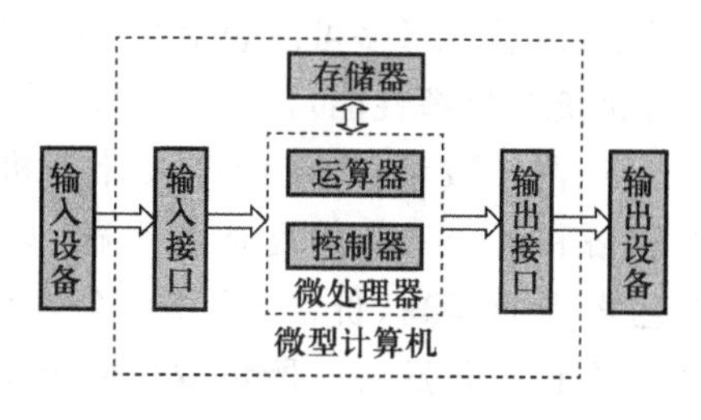


图 2-23　现代计算机硬件逻辑结构

PC 采用的是总线结构进行连接的，系统总线(Bus)由三个部分构成，分别是数据总线(负责数据传送)、控制总线(负责传送控制指令)和地址总线(负责直接内存寻址)。

在计算机系统的硬件配置时，最重要的原则是性能均衡，不要出现明显的瓶颈设备。

从计算机的工作模式来说，又可分为主机和外设，其示意图如图 2-24 所示。

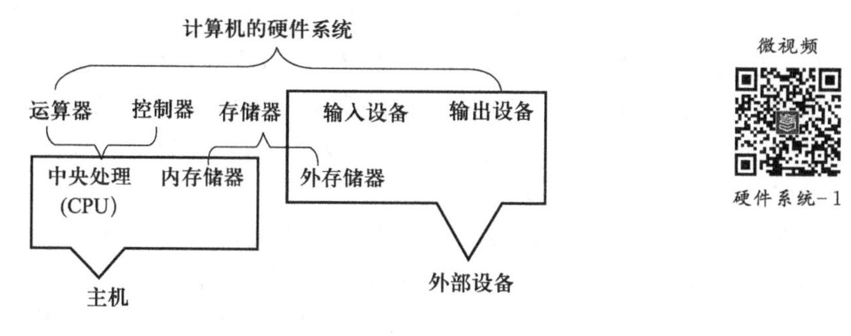


图 2-24　主机与外部设备

微视频

硬件系统-1

## 2.2　硬件系统

### 2.2.1　处理器

**互动教学** 探讨一下计算机系统中可能存在哪些处理器，它们的性能指标怎么衡量。

计算机硬件系统中有各种类型、各种功能的处理器(Processor)，其核心是中央处理器(CPU)。处理器按广义方法可分为：通用高性能微处理器(Central Processor Unit,CPU)、嵌入式微处理器(Micro Processor Unit,MPU)、数字信号处理器(Data Signal Processor,DSP)、微控制器(Micro Control Unit,MCU，用于汽车、空调、自动机械等领域的自控设备)等几大类。

处理器的主要功能是实现指令，完成运算和控制。

全球处理器领域的著名厂家主要有 Intel、AMD、IBM、高通、德州仪器(TI)、英伟达(NVIDIA)、ARM 等。

处理器的主要性能指标包括：

• 主频：CPU 工作时的时钟频率，CPU 最重要的性能指标之一，单位是 Hz。现在主频单位已经发展到 GHz 水平，1 GHz=1 024 MHz=1 024×$10^6$ Hz。主频对计算机的运算速度有重要影响，在其他条件均相同的情况下，主频越高，运算速度越快。

• 字长：CPU 在单位时间内(同一时间)能一次处理的二进制数的位数，对 CPU 的性能有重要影响。前几年主流的 CPU 的字长为 32 位，现在主流的 CPU 的字长均为 64 位。简单来说，64 位字长的机器可以用 64 位二进制位来表示控制指令、内存地址等。根据二进制的特点，理论上 64 位机最多可以表示 $2^{64}$ 种指令、$2^{64}$ 字节直接内存地址(当然还要配合 64 位的操作系统才能充分发挥性能),比 32 位机在性能上有质的飞跃。

• 内核数量:传统的个人计算机 CPU 都是单核的,也就是封装了一个 CPU 核心,由于价格和制造工艺的复杂度问题,以前只有服务器和巨型机才使用多核结构。现在随着工艺水平的提高、价格的下降,个人计算机的 CPU 采用双核已经成为主流,未来一定会向更多核心方向发展。所谓双(多)核,就是在一个 CPU 封装结构中,安放两(多)个 CPU 核心。双核不是简单的两个 CPU 的叠加,它要求比较复杂的多 CPU 连接技术,随着核心数量的增加,连接难度会以几何级数增长,多 CPU 结构可以使得在不提高 CPU 主频的情况下,系统性能得到较大提升。

• Cache:高速缓存,封装于 CPU 内部,由于制造成本比较高,通常容量都不大。其出现的主要原因是 CPU 的速度更快、造价更高,而主存(内存)存取速度往往没有 CPU 快,这样有可能造成 CPU 要一直等待内存传送数据而造成 CPU“空转”,从而产生资源浪费。在 CPU 内部封装 Cache 等同于在 CPU 内部建立了一个小“仓库”,可以把经常执行的指令和少量数据保存在这里,以方便 CPU 充分发挥运算能力。

• 系统前端总线:前端总线是处理器与主板北桥芯片(主板上最重要的芯片组)或内存控制器之间的数据通道,其频率高低直接影响 CPU 访问内存的速度。



• 工作电压:CPU 正常工作所需的直流电由主板提供。早期的 CPU 工作电压为 5 V 左右,前几年主流的 CPU 的工作电压为 3.5 V 左右,现在最新的 CPU 的标准电压仅需 1.6 V(或者更低)。作为全球大量使用的电子设备,计算机核心电压的下降,对于节能降耗有重要实用意义;而且 CPU 电压的下降,对于需要电池供电、内部空间狭小、散热困难的笔记本电脑来说,更具有极大的实用价值。

• 指令集类型:某个处理器能支持的指令的集合就称为该处理器的指令集。理论上,设计一种处理器就需要设计这种处理器所支持的全部指令。基于历史的原因,某些公司(例如 Intel)的新款处理器会包含并兼容该公司以前的所有产品的指令,这样就形成了非常庞大的指令集。

### 2.2.2 指令

指令是处理器中靠硬件电路实现的基本计算和控制动作,目前有 CISC 和 RISC 两大体系。

CISC(Complex Instruction Set Computer):复杂(指令有上万条)、功耗大,典型代表是 Intel、AMD处理器。

RISC(Reduced Instruetion Set Computing):简洁(指令有一百多个)、低功耗,典型代表是 PowerPC、SPARC、PA-RISC、MIPS 和 Alpha 等高端处理器。

指令集(Instruction Set)是指一种处理器所支持和实现的全部指令,也叫指令系统,每种处理器均有自己的特定指令系统,而且指令内容和格式也不同。

所有程序的语句,最后都要转化为一系列按一定顺序排列的指令,由处理器逐条执行,完成相应的计算与控制。

指令的执行部件是处理器。

指令的执行顺序主要包括：取指令、分析指令和执行指令。执行原理如图 2-25 所示。

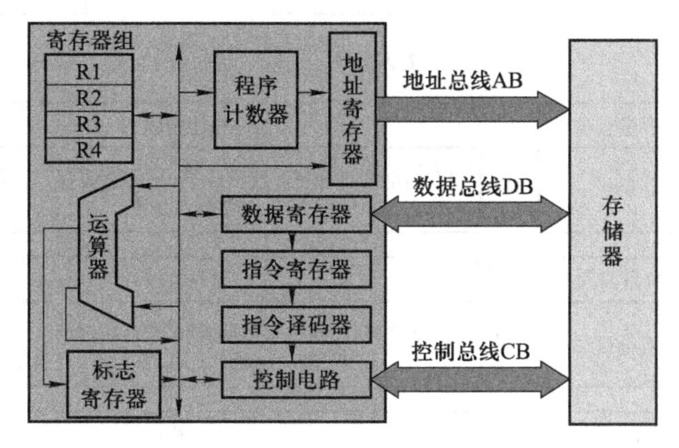


图 2-25 指令执行原理图

以一段汇编语言程序为例，来看一下指令的执行过程：

样板汇编语言程序片段：

```
MOV   AL,3      ;将数值 3 装入累加器 AL 中
ADD   AL,5      ;AL 中的内容与 5 相加，结果存于 AL 中
HLT             ;停止操作
```

指令执行流程如图 2-26 所示。

编译成机器码：

| | |
|---|---|
| 10110000 | (MOVAL, X) |
| 00000011 | (X=3) |
| 00000100 | (ADDAL, X) |
| 00000101 | (X=5) |
| 11110100 | (HLT) |

写入存储器

| 地址 | 内容 |
|---|---|
| 0000H | 10110000 |
| 0001H | 00000011 |
| 0002H | 00000100 |
| 0003H | 00000101 |
| 0004H | 11110100 |

图 2-26 指令流程

### 2.2.3 存储系统

存储系统是指计算机中由存放程序和数据的各种存储设备、控制部件及管理信息调度的设备（硬件）和算法（软件）所组成的系统。不严格区分的情况下，主要指构成存储系统的各存储设备。存储设备分临时性存储设备和永久性存储设备。PC 的存储系统硬件构成如图 2-27 所示。

其中：

内存（又称主存，Memory）为数据临时存储区，直接与 CPU 交换数据。

高速缓存（Cache）位于 CPU 内部介于中央处理器和主存储器之间的高速小容量存储器，用于临时保存数据。

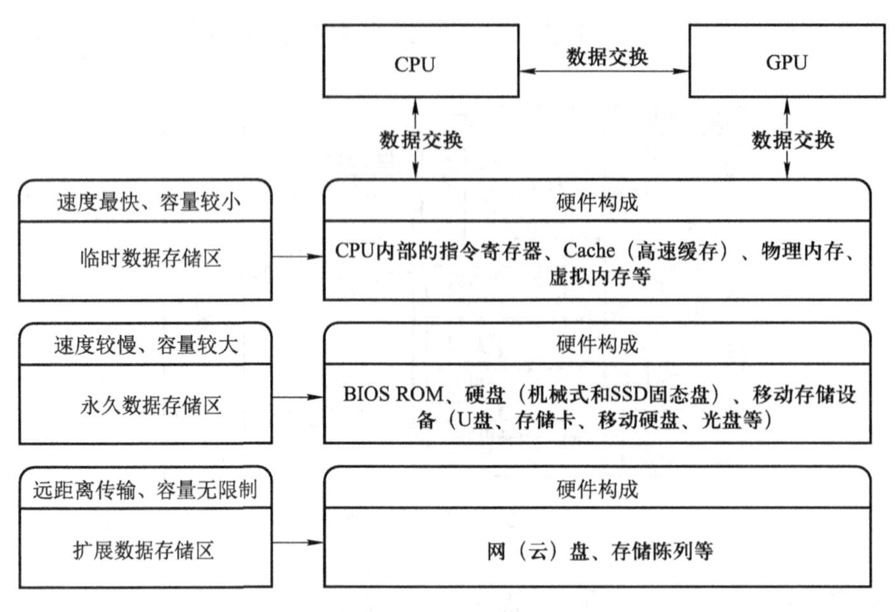


图 2-27　PC 存储系统硬件构成



外存(又称辅存,Storage)可长期保存数据,通过内存与 CPU 交换数据。主要包括硬盘、闪存盘、光盘、磁带等。

计算机存储容量的计量单位包括:bit(b,位)、Byte(B,字节)、MB(兆字节)、GB(吉字节)、TB(太字节)、PB(皮字节)等。

存储容量之间的换算关系为:

1 B=8 b

1 KB=1 024 B

1 MB=1 024 KB

1 GB=1 024 MB

1 TB=1 024 GB

1 PB=1 024 TB

在常用存储设备中,内存为 MB~GB 级别,高速缓存为 MB 级别,外存为 GB~TB 级别。

指令寄存器、Cache 和物理内存(RAM)等直接可以与 CPU 交换数据,是计算机必不可少的存储设备,称为主(内)存。任何要处理的数据都要先读到主存里面才能被计算机处理。主存的数据具有临时性,断电后会丢失。主存的数据读取速度快,制造成本也很高,容量不容易做得很大。

主存之外的其他存储设备称为辅(外)存。外存的数据具有长久性,断电后不会丢失。为了降低计算机的制造成本,存储系统实际上是采用了阶梯分布的模式(图 2-27),平衡制造成本、速度和容量。近年出现的固态硬盘产品,是用闪存技术来造的硬盘,数据读取速度、容量大小等指标得到改善。其突出优点是由于没有机械部分,降低了能耗,提高了抗震性能。实际上,外存的读取速度制约系统整体性能与制造成本。固态硬盘和高速 USB3.0 接口以及光传输技术能够极大改善计算机系统的整体性能。计算机系统的网络化(云、虚拟技术等),使得辅存的概念有了更大的外延。

### 2.2.4　总线

总线是计算机各种功能部件之间传送信息的公共通信干线，它是由导线组成的传输线束。总线类似于连接各交通枢纽间的通路。可以按照总线工作（管理）区域的不同，将总线分成片总线（Chip Bus，C-Bus）、内总线（Internal Bus，I-Bus）和外总线（External Bus，E-Bus）。

片总线又称元件级总线，是把各种不同的芯片连接在一起构成特定功能模块（如 CPU）的信息传输通路，一般位于芯片内部。内总线就是通常所说的系统总线或板级总线，是微机系统中各插件（模块）之间的信息传输通路。外总线又称通信总线，是微机系统之间或微机系统与其他系统（仪器、仪表、控制装置等）之间信息传输的通路。图 2-28 给出了三类总线在 PC 系统中的位置。

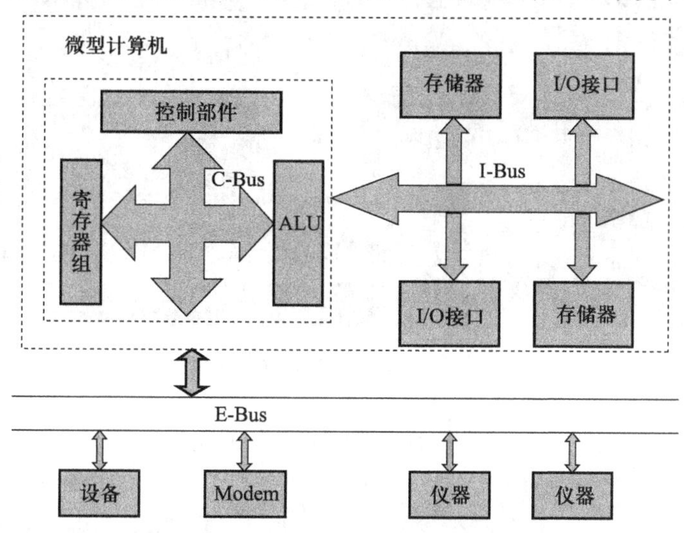


图 2-28　三类总线在 PC 系统中的位置

微视频

硬件系统-2

系统总线（内总线）通常由三部分组成：

数据总线：解决传什么（传输数据）。

地址总线：解决传到哪里（传输数据所在的存储单元地址）。

控制总线：解决怎么传数据（传输控制信号）。

在计算机系统内部，不同功能部件间的总线速度是不一样的。

PCI（Peripheral Component Interconnect）、ISA（Industrial Standard Architecture）、USB（Universal Serial Bus）、SATA（Serial Advanced Technology Attachment）等是 PC 上常见的总线标准（图 2-29、图 2-30）。PC 中速度最快的总线是主板上连接 CPU、北桥显卡和内存之间的数据通路。

总线的技术指标有三个，分别是带宽、位宽和工作频率。

（1）总线的带宽（总线数据传输速率）

总线的带宽指的是单位时间内总线上传送的数据量，即最大稳态数据传输率。

总线的带宽＝总线的工作频率×总线的位宽/8

（2）总线的位宽

总线的位宽指的是总线能同时传送的二进制数据的位数，或数据总线的位数，如 32 位、64

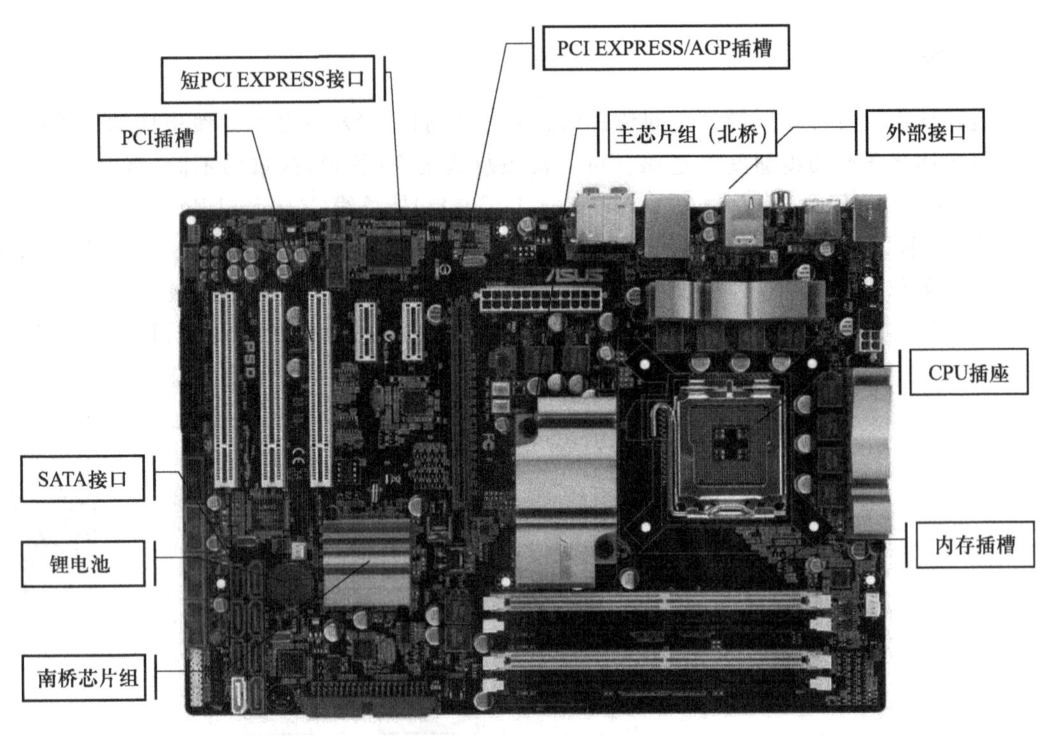


图 2-29 主板上的总线及接口

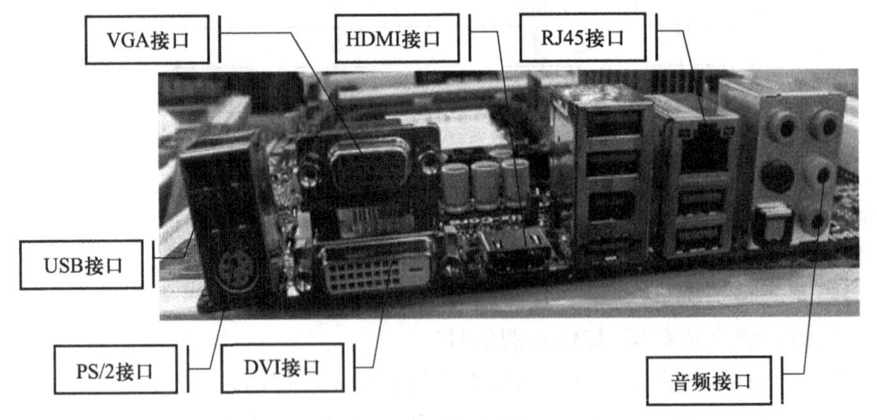


图 2-30 主板背板接口



位等。总线的位宽越宽，每秒钟数据传输率越大，总线的带宽越宽。

(3) 总线的工作频率

总线的工作时钟频率以 MHz 为单位，工作频率越高，总线工作速度越快，总线带宽越宽。

### 2.2.5 I/O 设备

以计算机为核心，能完成信息输入输出(Input/Output)的设备称为 I/O 设备。I/O 设备一般通过专用的接口与 I/O 总线相连，一般接入速率都不是特别高。每个 I/O 设备都有独立的控制器，在 I/O 操作时，CPU 只负责发出相关指令，后续工作由各设备自行完成。

现在 I/O 设备最常用的接口为 USB，该接口标准由 Intel 主导制定，已经成为各种 I/O 设备非常普及的接口标准了。

（1）键盘：标准输入设备，最基础的计算机硬件之一。对于计算机来说，鼠标可以没有，但是键盘是必需的。键盘有许多不同的形状和类型，如图 2-31 所示。

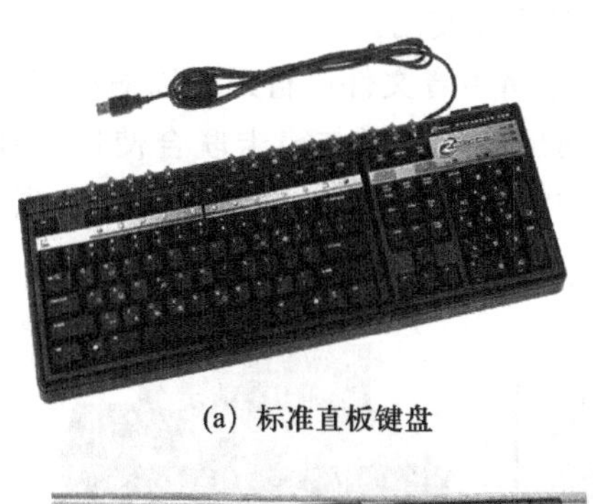

(a) 标准直板键盘

(b) 人体工程学无线键盘

(c) 笔记本电脑键盘（正面）

(d) 笔记本电脑键盘（背面）

图 2-31　各种键盘

（2）鼠标：鼠标是随着 Windows 操作系统的出现而出现的计算机输入设备，现在已经成为标准设备。鼠标的造型和所用技术可谓是多姿多彩，如图 2-32 所示。

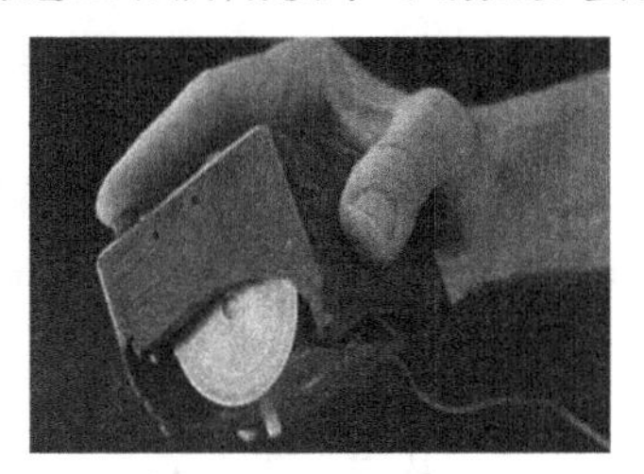

(a) 第一款鼠标的原型

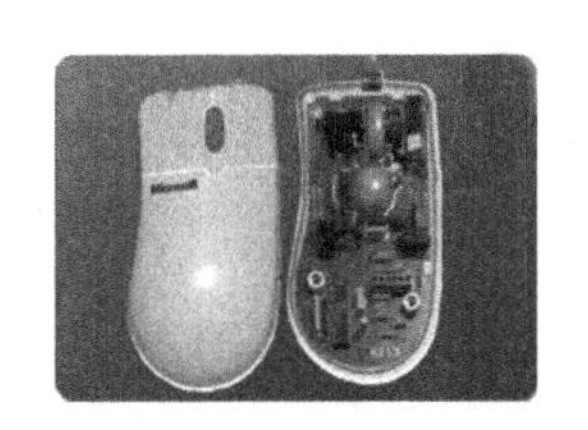

(b) 机械式鼠标（现在已淘汰）

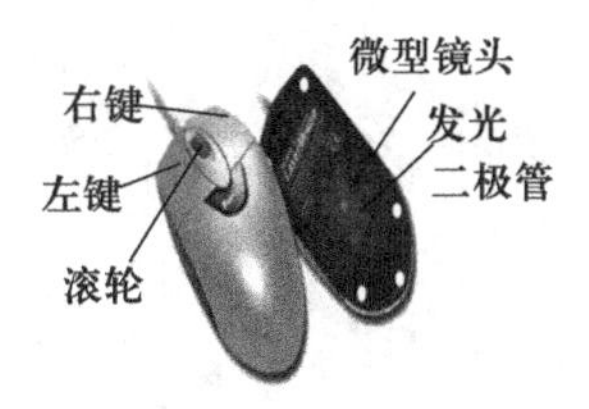


(c)标准光电鼠标

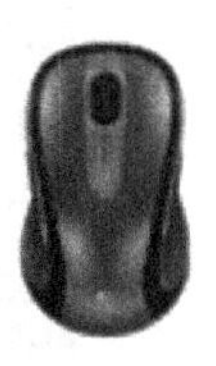

(d)无线鼠标

指点杆

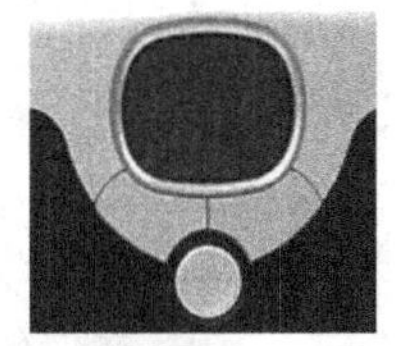

触摸板

(e) 近似鼠标的设备

图 2-32　鼠标

(3) 打印机：办公中常用的标准输出设备，常见的有三类，分别是针式(机械式)打印机、喷墨打印机和激光打印机，如图 2-33 所示。针式打印机是最古老的一种打印机，但是当前还在广泛使用，因为它是唯一的一种接触式打印机，可以打印多层发票等，而且故障率低，极其省墨。办公室中为了追求打印速度和打印效果，常用单色激光打印机。彩色喷墨打印机和彩色激光打印机由于彩色墨盒成本比较高，只有在必要的时候才使用。

(4) 耳机/音箱(图 2-34、图 2-35)：输出设备，用于将声音文件进行还原以输出声音信息。通常可按声音还原效果的不同分成不同等次。声音输出设备需要与声卡联合使用，基本上现在的个人计算机已经不再装配独立声卡了，均在主板上实现了声卡集成，如图 2-36 所示。声卡的质量对声音还原效果也有重要影响。

(a) 针式打印机

(b) 激光打印机

(c) 喷墨打印机

图 2-33 打印机

图 2-34 耳机

图 2-35 外置式音箱

注 由于笔记本电脑本身的功率和体积问题，笔记本电脑的内置音箱(图 2-37)就不可能做得功率很大，所以音质和音量是不可能达到顶级的，选配笔记本电脑的时候对这一性能就不必强求了。

图 2-36 主板上的集成声卡芯片

图 2-37 笔记本电脑内置音箱

(5) 麦克风(也叫话筒):属于输入设备,用于将声音信息输入计算机,实现语音录入的功能。PC 配置的麦克风(图 2-38)基本上性能都一般(原因是 PC 通常不带功放设备),能满足语音录入即可。

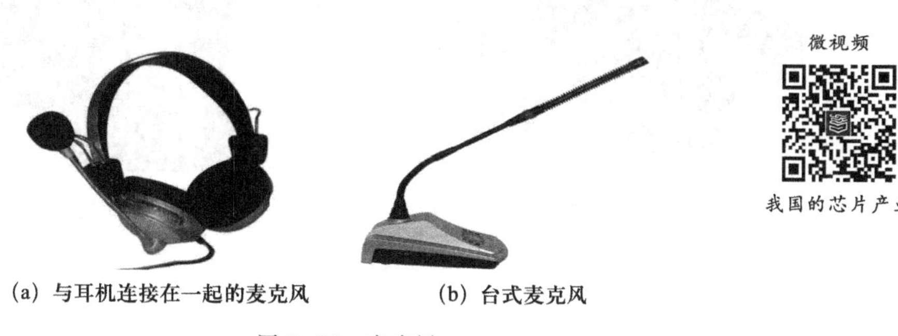


(a) 与耳机连接在一起的麦克风　　(b) 台式麦克风

图 2-38　麦克风

另外,笔记本电脑上通常也会在屏幕的边缘处配置一个内置式话筒,外观上仅是一个小孔,这种话筒的语音录入质量也很一般。

(6) 摄像头:属于输入设备,用于图像的输入,可生成动态图像或捕捉静止画面(图 2-39)。现在摄像头的图像生成质量很高,有些甚至不输于专业的录像设备。摄像头经常用于视频对话或视频会议等应用环境。摄像头的造型多种多样,有在笔记本电脑屏幕边缘集成的内置式摄像头,有需要使用数据线连接的外置式摄像头,甚至还有一些非常小巧的针孔式摄像头。摄像头的性能指标通常用像素来衡量,主流产品均在百万像素以上。



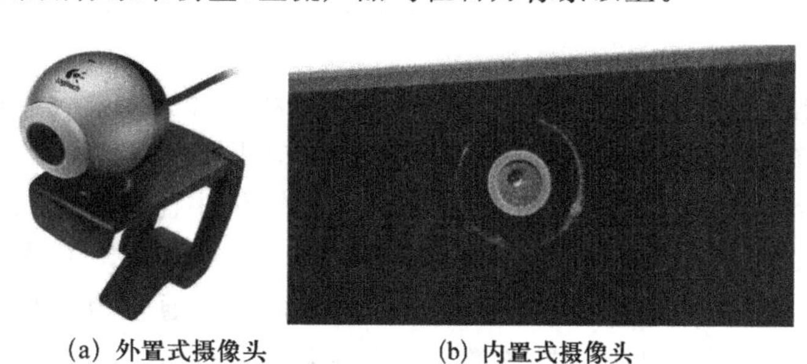

(a) 外置式摄像头　　(b) 内置式摄像头

图 2-39　摄像头

(7) 数码相机/数码摄像机:本身是独立的电子设备,如图 2-40 和图 2-41 所示,如果与计算机相连,则可成为输入设备,为计算机提供高品质的图像输入性能。特点是本身即拥有相当大的存储空间,能够容纳照片或视频资料,必要的时候可将图像资料输入计算机进行保存或处理。数码相机拥有高品质的光学镜头,镜头后面是一种称为 CCD 的电荷耦合元件,能够将光学信号转换成数字信号进行处理。数码相机/数码摄像机的主要性能指标也是像素,主流产品现在均为千万像素级别。需要注意的是,光学镜头也是数码相机/数码摄像机的重要部件,甚至是最贵的部件,两台相同像素的相机可能会因为镜头的不同而产生非常大的成像差别。数码相机/数码摄像机的另一个性能指标是存储量,通常可以采用大容量的存储卡(相机常用)、光盘或硬盘(摄像机常用)来提供充足的存储空间。

(a) 卡片式数码相机

(b) 单反数码管相机

图 2-40 数码相机

(a)便携式数码摄像机

(b)专业数码摄像机

图 2-41 数码摄像机



(8) 扫描仪：输入设备，如图 2-42 所示，经常用来将照片、文档等平面材料扫描成数字图片输入计算机进行处理，属于办公常用设备，广泛地应用于文字识别、文档编辑、出版物管理、文件归档等场合。扫描仪的技术指标通常包括扫描尺寸、扫描速度、图像分辨率、接口等。常见的扫描仪造型有平板式(家庭常用)和滚筒式(出版业常用)两种，接口现在基本上都是 USB 的。滚筒式扫描仪速度更快，家用扫描仪扫描尺寸通常为 A3 幅面。图像分辨率使用 dpi 来表示，即每英寸长度上扫描图像所含有像素点的个数。家用扫描仪分辨率标准通常为600～2 400 dpi。

(a)平板式扫描仪

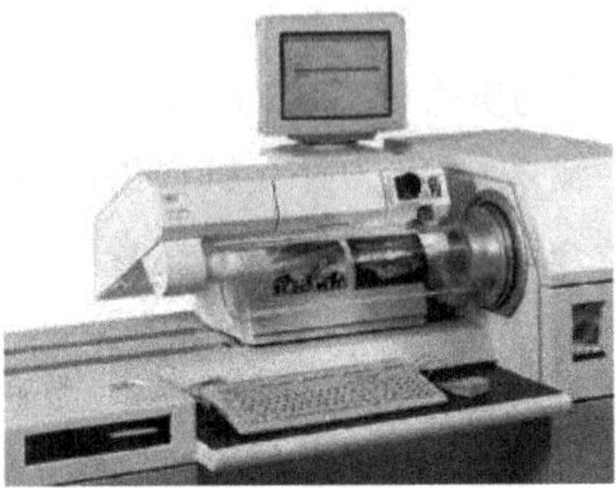

(b)专业滚筒式扫描仪

图 2-42 扫描仪

## 2.3　硬件描述方法

**互动教学** 你购买计算机或手机的时候，知道配置清单上各项参数的含义吗？会据此判断价格吗？

常见硬件描述方法为参数列表法，具体形式见表 2-1 和表 2-2。

**表 2-1　计算机硬件配置清单示例**

| 参　数 | 说　明 |
|---|---|
| 处理器 | 英特尔®酷睿™i5 双核处理器 480M(2.66 GHz,睿频可达 2.93 GHz,3 MB 三级高速缓存,1 066 MHz 前端总线,35W) |
| 内存 | 2 GB DDR3 内存 |
| 硬盘 | 640 GB 硬盘(5 400 r/min) |
| 光驱 | DVD-SuperMulti 刻录光驱(薄型) |
| 液晶屏 | 14 英寸超薄高清 LED 背光丽镜宽屏(1 366×768) |
| 显卡核心 | ATI Mobility Radeon™ HD 6550 M 独立显示芯片 |
| 显存 | 1 GB DDR3 独立显存 |
| 无线模块 | IEEE 802.11a/b/g/n 无线模块 |
| 蓝牙模块 | 标配蓝牙 3.0 模块 |
| 摄像头 | 标配 130 万像素高级摄像头 |
| 电池 | 标配 6 芯锂离子电池 |
| 体积 | 342(W)×245(D)×24/28.8(H)mm |
| 重量 | 2.11 kg |
| 接口 | 多合一读卡器(SD,MMC,MS,MS PRO,xD)<br>USB 2.0 接口(3 个)<br>HDMI 接口<br>VGA 接口<br>耳机/音箱/音频输出接口<br>麦克风/音频输入接口<br>RJ-45 以太网络接口 |

表 2-2 智能手机硬件配置清单示例

| | |
|---|---|
| 基本参数 | 发布时间:2020 年,10 月 22 日<br>型号:Mate40 Pro<br>手机类型:5G 手机,智能手机,拍照手机,快充手机,商务手机<br>操作系统:鸿蒙 |
| 硬件参数 | CPU 品牌:华为海思<br>CPU:麒麟 9000<br>CPU 频率:1×3.13 GHz+3×2.54 GHz+4×2.05 GHz<br>GPU:Mali-G78 MP24<br>NPU:双大核 NPU+微核 NPU(神经网络处理单元)<br>运行内存:8 GB<br>机身容量:128 GB, 256 GB, 512 GB<br>扩展卡:支持 NM 存储卡,最大支持 256 GB 扩展<br>电池类型:不可拆卸式电池<br>电池容量:4 400 mAh<br>充电:66 W 有线快充,50 W 无线快充,支持反向充电<br>传感器:重力感应,距离感应,光线感应,电子罗盘,陀螺仪,指纹识别,加速传感,快速充电,OTG 功能,Camera 激光对焦传感器,姿态感应器<br>生物识别设计:屏下指纹识别设计 |
| 摄像头 | 摄像头类型:后置四摄像头,前置双摄像头<br>后置摄像头:5 000 万像素,超感知摄像头,广角<br>后置摄像头 2:2 000 万像素电影摄像头<br>后置摄像头 3:1 200 万像素,长焦摄像头<br>后置摄像头传感器类型:CMOS 传感器<br>后置摄像头光圈:F/1.8, F/1.9, F/3.4<br>前置摄像头:1 300 万像素,支持固定对焦<br>前置摄像头 2:3D 深感摄像头<br>前置摄像头传感器类型:CMOS 传感器<br>前置摄像头光圈:F/2.4<br>闪光灯:LED 补光灯<br>拍摄特色:自动对焦,相位对焦,人脸识别,全景拍摄,笑脸快门,HDR,连拍功能,防抖功能,光学防抖<br>变焦模式:支持 5 倍光学变焦、10 倍混合变焦、50 倍数字变焦<br>照片质量:最大可支持 8 192×6 144 像素<br>视频拍摄:最大可支持 3 840×2 160 像素,支持 720p@3840 fps 超级慢动作视频 |

续表

| | |
|---|---|
| 屏幕 | 屏幕类型:打孔屏,多点触摸,电容屏<br>屏幕大小:6.76 英寸<br>屏幕分辨率:2 772×1 344 像素<br>屏幕刷新率:90 Hz<br>触控采样率:240 Hz<br>屏幕材质:OLED<br>主屏色彩:1 670 万色<br>屏幕色域:DCI-P3 广色域 |
| 网络与连接 | 网络制式:全网通,移动 5G,联通 5G,电信 5G,移动 4G,联通 4G,电信 4G,移动 3G,联通 3G,电信 3G<br>手机频段:5G 网络制式:移动 5G(NR)/联通 5G(NR)/电信 5G(NR)<br>4G 网络制式:移动 4G(TD-LTE)/联通 4G(TD-LTE/LTE FDD)/电信 4G(TD-LTE/LTE FDD)<br>3G 网络制式:联通 3G(WCDMA)/电信 3G(CDMA 2000)<br>2G 网络制式:移动 2G(GSM)/联通 2G(GSM)/电信 2G(CDMA 1X)<br>SIM 卡类型:nano SIM 卡,双卡<br>蓝牙:蓝牙 v5.2,支持低功耗蓝牙,支持 SBC、AAC,支持 LDAC 高清音频。<br>WiFi(WLAN):支持 WiFi,2.4G/5G 双频,IEEE 802.11 a/b/g/n/ac/ax,支持 2x2 MIMO,E160,1024 QAM,8 Spatial-stream Sounding MU-MIMO<br>定位系统:支持 GPS,GLONASS,北斗,支持 A-GPS<br>数据业务:GPRS,EDGE,HSDPA,HSPA+,CDMA 1X,EVDO rev. A,TD-SCDMA,LTE,TD-LTE |
| 外观 | 手机外形:直板<br>键盘类型:虚拟触摸键盘<br>数据接口:USB Type C 接口,支持 OTG 功能,USB 3.1 GEN 1<br>手机颜色:秘银色,釉白色,亮黑色,绿色,黄色<br>机身特点:IP68 级别防尘抗水<br>尺寸:162.9×75.5×9.1 mm(玻璃版),162.9×75.5×9.5 mm(素皮版)<br>重量:212 g |



## 2.4　相关职业岗位能力

本部分知识可为下列职业人员提供岗位能力支持:

- 系统运维工程师

提供硬件相关知识,部分能力支撑。

- 硬件系统工程师

提供基础知识,部分能力支撑。

- 计算机设备导购(销售)人员

如图 2-43 所示,以招聘案例介绍典型职业岗位能力。

招聘职位： **计算机硬件工程师（西安）** 招聘企业： **×××计算机技术服务有限公...**

公司规模：101－300人　公司类型：其他　公司行业：互联网/电子商务/网络游戏/计算机服务（...

| | | |
|---|---|---|
| 性别要求:无 | 招聘人数：2人 | 年龄要求：20-26岁 |
| 雇佣形式：全职 | 截止日期：2013-11-08 | 学历要求：大专以上 |
| 薪资待遇：2001到3000 | 工作经验：1年以上 | 工作地点：陕西西安市 |

职位描述

职位描述：
主要工作内容：计算机技术支持，为客户维修品牌电脑。

职位要求：
1. 20~26岁，大专及大专以上学历，计算机相关专业，英语较好；
2. 有一定的电脑硬件和软件基础、硬件维修技术（包括故障判断和硬件更换），能独立完成计算机的软硬件安装及相关维护；
3. 口头表达能力和客户沟通能力较强，工作认真、踏实，能服从主管工作安排，有相关工作经验者优先考虑，应届生亦可。
工作地点：西安

图 2-43　硬件工程师招聘案例

与计算机硬件相关的职业岗位为硬件工程师、设备导购人员,其中硬件工程师的专业出身未必是计算机专业,可能是学习电子信息工程或是微电子设计一类的,也可能是计算机专业中偏向硬件方向的。

硬件工程师的岗位职业能力要求是:熟悉计算机市场行情;制订计算机组装(配置)计划;能够选购组装需要的硬件设备,并能合理配置、安装计算机和外围设备;安装和配置计算机软件系统;保养硬件和外围设备;清晰描述出现的计算机软硬件故障。作为一个硬件工程师,既需要扎实的硬件知识也需要很好的软件知识。

## 2.5　课后体会

互动练习

第 2 章自测题

### 学生总结

年　月　日

# 第 3 章　软件系统

**本章课前准备**

查找相关资料，了解计算机软件系统组成

思考哪些工作需要了解计算机软件系统

**本章教学目标**

建立相对完整科学的计算机软件系统知识的概念

了解软件系统的组成内容

了解系统软件、支撑软件和应用软件的概念及各自的作用

了解常用系统软件、支撑软件和应用软件

了解相关岗位的职业能力要求

**本章教学要点**

软件体系的科学建立与描述

**本章教学建议**

讨论启发与讲述、演示相结合

从实用角度来看，日常对计算机的相关操作都是通过软件来完成的；只要硬件平台正常，操作系统顺畅，用户最关心的就是基于此之上的各种应用。计算机相关专业人员，为了保障用户能充分的享受各种应用带来的便利，需要知道软件系统的所有构成及各自特点。

## 3.1　软件系统概述

互动教学　计算机软件系统包含哪些内容？试举例说明。

软件系统（Software Systems）是指由系统软件、支撑软件和应用软件等组成的、保证计算机正常运行和完成特定任务的全部软件的统称，包括操作系统、语言处理系统、数据库系统、分布式软件系统和人机交互系统等。

### 3.1.1　软件系统作用

操作系统用于管理计算机的资源和控制程序的运行。数据库系统是用于支持数据管理和存取的软件，它包括数据库、数据库管理系统等。数据库是常驻在计算机系统内的一组数据，它们之间的关系用数据模式来定义，并用数据定义语言来描述；数据库管理系统是使用户可以把数据作为抽象项进行存取、使用和修改的软件。分布式软件系统包括分布式操作系统、分布式程序设计系统、分布式文件系统、分布式数据库系统等。人机交互系统是用户与计算机系统之间按照一定的约定进行信息交互的软件系统，可为用户提供一个友善的人机界面。

### 3.1.2　软件系统功能

操作系统的功能包括处理器管理、存储管理、文件管理、设备管理和作业管理，其主要研究内容包括操作系统的结构、进程（任务）调度、同步机制、死锁防止、内存分配、设备分配、并行机制、容错和恢复机制等。

语言处理系统是用于处理软件语言等的软件，如编辑器、编译器、解释器等。

语言处理系统是各种软件语言的处理程序，它把用户用软件语言书写的各种源程序转换成为可为计算机识别和运行的目标程序，从而获得预期结果。其主要研究内容包括：语言的翻译技术和翻译程序的构造方法与工具，此外，它还涉及正文编辑技术、连接编辑技术和装入技术等。

数据库系统的主要功能包括数据库的定义和操纵、共享数据的并发控制、数据的安全和保密等。按数据模型划分，数据库系统可分为关系数据库、层次数据库和网状数据库。按控制方式划分，可分为集中式数据库系统、分布式数据库系统和并行数据库系统。数据库系统研究的主要内容包括：数据库设计、数据模型、数据定义和操作语言、关系数据库理论、数据完整性和相容性、数据库恢复与容错、死锁控制和防止、数据安全性等。

分布式软件系统的功能是管理分布式计算机系统资源和控制分布式程序的运行，提供分布式程序设计语言和工具，提供分布式文件系统管理和分布式数据库管理等。分布式软件系统的主要研究内容包括分布式操作系统和网络操作系统、分布式程序设计、分布式文件系统和分布式数据库系统。



人机交互系统的主要功能是在人和计算机之间提供一个友善的接口。其主要研究内容包括人机交互原理、人机接口分析及规约、认知复杂性理论、数据输入、显示和检索接口、计算机控制接口等。

## 3.2　BIOS

互动教学　当按下电源开关，启动计算机的时候，如果 CPU、内存或者主板等硬件出现故障，系统会提示错误。这个检测故障的工作由谁完成？操作系统为什么可以运行？它是如何载入的呢？

### 3.2.1　BIOS 简介

在计算机领域，BIOS 是“Basic Input Output System”的简称，译为“基本输入输出系统”。其实，它是一组固化到计算机内主板上一个 ROM 芯片中的程序，保存着计算机最重要的基本输入输出的程序、系统设置信息、开机后自检程序和系统自启动程序。其主要功能是为计算机提供最底层的、最直接的硬件设置和控制。

计算机用户在使用计算机的过程中，都会从一开始就接触到 BIOS，它在计算机系统中起着非常重要的作用。一块主板的性能如何，很大程度上取决于主板上的 BIOS 管理功能。

BIOS 设置程序存储在 BIOS 芯片中。BIOS 芯片是主板上一块长方形或正方形芯片，只有在开机时才可以进行设置（一般在计算机启动时按 F2 或者 Delete 键进入 BIOS 设置，一些特殊机型按 F1、Esc、F12 键等），如图 3-1 所示。CMOS 主要用于存储 BIOS 设置程序所设置的参数与数据，而 BIOS 设置程序主要对计算机的基本输入输出系统进行管理和设置，使系统运行在最佳状态下，使用 BIOS 设置程序还可以排除系统故障或者诊断系统问题。有人认为既然 BIOS 是“程序”，那它就应该属于软件，就像 Word 和 Excel。但也有很多人不这么认为，因为它与一般的软件还是有一些区别的，而且它与硬件的联系也相当紧密。形象地说，BIOS 应该是连接软件程序与硬件设备的一座“桥梁”，负责解决硬件的即时要求。主板上的 BIOS 芯片或许是主板上唯一贴有标签的芯片，它一般是一块 32 针的双列直插式的集成电路，上面印有“BIOS”字样，如图 3-2 所示。

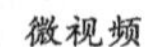

软件系统概述-1

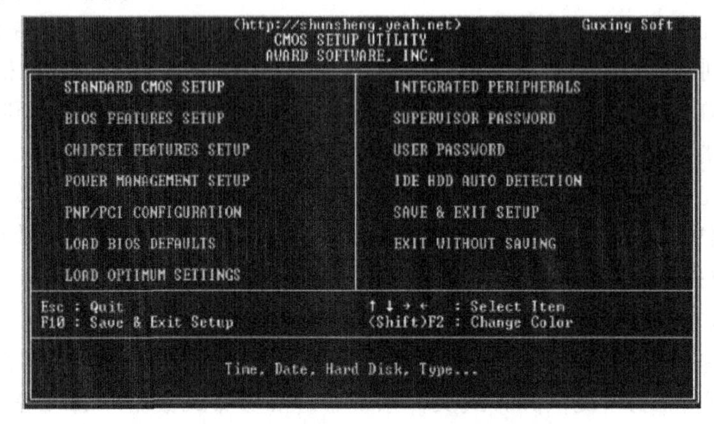


图 3-1 BIOS 设置界面

图 3-2 BIOS 芯片

### 3.2.2 BIOS 的功能

#### 1. BIOS 中断服务程序

BIOS 中断服务程序实质上是微机系统中软件与硬件之间的一个可编程接口，主要用于在程序软件功能与微机硬件之间提供衔接。例如，DOS 和 Windows 操作系统中对软盘、硬盘、光驱、键盘、显示器等外设的管理，都直接建立在 BIOS 系统中断服务程序的基础上，而且操作人员也可以通过访问 INT 5、INT 13 等中断点而直接调用 BIOS 中断服务程序。

#### 2. BIOS 系统设置程序

微机部件配置记录存储在一块可读写的 CMOS RAM 芯片中，主要保存着系统基本情况，如 CPU 特性、软硬盘驱动器显示器、键盘等部件的信息。在 BIOS 的 ROM 芯片中装有“系统设置程序”，主要用来设置 CMOS RAM 中的各项参数（在开机时按下 Delete 或者 Esc 键即可进入设置状态），CMOS 的 RAM 芯片中关于微机的配置信息不正确时，将导致系统故障。

#### 3. POST 上电自检

微机接通电源后，系统首先由 POST（Power On Self Test，上电自检）程序来对内部各个设备进行检查。通常完整的 POST 自检将包括对 CPU、基本内存、扩展内存、ROM 主板、CMOS 存储器、串/并口、显卡、软/硬盘子系统及键盘进行测试，一旦在自检中发现问题，系统将给出提示信息或鸣笛警告。

#### 4. 初始化设置

初始化部分主要包括创建中断向量、设置寄存器、对一些外部设备进行初始化和检测等，其中很重要的一部分是 BIOS 设置，主要是对一些硬件参数的设置，当计算机启动时会读取这些参数，并与实际硬件设置进行比较，如果不符合，会影响系统的启动。



#### 5. 启动引导程序

引导程序功能是引导操作系统。BIOS 先从硬盘或其他外部存储器的开始扇区读取引导记录，如果没有找到，则会在显示器上显示没有引导设备；如果找到引导记录，会把计算机的控制权转给引导记录，由引导记录把操作系统装入计算机，在计算机启动成功后，BIOS 的这部分任务就完成了。

### 3.2.3 BIOS 和 CMOS 的区别和联系

BIOS 是一组设置硬件的计算机程序，保存在主板上的一块 EPROM（Erasable Programmable ROM，可擦除可编程 ROM）或 EEPROM（Electrically Erasable Programmable ROM，电可擦除可编程 ROM）芯片中，装有系统的重要信息和设置系统参数的设置程序——BIOS Setup 程序。CMOS（Complementary Metal Oxide Semiconductor，互补金属氧化物半导体）是主板上的一块可读写的 RAM 芯片，用来保存当前系统的硬件配置和用户对参数的设置，其内容可通过设置程序进行读写。CMOS 芯片由主板上的钮扣电池供电，即使系统断电，参数也不会丢失。CMOS 芯片只有保存数据的功能，而对 CMOS 中各项参数的修改要通过 BIOS 的设置程序来实现。

BIOS 与 CMOS 既相关又不同：BIOS 中的系统设置程序是完成 CMOS 参数设置的手段；CMOS RAM 既是 BIOS 设定系统参数的存放场所，又是 BIOS 设定系统参数的结果。因此，完整的说法应该是“通过 BIOS 设置程序对 CMOS 参数进行设置”。由于 BIOS 和 CMOS 都跟系统设置密切相关，所以在实际使用过程中造成了 BIOS 设置和 CMOS 设置的说法，其实指的都是同一回事，但 BIOS 与 CMOS 却是两个完全不同的概念，切勿混淆。

## 3.3 系统软件

**互动教学** 你认为系统软件应该具备什么功能？你所熟悉的软件中，哪些是系统软件？

系统软件是指控制和协调计算机及外部设备、支持应用软件开发和运行的系统，是无须用户干预的各种程序的集合，如操作系统、语言处理系统和数据库管理系统等软件。其主要功能是调度、监控和维护计算机系统；负责管理计算机系统中各种独立的硬件，使得它们可以协调工作。系统软件使得计算机使用者和其他软件将计算机作为一个整体而不需要顾及底层每个硬件是如何工作的。

系统软件的主要特征是：

① 与硬件有很强的交互性；

② 能对资源共享进行调度管理；

③ 能解决并发操作处理中存在的协调问题；

④ 其中的数据结构复杂，外部接口多样化，便于用户反复使用。

### 3.3.1 语言处理系统



程序设计语言处理系统因被处理的语言及其处理方法和处理过程的不同而异。不过，任何一个语言处理系统通常都包含有一个翻译程序，它把一种语言的程序翻译成等价的另一种语言的程序。被翻译的语言和程序分别称为源语言和源程序，翻译生成的语言和程序分别称为目标语言和目标程序

除了机器语言外，其他用任何软件语言书写的程序都不能直接在计算机上执行，都需要对它们进行适当的处理。语言处理系统的作用是把用软件语言书写的各种程序处理成可在计算机上执行的程序，或最终的计算结果，或其他中间形式。语言处理系统工作流程如图 3-3 所示。

按照不同的源语言、目标语言和翻译处理方法，可把翻译程序分成若干种类。从汇编语言到机器语言的翻译程序称为汇编程序，从高级语言到机器语言或汇编语言的翻译程序称为编译程序。按源程序中指令或语句的动态执行顺序，逐条翻译并立即解释执行相应功能的处理程序称为解释程序。除了翻译程序外，语言处理系统通常还包括正文编辑程序、宏加工程序、连编程序和装入程序等。

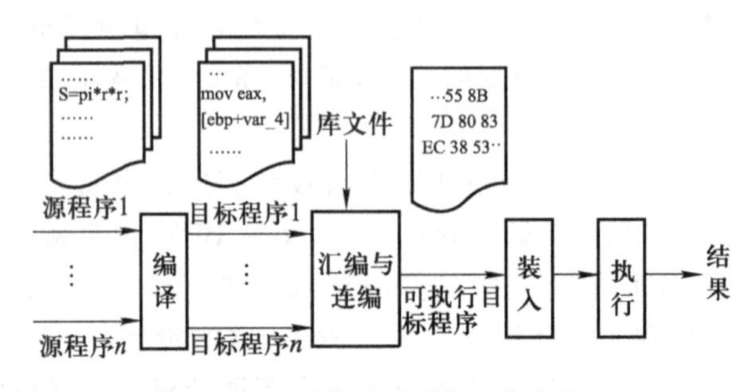


图 3-3 语言处理系统工作流程

**1. 汇编程序**

汇编程序(Assembler)指把汇编语言书写的程序翻译成与之等价的机器语言程序的翻译程序。汇编程序输入的是用汇编语言书写的源程序,输出的是用机器语言表示的目标程序。汇编语言是为特定计算机或计算机系列设计的一种面向机器的语言,由汇编执行指令和汇编伪指令组成。采用汇编语言编写程序虽不如高级程序设计语言简便、直观,但是汇编出的目标程序占用内存较少,运行效率较高,且能直接调用计算机的各种设备资源。它通常用于编写系统的核心部分程序,或编写需要耗费大量运行时间和实时性要求较高的程序段。

**2. 编译程序**

编译程序又称编译器(Compiler),它会将用某种编程语言写成的源代码(源语言)转换成另一种编程语言(目标语言、机器语言)。

编译器主要的用途是将便于人编写、阅读、维护的高级计算机语言所写作的源代码程序,翻译为计算机能解读、运行的低阶机器语言的程序,也就是可执行文件。编译器将源程序(Source Program)作为输入,翻译产生使用目标语言(Target Language)的等价程序。源代码一般为高阶语言(High-level Language),如 Pascal、C、C++、C#、Java 等,而目标语言则是汇编语言或目标机器的目标代码(Object Code),有时也称为机器代码(Machine Code)。一个现代编译器的主要工作流程如下:源代码(Source Code)经过预处理器(Preprocessor)、编译器、汇编程序之后变成目标代码,目标代码经链接器(Linker)形成可执行文件(Executables)。



**3. 解释程序**

解释程序又称解释器(Interpreter)或直译器,是一种计算机程序,能够把高级编程语言逐行直接转译运行。解释器不会一次把整个程序转译出来,只像一位“中间人”,每次运行程序时都要先转成另一种语言再作运行,因此解释器的运行速度比较缓慢。它每转译一行程序叙述就立刻运行,然后再转译下一行,再运行,如此不停地进行下去。

解释器的好处是它消除了编译整个程序的负担,但也让运行时的效率打了折扣。相对地,编译器并不运行程序或源代码,而是一次将其翻译成另一种语言,如机器码,以供多次运行而无须再经编译。程序运行速度比较快。

### 3.3.2　数据库管理系统

数据库管理系统(Database Management System,DBMS)是一种操纵和管理数据库的大型软件,用于建立、使用和维护数据库。它对数据库进行统一的管理和控制,以保证数据库的安全性和完整性。用户通过 DBMS 访问数据库中的数据,数据库管理员也通过 DBMS 进行数据库的维护工作。它可使多个应用程序和用户用不同的方法同时或在不同时刻去建立、修改和询问数据库。DBMS 提供数据定义语言(Data Definition Language,DDL)与数据操作语言(Data Manipulation Language,DML),供用户定义数据库的模式结构与权限约束,实现对数据的追加、删除等操作。关于数据库管理系统的更详细介绍,请参阅本书的第 4 章。

# 3.4 操作系统

互动教学 请列举你所熟悉的操作系统。你认为操作系统应该具备哪些功能？

## 3.4.1 操作系统简介

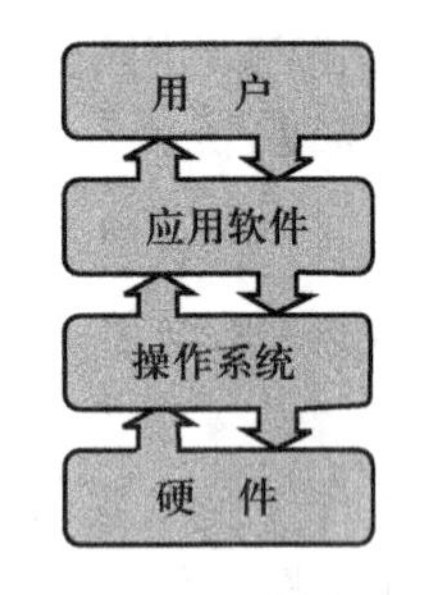


图 3-4 操作系统所处位置

操作系统(Operating System,OS)是管理和控制计算机硬件与软件资源的计算机程序,是直接运行在"裸机"上的最基本的系统软件,任何其他软件都必须在操作系统的支持下才能运行。操作系统是用户和计算机之间的接口,同时也是计算机硬件和其他软件之间的接口(图 3-4)。操作系统的功能包括管理计算机系统的硬件、软件及数据资源,控制程序运行,改善人机界面,为其他应用软件提供支持等,使计算机系统所有资源最大限度地发挥作用,提供了各种形式的用户界面,使用户有一个好的工作环境,为其他软件的开发提供必要的服务和相应的接口。实际上,用户是不用接触操作系统的,操作系统管理着计算机硬件资源,同时按应用程序的资源请求,为其分配资源,如划分 CPU 时间、开辟内存空间、调用打印机等。



操作系统的种类相当多,各种设备安装的操作系统按从简单到复杂,可分为智能卡操作系统、实时操作系统、传感器节点操作系统、嵌入式操作系统、个人计算机操作系统、多处理器操作系统、网络操作系统和大型机操作系统。按应用领域划分主要有三种:桌面操作系统、服务器操作系统和嵌入式操作系统。

### 1. 桌面操作系统

桌面操作系统主要用于个人计算机上。个人计算机市场从硬件架构上来说主要分为 PC 与 Mac 两大阵营,从软件上主要可分为两大类,分别为类 UNIX 操作系统和 Windows 操作系统。

• UNIX 和类 UNIX 操作系统:Mac OS X、Linux 发行版(如 Debian、Ubuntu、Linux Mint、OpenSUSE、Fedora 等)。

• 微软公司 Windows 操作系统:Windows 98、Windows XP、Windows Vista、Windows 7、Windows 8、Windows 8.1 等。

### 2. 服务器操作系统

服务器操作系统一般指的是安装在大型计算机上的操作系统,如 Web 服务器、应用服务器和数据库服务器等。服务器操作系统主要有三大类:

• UNIX 系列:SUN Solaris、IBM-AIX、HP-UX、FreeBSD、OS X Server 等;

• Linux 系列:Red Hat Linux、CentOS、Debian、Ubuntu Server 等;

• Windows 系列:Windows NT Server、Windows Server 2003、Windows Server 2008、Windows Server 2008 R2 等。

### 3. 嵌入式操作系统

嵌入式操作系统是应用在嵌入式系统的操作系统。嵌入式系统广泛应用在生活的各个方面，涵盖范围从便携设备到大型固定设施，如数码相机、手机、平板电脑、家用电器、医疗设备、交通灯、航空电子设备和工厂控制设备等，越来越多的嵌入式系统安装有实时操作系统。

在嵌入式领域常用的操作系统有嵌入式 Linux、Windows Embedded、VxWorks 等，以及广泛使用在智能手机或平板电脑等消费电子产品的操作系统，如 Android、iOS、Symbian、Windows Phone 和 BlackBerry OS 等。

### 3.4.2 操作系统的功能

操作系统的主要功能是资源管理、程序控制和人机交互等。计算机系统的资源可分为硬件资源和软件资源两大类。硬件资源指的是组成计算机的硬件设备，如中央处理器、主存储器、磁盘存储器、打印机、磁带存储器、显示器、键盘和鼠标等。软件资源指的是存放于计算机内的各种程序和数据，如用户文件、程序库、知识库、系统软件和应用软件等。因此，从资源管理和用户接口的角度出发，操作系统主要具备以下五个方面的功能。

**1. 处理机管理**

在单道作业或单用户的情况下，处理机为一个作业或一个用户所独占，对处理机的管理十分简单。但在多道程序或多用户的情况下，要组织多个作业同时运行，就要解决对处理机分配调度策略、分配实施和资源回收等问题。这就是处理机管理功能。正是由于操作系统对处理机管理策略的不同，其提供的作业处理方式也不同，例如批处理方式、分时处理方式和实时处理方式，从而在用户面前呈现为具有不同性质功能的操作系统。



**2. 存储管理**

存储管理的主要工作是对内部存储器进行分配、保护和扩充。

(1) 内存分配。在内存中除了操作系统、其他系统软件外，还要有一个或多个用户程序。如何分配内存，以保证系统及各用户程序的存储区互不冲突，这就是内存分配所要解决的问题。

(2) 存储保护。系统中有多个程序在运行，如何保证一道程序在执行过程中不会有意或无意地破坏另一道程序？如何保证用户程序不会破坏系统程序？这就是存储保护所要解决的问题。

(3) 内存扩充。当用户作业所需要的内存量超过计算机系统所提供的内存容量时，如何把内部存储器和外部存储器结合起来管理，为用户提供一个容量比实际内存大得多的虚拟存储器，让用户使用这个虚拟存储器和使用内存时一样方便，这就是内存扩充所要完成的任务。

**3. 设备管理**

设备管理是操作系统中最琐碎的部分，因为：

(1) 这部分要涉及很多实际的物理设备，它们品种繁多、用法各异。

(2) 各种外部设备都能和主机并行工作，而且有的设备可被多个程序所共享。

(3) 主机和外部设备，以及各类外部设备之间的速度极不匹配，差别很大。

基于这些原因，设备管理主要解决以下问题：

(1) 设备独立性。用户向系统申请和使用的设备与实际操作的设备无关，即在用户程序中或在资源申请命令中使用设备的逻辑名，此即设备独立性。这一特征不仅为用户使用设备提供了方便，而且也提高了设备的利用率。

(2) 设备分配。各个用户程序在其运行的开始、中间或结束时都可能有输入或输出，因此随时需要请求使用外部设备。在一般情况下，外设的种类与数量是有限的(每一类设备的数量往往少于用户的个数)，所以这些设备如何正确分配是很重要的。对设备分配通常有三种基本技术：独享、共享及虚拟技术。

(3) 设备的传输控制。实现物理的输入输出操作，即组织使用设备的有关信息、启动设备、中断处理、结束处理等。设备管理还提供缓冲技术和 SPOOLing 技术以改善设备特性和提高其利用率。

#### 4. 文件管理

上述三种管理都是针对计算机的硬件资源的管理。文件系统管理则是对系统的软件资源的管理。

程序和数据都以文件的形式存在。一个文件在暂时不用时，就被放到外部存储器(如磁盘、磁带、光盘等)上保存起来。这样，外存上保存了大量的文件。对这些文件如不能很好管理，就会引起混乱，甚至遭受破坏。这就是文件管理需要解决的问题。

信息的共享、保密和保护，也是文件系统所要解决的。如果系统允许多个用户协同工作，那么就应该允许用户共享文件。但这种共享应该是受控制的，应该有授权和保密机制。还要有一定的保护机制以免文件被非授权用户调用和修改，即使在意外情况下，如系统失效、用户对文件使用不当，也能尽量保护信息免遭破坏。也就是说，系统是安全可靠的。



#### 5. 用户接口

前述的四项功能是操作系统对资源的管理，除此以外，操作系统还为用户使用计算机提供方便灵活的手段，即提供一个友好的用户接口。一般来说，操作系统提供两种方式的接口来为用户服务。

一种用户接口是程序一级的接口，即提供一组广义指令(或称系统调用、程序请求)供用户程序和其他系统程序调用。当这些程序要求进行数据传输、文件操作或有其他资源要求时，通过这些广义指令向操作系统提出申请，并由操作系统代为完成。

另一种接口是作业一级的接口，提供一组控制操作命令(又称作业控制语言，类似于 UNIX 中的 Shell 命令语言)供用户组织和控制自己作业的运行。作业控制方式可以分为两大类：脱机控制和联机控制。操作系统提供脱机控制作业语言和联机控制作业语言。

除了以上五大管理以外，操作系统还必须实现一些标准的技术处理：

(1) 标准输入输出。用户通过键盘输入对计算机的要求和要处理的数据，计算机通过显示器向用户反馈信息，同时输出运行结果，这似乎是理所当然的事，其实不然。如果不指定键盘为标准输入设备及显示器为标准输出设备，是无法直接通过这两种设备进行输入输出的。当系统开始运行的时候，操作系统已指定了标准的输入输出设备，因此，用户使用的时候感觉很方便。如果想用其他的设备来作为标准输入输出设备也是可以的，因为操作系统提供了这种功能。它帮助用户将指定设备的名称与具体的设备进行连接，然后自动从标准输入设备上读取信息，再将结果输出到标准输出设备上。

(2) 中断处理。在系统的运行过程中可能发生各种各样的异常情况，如硬件故障、电源故障、软件本身的错误,以及程序设计者所设定的意外事件。这些异常一旦发生都会影响系统的运行,因此操作系统必须对这些异常提前有所准备,这就是中断处理的任务。中断处理功能针对可预见的异常配备好了中断处理程序及调用路径,当中断发生时暂停正在运行的程序而转去处理中断处理程序,它可对当前程序的现场进行保护,执行中断处理程序,在返回当前程序之前进行现场恢复直到当前程序再次运行。

(3) 错误处理。当用户程序在运行过程中发生错误的时候,操作系统的错误处理功能既要保证错误不影响整个系统的运行,又要向用户提示发现错误的信息。因此,常常可以看到这样的情况:显示器上给出了发生错误的类型及名称,并提示用户如何进行改正,错误改正后用户程序又可以顺利运行。错误处理功能首先将可能出现的错误进行分类,并配备对应的错误处理程序,一旦错误发生,它就自动实现自己纠错功能。错误处理一方面找出问题所在,另一方面又自动保障系统的安全,正是有了错误处理功能,系统才表现出一定的健壮性。

### 3.4.3 操作系统主要类型

#### 1. 批处理操作系统

批处理操作系统(Batch Processing Operating System)的工作方式是:用户将作业交给系统操作员,系统操作员将多个用户的作业组成一批作业,之后输入到计算机中,在系统中形成一个自动转接的连续的作业流,然后启动操作系统,系统自动、依次执行每个作业。最后由操作员将作业结果交给用户。批处理操作系统的特点是多道和成批处理。



#### 2. 分时操作系统

分时操作系统(Time Sharing Operating System, TSOS)的工作方式是:一台主机连接了若干个终端,每个终端有一个用户在使用;用户交互式地向系统提出命令请求,系统接受每个用户的命令,采用时间片轮转方式处理服务请求,并通过交互方式在终端上向用户显示结果;用户根据上步结果发出下道命令。分时操作系统将CPU的时间划分成若干个片段,称为时间片。操作系统以时间片为单位,轮流为每个终端用户服务。每个用户轮流使用一个时间片而使每个用户并不感到有别的用户存在。分时系统具有多路性、交互性、“独占”性和及时性的特征。多路性指同时有多个用户使用一台计算机,宏观上看是多个人同时使用一个CPU,微观上是多个人在不同时刻轮流使用CPU。交互性是指用户根据系统响应结果进一步提出新请求(用户直接干预每一步)。“独占”性是指用户感觉不到计算机在为其他人服务,就像整个系统为他所独占。及时性指系统对用户提出的请求及时响应。它支持位于不同终端的多个用户同时使用一台计算机,彼此独立互不干扰,用户感到好像一台计算机全为他所用。

常见的通用操作系统是分时系统与批处理系统的结合。其原则是:分时优先,批处理在后。“前台”响应需频繁交互的作业,如终端的要求;“后台”处理时间性要求不强的作业。

#### 3. 实时操作系统

实时操作系统(Real Time Operating System, RTOS)是指使计算机能及时响应外部事件的请求,在严格规定的时间内完成对该事件的处理,并控制所有实时设备和实时任务协调一致地工作的操作系统。实时操作系统要追求的目标是:对外部请求在严格时间范围内做出反应,有高可靠性和完整性。其主要特点是资源的分配和调度首先要考虑实时性,然后才是效率。

此外，实时操作系统应有较强的容错能力。

#### 4. 网络操作系统

网络操作系统(Network Operating System, NOS)通常运行在服务器上，是基于计算机网络的、在各种计算机操作系统上按网络体系结构协议标准开发的软件，包括网络管理、通信、安全、资源共享和各种网络应用。其目标是相互通信及资源共享。在其支持下，网络中的各台计算机能互相通信和共享资源。其主要特点是与网络的硬件相结合来完成网络的通信任务。网络操作系统被设计成在同一个网络(通常是局域网、专用网或其他网络)中的多台计算机可以共享文件和打印机。流行的网络操作系统有 Linux、UNIX、BSD、Windows Server、Mac OS X Server、Novell NetWare 等。

#### 5. 分布式操作系统

分布式操作系统(Distributed Operating Systems)是为分布计算系统配置的操作系统。大量计算机通过网络连接在一起，可以获得极高的运算能力及广泛的数据共享。这种系统称为分布式系统(Distributed System)。它在资源管理、通信控制和操作系统的结构等方面都与其他操作系统有较大的区别。由于分布计算机系统的资源分布于系统的不同计算机上，操作系统对用户的资源需求不能像一般的操作系统那样，等待有资源时直接分配资源，而是要在系统的各台计算机上搜索，找到所需资源后才进行分配。对于有些资源，如具有多个副本的文件，还必须考虑一致性。所谓一致性，是指若干个用户同时对同一个文件所读出的数据是一致的。为了保证一致性，操作系统须控制文件的读、写、操作，使得多个用户可同时读一个文件，而任一时刻最多只能有一个用户修改文件。分布操作系统的通信功能类似于网络操作系统。由于分布计算机系统不像网络分布得很广，同时分布操作系统还要支持并行处理，因此它提供的通信机制和网络操作系统提供的有所不同，它要求通信速度高。分布操作系统的结构也不同于其他操作系统，它分布于系统的各台计算机上，能并行地处理用户的各种需求，有较强的容错能力。



分布式操作系统是网络操作系统的更高形式，它保持了网络操作系统的全部功能，而且还具有透明性、可靠性和高性能等。网络操作系统和分布式操作系统虽然都用于管理分布在不同地理位置的计算机，但最大的差别是：网络操作系统知道确切的网址，而分布式操作系统则不知道计算机的确切地址；分布式操作系统负责整个资源的分配，能很好地隐藏系统内部的实现细节，如对象的物理位置等，这些都是对用户透明的。

#### 6. 嵌入式操作系统

嵌入式操作系统(Embedded Operating System)是用于嵌入式系统的操作系统。嵌入式系统使用非常广泛的操作系统。嵌入式设备一般使用专用的嵌入式操作系统(经常是实时操作系统，如 VxWorks、eCos)或者某些功能缩减版本的 Linux(如 Android、Tizen、MeeGo、WebOS)以及其他操作系统。

### 3.4.4 常见操作系统

#### 1. UNIX

UNIX 是一个强大的多用户、多任务操作系统，支持多种处理器架构，按照操作系统的分类，属于分时操作系统。UNIX最早由Ken Thompson和Dennis Ritchie于1969年在美国AT&T的贝尔实验室开发。

类UNIX（UNIX-like）操作系统指各种传统的UNIX［如System V、BSD、FreeBSD（图3-5）、OpenBSD、Sun公司的Solaris（图3-6）］以及各种与传统UNIX类似的系统（例如Minix、Linux、QNX等）。它们虽然有的是自由软件，有的是商业软件，但都相当程度地继承了原始UNIX的特性，有许多相似处，并且都在一定程度上遵守POSIX规范。由于UNIX是The Open Group的注册商标，特指遵守此公司定义的行为的操作系统。而类UNIX通常指的是比原先的UNIX包含更多特征的操作系统。类UNIX系统可在非常多的处理器架构下运行，在服务器系统上有很高的使用率，例如大专院校或工程应用的工作站。

某些UNIX变种，例如HP的HP-UX以及IBM的AIX仅用于本公司所生产的硬件产品上，而Sun的Solaris可安装于Sun的硬件或x86计算机上。苹果计算机的Mac OS X是一个从NeXTSTEP、Mach以及FreeBSD共同派生出来的微内核BSD系统，此操作系统取代了苹果计算机早期非UNIX家族的Mac OS。

图3-5 FreeBSD操作系统

图3-6 Solaris操作系统



**2. Linux**

Linux是1991年推出的一个多用户、多任务的操作系统（图3-7、图3-8）。它与UNIX完全兼容。Linux最初是由芬兰赫尔辛基大学计算机系学生Linus Torvalds在基于UNIX的基础上开发的一个操作系统的内核程序，设计Linux是为了在Intel微处理器上更有效地运用UNIX。其后在Richard Stallman的建议下以GNU（通用公共许可证）发布，成为自由软件。Linux的最大特点在于它是一个源代码公开的自由及开放源码的操作系统，其内核源代码可以自由传播。

图3-7 Linux操作系统

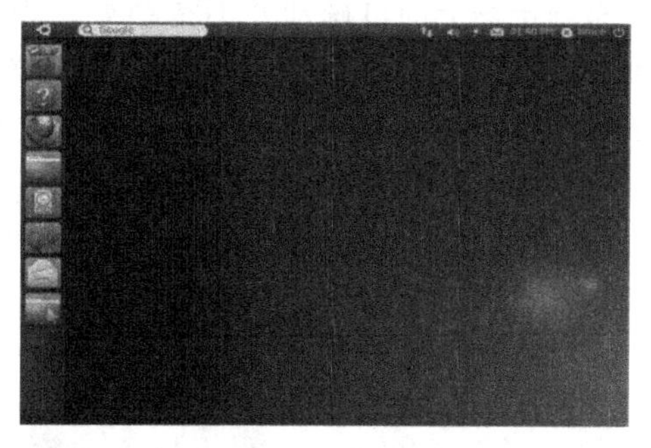

图3-8 Linux操作系统——Ubuntu桌面

Linux有各类发行版，通常为GNU/Linux，如Debian（及其衍生系统Ubuntu、Linux Mint）、Fedora、OpenSUSE等。Linux发行版作为个人计算机操作系统或服务器操作系统，在服务器上已成为主流的操作系统。Linux在嵌入式方面也得到广泛应用，基于Linux内核的

Android 操作系统已经成为当今全球最流行的智能手机操作系统之一。

**3. Mac OS X**

Mac OS X 是苹果 Macintosh 操作系统软件的 Mac OS 最新版本(图 3-9)。

微视频

软件系统概述-2

图 3-9　Mac OS X 桌面

**4. Windows**

Windows 是微软公司成功开发的操作系统。Windows 是多任务的操作系统,采用图形窗口界面,用户对计算机的各种复杂操作只需通过点击鼠标就可以实现。

Microsoft Windows 系列操作系统是在微软为 IBM 机器在 MS-DOS 的基础上设计的图形操作系统。其中的 Windows 2000、Windows XP 都基于 Windows NT 内核。NT 内核是由 OS/2 和 OpenVMS 等系统上借用来的。Windows 可以在 32 位和 64 位的 Intel 和 AMD 的处理器上运行,但是早期的版本也可以在 DEC Alpha、MIPS 与 PowerPC 架构上运行。虽然由于人们对于开放源代码操作系统兴趣的提升,Windows 的市场占有率有所下降,但是它依然在世界范围内占据了桌面操作系统的主流市场。

Windows 系统也用于中低端服务器,并且具有运行大型程序的能力。

Windows XP 在 2001 年 10 月 25 日发布,2004 年 8 月 24 日发布服务包 2,2008 年 4 月 21 日发布最后一次服务包 3,于 2014 年 4 月 8 日正式宣布停止服务。微软上一款操作系统 Windows Vista(开发代码为 Longhorn)于 2007 年 1 月 30 日发售。Windows Vista 增加了许多功能,尤其是系统的安全性和网络管理功能,并且拥有界面华丽的 Aero Glass。但是整体而言,它在全球市场上的口碑却并不是很好。现在广泛使用的 Windows 7(图 3-10)正式发布于 2009 年 10 月,与以前的各版本 Windows 操作系统相比,在各方面均有极大的提高。最新的 Windows 8(图 3-11)于 2012 年 10 月正式推出,微软自称触摸革命即将开始。

图 3-10　Winodws 7 桌面

图 3-11　Windows 8 桌面

**5. iOS**

iOS 操作系统是由苹果公司开发的手持设备操作系统(图 3-12),最初是设计给 iPhone 使用的,后来陆续套用到 iPod、iTouch、iPad 以及 Apple TV 等苹果产品上。iOS 与苹果的 Mac OS X 操作系统一样,它也是以 Darwin 为基础的,因此同样属于类 UNIX 的商业操作系统。原本这个系统名为 iPhone OS,直到 2010 年 6 月 7 日苹果全球开发者大会(WWDC)上宣布改名为 iOS。截至 2011 年 11 月,Canalys 的统计数据显示,iOS 已经占据了全球智能手机系统市场份额的 30%,在美国的市场占有率为 43%。

**6. 鸿蒙**

华为鸿蒙系统(HUAWEI HarmonyOS)是华为在 2019 年 8 月 9 日于东莞举行的华为开发者大会上正式发布的操作系统,它是一款基于微内核的全场景分布式操作系统,可以实现模块化耦合,对应不同的设备可弹性部署,可以安装在智能手机、智慧屏、智能家电、车载终端、穿戴设备等各种智能终端上。截止 2021 年 12 月,搭载鸿蒙操作系统的设备数突破 2 亿台,鸿蒙操作系统成为了全球用户数增长最快的操作系统。为了打造良好软件生态,2020 年 9 月 10 日华为鸿蒙操作系统正式对外开源,随着生态圈规模的不断扩大,鸿蒙系统已经渐入佳境。

图 3-12　iOS 操作系统

图 3-13　鸿蒙操作系统



## 3.5　支撑软件

**互动教学** 你认为什么样的软件可以算是支撑软件?

### 3.5.1　支撑软件的作用

支撑软件是为各种软件设计、开发、测试与维护提供支持的软件,是介于系统软件和应用软件之间的一个中间软件,又称为软件开发环境(Software Development Environment,SDE)。

支撑软件主要包括环境数据库(Environmental database,利用计算机信息处理技术,有组织地动态存储大量环境数据的集合系统)、各种接口软件和工具组。著名的软件开发环境有 IBM 公司的 Web Sphere、微软公司的 Visual Studio. NET 等。

### 3.5.2 常见支撑软件

常见支撑软件有集成开发环境、驱动程序和各类系统工具等。

#### 1. 集成开发环境

集成开发环境(Integrated Development Environment, IDE,也称为 Integration Design Environment、Integration Debugging Environment)是一种辅助程序开发人员开发软件的应用软件。

IDE 通常包括编程语言编辑器、自动建立工具,通常还包括调试器。有些 IDE 包含编译器/解释器,如微软的 Microsoft Visual Studio;有些则不包含,如 Eclipse、SharpDevelop 等,这些 IDE 通过调用第三方编译器来实现代码的编译工作。有时 IDE 还会包含版本控制系统和一些可以设计图形用户界面的工具。许多支持面向对象的 IDE 还包括类别浏览器、物件检视器、物件结构图。

集成开发环境有的只能支持一种编程语言,如 Borland 公司的 Delphi 只支持 Object Pascal,有的可支持多种语言,如微软公司的 Visual Studio 可支持 C/C++、Visual Basic 等。近年来开放、自由(免费)的整合开放环境增多,开放性的集成开发环境允许用户自行搭配组合需要的各阶段环节所运用的工具,如 IBM 公司发起的 Eclipse(前身是 Visual Age for Java)、Sun 公司的 NetBeans 等;另外也有随其他企业商用软件一并提供的,如 BEA 公司的 WebLogic Workshop、Oracle 公司的 JDeveloper;还有精简后免费提供的,如微软公司的 Visual Studio 2005 Express;或只针对某种操作系统而提出的,如 Borland 公司的 Kylix。



#### 2. 驱动程序

驱动程序(Driver)全称为“设备驱动程序”,是一种可以使计算机和设备通信的特殊程序(图 3-14),可以说相当于硬件的接口,操作系统只有通过这个接口才能控制硬件设备。假如某设备的驱动程序未能正确安装,便不能正常工作。刚装好的系统操作系统,很可能驱动程序安装不完整。硬件越新,这种可能性越大。例如,操作系统刚装好时,桌面图标很大且颜色难看,就是因为没有安装好显卡驱动。

一般当操作系统安装完毕后,首要的便是安装硬件设备的驱动程序。不过,大多数情况下,人们并不需要安装所有硬件设备的驱动程序,例如硬盘、显示器、光驱、键盘、鼠标等就不需要安装驱动程序,而显卡、声卡、扫描仪、摄像头、调制解调器等就需要安装驱动程序。另外,不同版本的操作系统对硬件设备的支持也是不同的,一般情况下,版本越高,所支持的硬件设备也越多。

设备驱动程序用来将硬件本身的功能告诉操作系统,完成硬件设备电子信号与操作系统及软件的高级编程语言之间的互相翻译。当操作系统需要使用某个硬件时,比如:让声卡播放音乐,它会先发送相应指令到声卡驱动程序,声卡驱动程序接收到后,马上将其翻译成声卡才能听懂的电子信号命令,从而让声卡播放音乐。

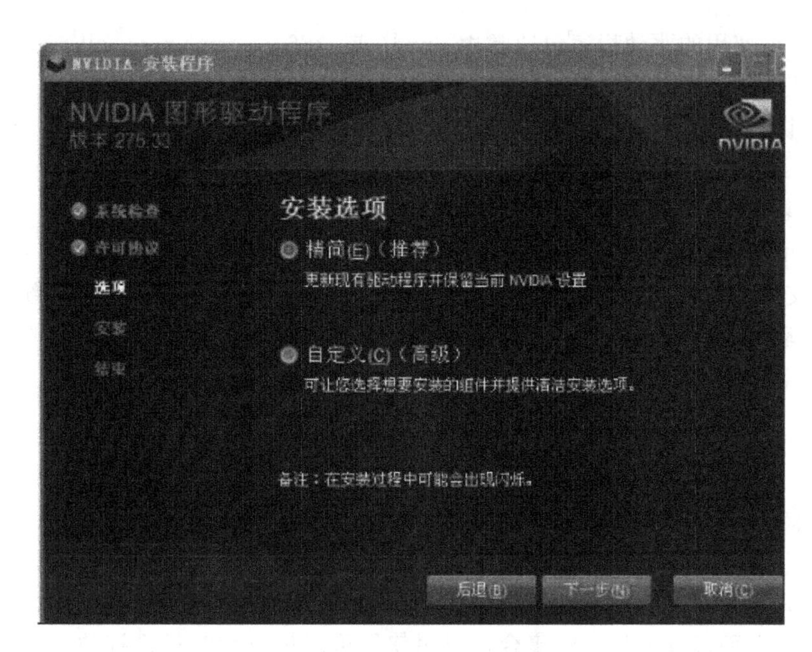


图 3-14　驱动程序安装界面

微视频

国产操作系统



所以，简单地说，驱动程序提供了硬件到操作系统的一个接口，并协调二者之间的关系。正因为驱动程序有如此重要的作用，所以人们将驱动程序称为“硬件的灵魂”“硬件的主宰”“硬件和系统之间的桥梁”。

驱动程序即添加到操作系统中的一小块代码，其中包含有关硬件设备的信息。有了此信息，计算机就可以与设备进行通信。驱动程序是硬件厂商根据操作系统编写的配置文件，没有驱动程序，计算机中的硬件就无法工作。操作系统不同，硬件的驱动程序也不同，各个硬件厂商为了保证硬件的兼容性、增强硬件的功能，会不断地升级驱动程序。例如：NVIDIA 显卡芯片公司平均每个月会升级显卡驱动程序 2～3 次。每当安装一个原本不属于用户计算机中的硬件设备时，系统就会要求用户安装驱动程序，将新的硬件与计算机系统连接起来。驱动程序扮演沟通的角色，把硬件的功能告诉计算机系统，并且也将系统的指令传达给硬件，让它开始工作。

在 Windows 下，驱动程序按照其提供的硬件支持可以分为声卡驱动程序、显卡驱动程序、鼠标驱动程序、主板驱动程序、网络设备驱动程序、打印机驱动程序、扫描仪驱动程序等。为什么没有 CPU、内存驱动程序呢？因为 CPU 和内存无需驱动程序便可使用，不仅如此，绝大多数键盘、鼠标、硬盘、软驱、显示器和主板上的标准设备都可以用 Windows 自带的标准驱动程序来驱动，当然其他特定功能除外。如果用户需要在 Windows 系统中的 DOS 模式下使用光驱，那么还需要在 DOS 模式下安装光驱驱动程序。多数显卡、声卡、网卡等内置扩展卡和打印机、扫描仪、外置调制解调器等外设都需要安装与设备型号相符的驱动程序，否则无法发挥其部分或全部功能。驱动程序一般可通过三种途径得到，一是购买的硬件附带有驱动程序；二是 Windows 系统中自带有大量驱动程序；三是从 Internet 下载驱动程序。最后一种途径往往能够得到最新的驱动程序。

供 Windows 使用的驱动程序包通常由 .vxd(或 .386)、.drv、.sys、.dll 或 .exe 等格式文件组成，在安装过程中，大部分文件都会被复制到“Windows System”目录下。

从理论上讲，所有的硬件设备都需要安装相应的驱动程序才能正常工作。但像 CPU、内存、主板、软驱、键盘、显示器等设备不需要安装驱动程序也可以正常工作，而显卡、声卡、网卡等却一定要安装驱动程序，否则便无法正常工作。这是为什么呢?

这主要是由于这些硬件对于计算机来说是必需的，所以早期的设计人员将这些硬件列为 BIOS 能直接支持的硬件。换句话说，上述硬件安装后就可以被 BIOS 和操作系统直接支持，不再需要安装驱动程序。从这个角度来说，BIOS 也是一种驱动程序。但是其他的硬件，例如网卡、声卡、显卡等，却必须要安装驱动程序，否则就无法正常工作。

## 3.6 应用软件

互动教学 什么样的软件属于应用软件？请列举你所熟悉的应用软件。

应用软件(Application Software)是为满足用户不同领域、不同问题的应用需求而使用各种程序设计语言编写的应用程序的集合，分为应用软件包和用户程序。应用软件包是利用计算机解决某类问题而设计的程序的集合。应用软件可以拓宽计算机系统的应用领域，扩展硬件的功能。



按应用领域对应用软件进行分类，有以下一些类别。

### 1. 办公软件

办公软件指可以进行文字处理、表格制作、幻灯片制作、简单数据库的处理等方面工作的软件。办公软件的应用范围很广，大到社会统计，小到会议记录，数字化的办公离不开办公软件的鼎力协助。目前办公软件朝着操作简单化、功能精细化等方向发展。讲究大而全的 Office 系列和专注于某些功能深化的小软件并驾齐驱。政府用的电子政务系统、税务用的税务系统、企业用的协同办公软件，都属于办公软件的范畴。办公软件已经不局限于桌面操作系统，在平板电脑及智能手机中也应用广泛，例如在 Android 、iOS 和 Windows Phone 等操作系统中都集成了办公软件。

常见的办公软件有微软 Office、金山 WPS Office、苹果 iWork、谷歌 Docs 等。

### 2. 互联网应用软件

- 即时通信软件:QQ、MSN、微信、飞信、imo 等;
- 网页浏览器:IE 浏览器、360 浏览器、搜狗浏览器、UC 浏览器等;
- 邮件工具:Outlook、Foxmail 等;
- FTP 客户端软件:FileZilla、FlashXP、WinSCP、SmartFTP 等;
- 下载工具:迅雷、土豆、腾讯 QQ 旋风、快车(FlashGet)、bitcomet、eMule 等。

### 3. 多媒体

- 媒体播放器:Windows Media Player、暴风影音、酷狗音乐、优酷视频播放器等;
- 图像、图形处理软件:Photoshop、Fireworks、美图秀秀等;
- 音频视频处理软件:Cool Edit Pro、ffdshow、FLV 转换器、Total Video Converter 等;
- 计算机辅助设计: AutoCAD、3ds Max、Protel、CATIA 等;

- 桌面出版系统:北大方正、Publisher、CorelDRAW 等。

**4. 商务软件**

- 会计软件:用友、金蝶、管家婆等;
- 企业流程管理软件;
- 客户关系管理(CRM)系统:Microsoft Dynamics;
- 企业资源计划(ERP)系统;
- 供应链管理系统;
- 产品生命周期管理系统。

**5. 信息管理软件**

用于输入、存储、修改、检索各种信息,例如工资管理软件、人事管理软件、仓库管理软件、计划管理软件等。

**6. 防火墙和杀毒软件**

McAFee、ZoneAlarm pro、金山毒霸、卡巴斯基、瑞星、诺顿、360 安全卫士等。

**7. 阅读器**

CAJViewer、Adobe Reader、pdfFactory Pro(可安装虚拟打印机,可以自己制作 PDF 文件)等。



**8. 输入法(有很多版本)**

紫光输入法、智能 ABC、五笔、QQ 拼音、搜狗拼音等。

**9. 系统优化/保护工具**

Windows 清理助手 ARSwp、Windows 优化大师、超级兔子、奇虎 360 安全卫士、数据恢复文件 EasyRecovery Pro、影子系统、硬件检测工具 everest、GHOST 等。

## 3.7 相关职业岗位能力

本部分知识可为下列职业人员提供岗位能力支持:

- 系统运维工程师

提供软件系统相关知识,对软件系统部署、维护提供能力支撑。

- 软件开发工程师

提供软件系统相关知识,对软件开发提供部分能力支撑。

互动练习

第 3 张自测题

## 3.8 课后体会

**学生总结**

年 月 日

# 第4章　信息系统与数据库

**本章课前准备**

查找相关资料，了解信息系统、数据库、文件系统相关知识

思考哪些工作需要用到信息系统、数据库和文件系统方面的知识

**本章教学目标**

了解信息系统的作用和常见的信息系统

了解数据库中的术语和数据库中的常用知识

了解文件系统的作用

**本章教学要点**

信息系统、数据库知识、文件系统知识体系的初步建立

**本章教学建议**

讲述、讨论、启发式教学

信息系统是一类计算机应用类型的统称，从银行系统、车票购票系统、电子商务平台到日常办公OA(Office Automation)都属于此类，可以说，信息系统与人们的日常生活息息相关。信息系统大多数都有数据库作为后台保障，本章将对信息系统及数据库技术做相关介绍。

## 4.1　信息系统

微视频

信息系统和数据库-1

### 4.1.1　信息系统概述

**互动教学** 你能描述一下你是如何去医院挂号看病的吗？

目前很多人都能体会到去医院挂号不容易，尤其是热门医院的热门科室，常需排队等待，如图4-1所示。但如果使用信息系统，则可以依据电子挂号流程，通过网络预约专家号，如图4-2所示，降低挂号难度并节约时间。

图4-1　传统挂号方式

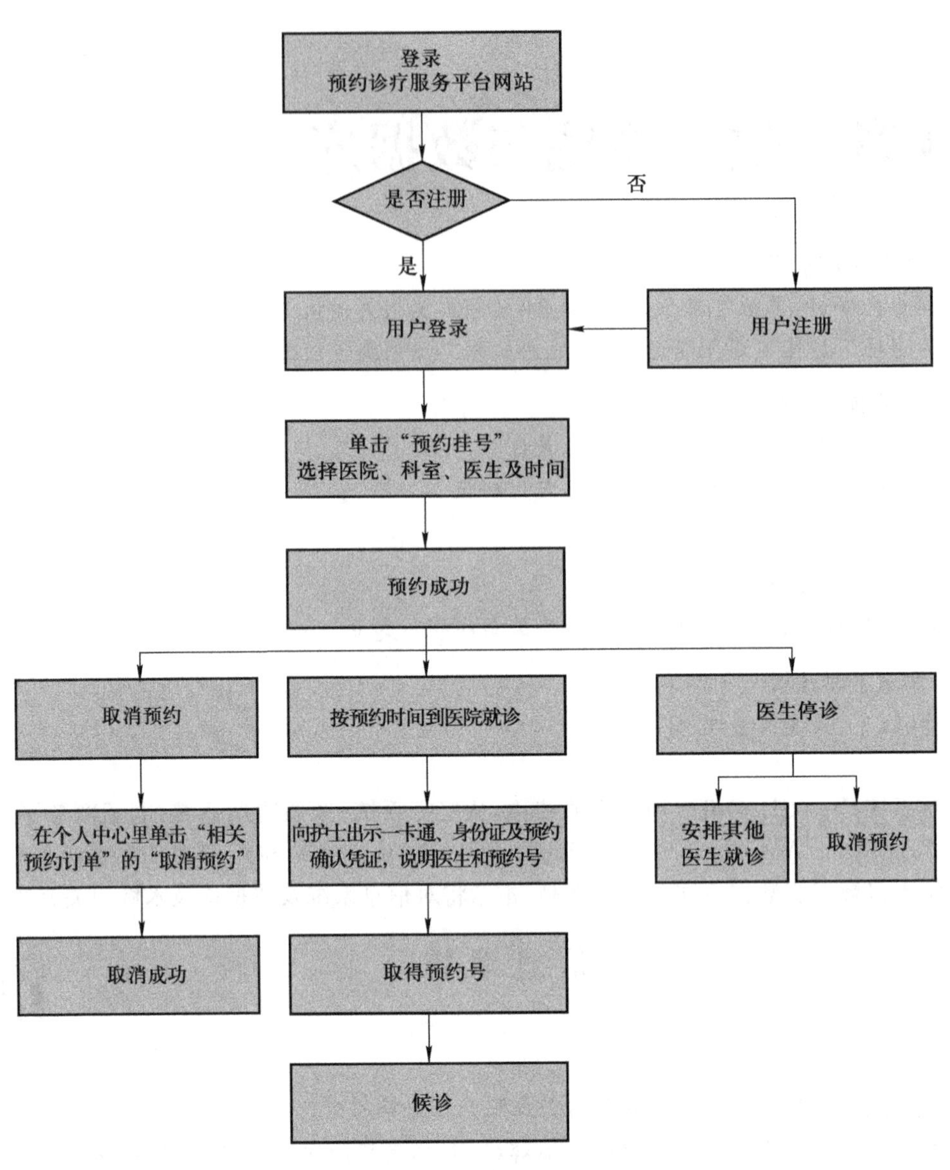


图 4-2　电子挂号流程



**1. 信息系统**

信息系统是由计算机硬件、网络通信设备、计算机软件、信息资源、业务流程、用户和规章制度组成的分布式计算机应用系统。

它的主要任务是最大限度地利用现代计算机及网络通信技术加强企业的信息管理，通过对企业拥有的人力、物力、财力、设备、技术等资源的调查了解，建立正确的数据，加工处理并编制成各种信息资料，及时提供给管理人员以便进行正确的决策，从而提高企业的管理水平和经济效益。

**2. 信息系统功能**

信息系统的五个基本功能：输入、输出、存储、处理和控制。

(1) 输入：取决于系统所要达到的目的、系统的能力和信息环境。

(2) 输出：信息系统的各种功能都是为了保证最终实现最佳的输出功能。

(3) 存储：存储各种资料(数据)、关系及操作等信息。

(4) 处理：基于数据仓库的汇总、分析、统计、挖掘等。

(5) 管理控制：对各种设备、数据、功能、权限等控制和管理。

### 4.1.2　典型信息系统

**互动教学** 在生活中，你使用过哪些信息系统？试举例说明。

在生活中，你通过网络购物吗？是如何进行的？

信息系统在各个行业均有应用，下面介绍几种典型的信息系统。

#### 1. 办公自动化系统(Office Automation System，OAS)

办公自动化系统是利用技术手段提高办公效率，进而实现办公自动化处理的系统。它采用 Internet/Intranet 技术，基于工作流的概念，使企业内部人员方便快捷地共享信息，高效地协同工作，如图 4-3 所示。



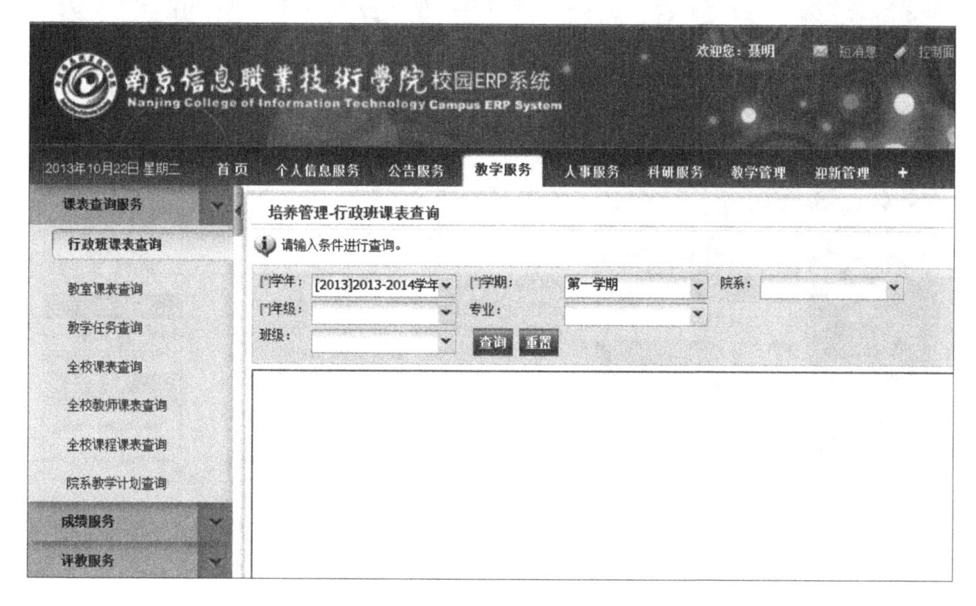


图 4-3　高校办公自动化系统

#### 2. 电子商务平台

电子商务指对整个贸易活动实现电子化。从涵盖范围方面定义为：交易各方以电子交易方式而不是通过直接面谈方式进行的任何形式的商业交易。电子商务平台如图 4-4 所示。

#### 3. 电子政务平台

电子政务是政府机构运用现代网络通信与计算机技术，将政府管理和服务职能精简、优化、整合、重组，在互联网上实现的一种方式。电子政务平台如图 4-5 所示。

图 4-4 电子商务平台——淘宝网

图 4-5 中华人民共和国中央人民政府电子政务平台

## 4.2 数据库技术

互动教学 你是如何到图书馆借书的？图书馆中有数据库吗？

### 4.2.1 数据库系统实例

图 4-6 是一个数字图书馆的示意图，从图中可以看出，扫描的图书信息、数据资源信息、互联网采集到的信息、特色资源信息和光盘资源信息等都可以存在数据库中，用户通过网络可以检索数据库中各类信息。

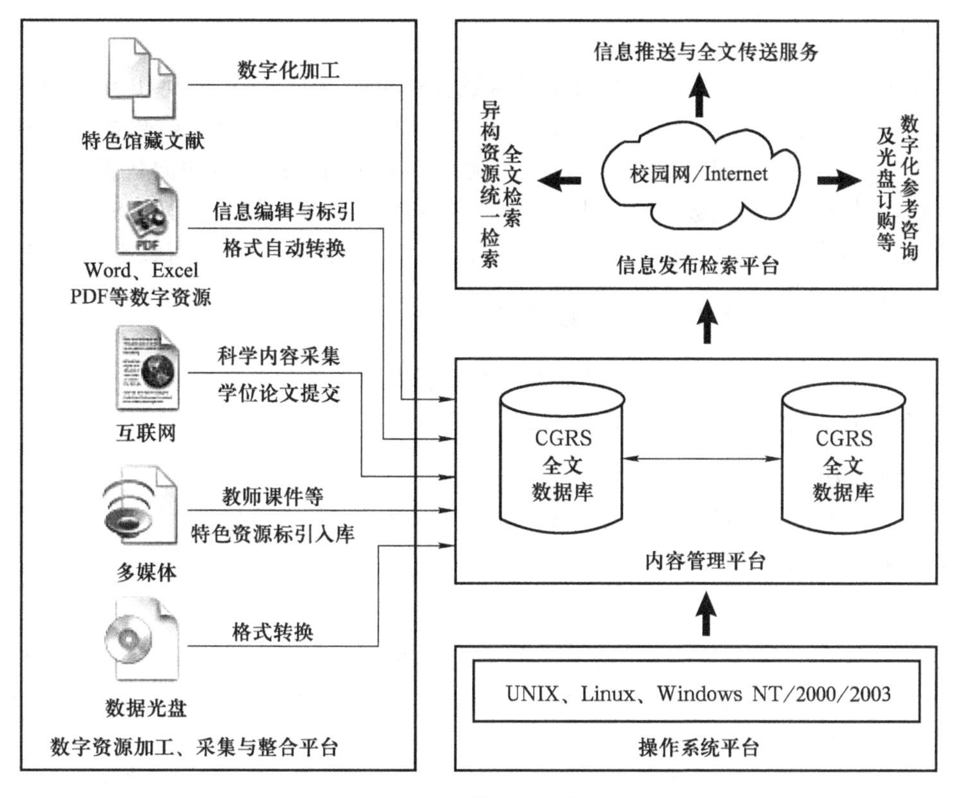


图 4-6 数字图书馆



### 4.2.2 数据库系统的相关概念

**1. 数据(Data)**

数据是按一定规则排列组合的物理符号。可以是数字、文字、图像,也可以是计算机代码。数据可以被查看、购买和使用。

数据按表现形式可以分为结构化数据和非结构化数据。

结构化数据:即行数据,指存储在数据库里、可以用二维表结构来逻辑表达实现的数据。

非结构化数据:相对结构化数据而言,不能用数据库二维逻辑表来表现的数据称为非结构化数据,包括所有格式的办公文档、文本、图片、XML、HTML、各类报表、图像和音频/视频信息等。

**2. 数据库(Database,DB)**

数据库是长期存储在计算机内、有组织的、统一管理的相关数据的集合。数据库能为各种用户共享,具有冗余度较小、数据间联系紧密、数据独立性较高等特点。

**3. 数据库系统(Database System,DBS)**

数据库系统是实现有组织地、动态地存储大量关联数据,方便多用户访问的计算机软件、硬件和数据资源组成的系统,即采用了数据库技术的计算机系统。它是由数据库、硬件、软件和用户组成的。

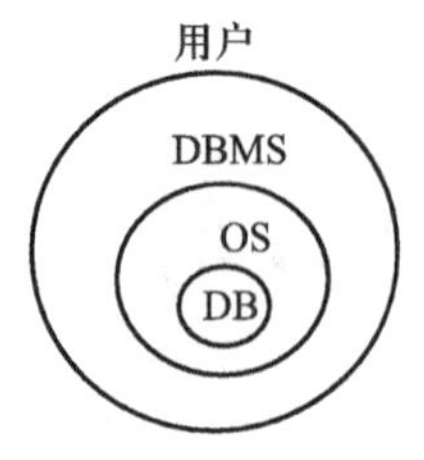

图 4-7　系统层次图

**4. 数据库管理系统(Database Management System,DBMS)**

DBMS 是位于用户与操作系统之间的一层数据管理软件,如图 4-7所示。DBMS 为用户或应用程序提供访问数据库的方法,包括数据库的建立、查询、更新及各种数据控制。DBMS 总是基于某种数据模型,可以分为层次型、网状、关系型、面向对象型 DBMS。

### 4.2.3 关系数据库

基于关系模型所创建的数据库称为关系数据库。

下面介绍关系数据库中的一些常用术语。

**1. 实体(Entity)**

客观存在并相互区别的事物称为实体。实体可以是具体的人或物,如学生、学校等,也可以是抽象的事物,如考试等。

**2. 表(Table)**

在关系数据库中,数据库表是一系列二维数组的集合,用来代表和储存数据对象之间的关系。它由纵向的列和横向的行组成,见表 4-1 和表 4-2。在数据库中表的列称为字段(Field),表的行称为记录(Record)。



**表 4-1　学生表**

| 学号 | 姓名 | 年龄 | 性别 | 系名 |
|---|---|---|---|---|
| 2013001 | 王晓明 | 19 | 男 | 计算机 |
| 2013002 | 黄大鹏 | 20 | 男 | 工商管理 |
| 2013003 | 张美美 | 18 | 女 | 艺术 |

**表 4-2　成绩表**

| 学号 | 课程号 | 成绩 |
|---|---|---|
| 2013001 | C001 | 90 |
| 2013001 | C002 | 80 |
| 2013002 | C001 | 89 |

**3. 关系(Relation)**

可认为关系是一张具有行、列的表。

**4. 候选键**

在表中能唯一标识记录的字段或字段的集合称为表的候选键。候选键可以有多个。

**5. 主键**

用户选作记录标识的一个候选键为主键。一个表至少应该有一个主键。主键的值可用来识别记录,即每个记录的主键值不能相同也不能为空值。如表 4-1 中的“学号”是主键。

**6. 外键**

一个表的主键相应的列在另一表中出现,此时该主键在另一表中就是该表的外键。有两个表“学生”(表 4-1)和“成绩”(表 4-2),其中“学号”是学生表的主键,相应的列“学号”在“成绩”表中也出现,此时“学号”就是“成绩”表的外键。

**7. 查询(Query)**

查询是从数据表中检索数据的主要方法。其作用是从数据库基本表、视图或子查询中检索出所需要的字段和记录,如图 4-8 所示。

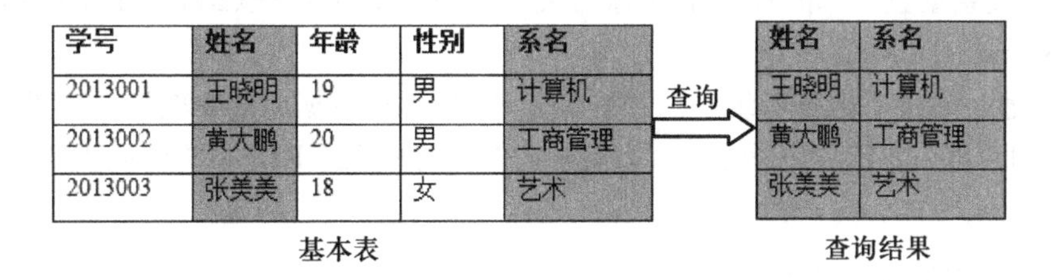


图 4-8　查询示意图

**8. 报表(Report)**

报表是用表格、图表等格式来动态显示数据库中的数据,如图 4-9 所示。可以用公式表示为:报表=多样的格式 ＋ 动态的数据。

微视频

信息系统和数据库-2

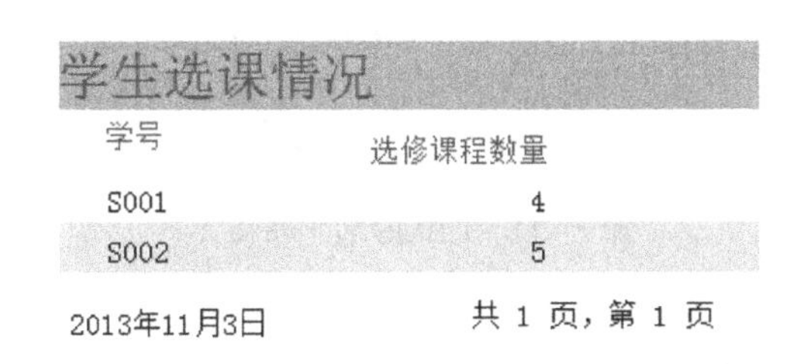


图 4-9　学生选课情况报表

**9. 视图(View)**

从用户角度来看,一个视图是从一个特定的角度来查看数据库中的数据。从数据库系统内部来看,一个视图是由 SELECT 语句组成的查询定义的虚拟表,如图 4-10 所示。

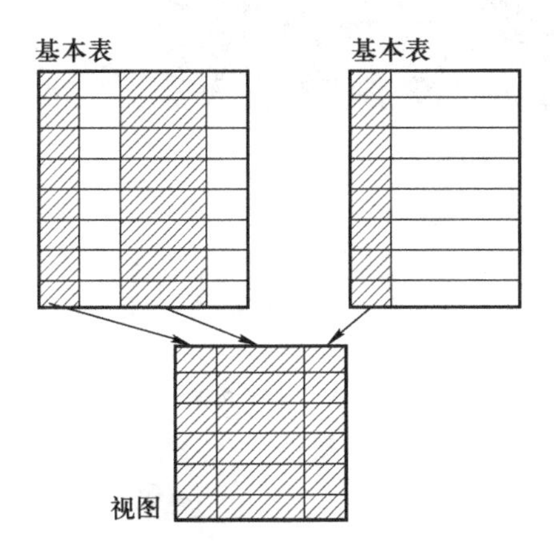


图 4-10　视图示意图

### 4.2.4 关系数据库管理系统

互动教学 你所知道的目前主流的关系数据库管理系统有哪些？试举例说明。

用于管理关系型数据库的管理系统称为关系数据库管理系统(Relational Database Management System,RDBMS)。

RDBMS 通过对关系数据库统一的管理和控制,以保证数据库的安全性和完整性。数据库管理员通过 RDBMS 进行关系数据库的维护工作,用户通过 RDBMS 访问关系数据库中的数据。

**1. 关系数据库管理系统的功能**

关系数据库管理系统的主要任务是创建和管理关系数据库,完成用户对关系数据库的存取请求,即检索、插入、更新或删除等操作,如图 4-11 所示。

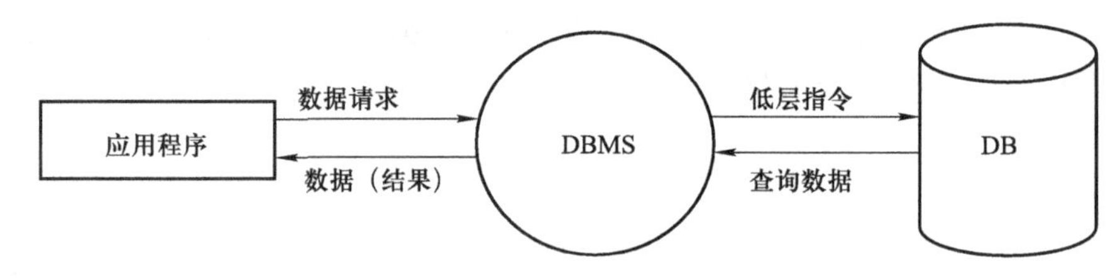




图 4-11　DBMS 的工作模式

**2. 常用关系数据库管理系统**

目前有许多数据库管理系统,如 Oracle、IBM 的 DB2、微软的 SQL Server、Sybase 公司的 Sybase 等产品各有自己特有的功能,在数据库市场上占有一席之地。

下面简要介绍图 4-12 所示的几种常用的关系数据库管理系统。

图 4-12　几种常用的关系数据库管理系统

(1) Oracle 数据库管理系统

Oracle 是最早商品化的关系型数据库管理系统，也是应用广泛、功能强大的数据库管理系统，支持最广泛的操作系统平台。Oracle 还是分布式数据库系统，支持各种分布式功能，特别是支持 Internet 应用。目前最新版本是Oracle 12c。

(2) OceanBase 数据库系统

OceanBase 是一款由阿里巴巴公司自主研发的高性能、分布式的关系型数据库，可实现数千亿条记录、数百 TB 数据的跨行跨表业务，支持天猫大部分的联机事务处理(On-Line Transcation Processing, OLTP)和联机分析处理(On-Line Analytical Processing, OLAP)等在线业务。

(3) SQL Server 数据库管理系统

Microsoft SQL Server 是一种典型的关系型数据库管理系统，可在许多操作系统上运行。SQL Server 适合中小型企业的数据库系统，熟悉微软产品的用户较易操作 Microsoft SQL Server，从而成为一名 DBBS(Database Baby Sitter，初级数据库管理员)。目前其最新版本为 Microsoft SQL Server 2012。

(4) Sybase 数据库管理系统

Sybase 公司首先提出客户-服务器数据库体系结构的思想，并率先在 Sybase SQL Server 中实现。Sybase 发布的 Sybase ASE 12.0 直接面向 Java 程序员。这种以 Java 为中心的数据库系统对于准备在 Java 平台下构建企业应用的企业，是一个不错的选择。



(5) Teradata 数据库管理系统

Teradata 数据库管理系统是世界上最负盛名、功能最强大的数据仓库管理系统。其原本是 Teradata 公司产品，1991 年被 NCR 收购。客户主要集中在电信、航空、物流、零售、银行等领域。Teradata 在全球数据仓库领域处于领先地位。

(6) MySQL 数据库管理系统

MySQL 是小型关系型数据库管理系统。由于其体积小、速度快、总体拥有成本低，尤其是开放源码这一特点，目前 MySQL 广泛地应用在各种中小型网站中。

(7) Access 数据库管理系统

作为 Microsoft Office 组件之一的 Microsoft Access 是在 Windows 环境下非常流行的桌面型数据库管理系统。Microsoft Access 不仅可以通过 ODBC 与其他数据库相连，实现数据交换和共享，还可以与 Word、Excel 等办公软件进行数据交换和共享，并且通过对象链接与嵌入技术在数据库中嵌入和链接声音、图像等多媒体数据。

**3. 结构化查询语言(Structured Query Language,SQL)**

结构化查询语言是一种数据库查询语言，用于存取数据以及查询、更新和管理关系数据库系统。结构化查询语言是高级的非过程化编程语言，它不要求用户指定对数据的存放方法，也不需要用户了解具体的数据存放方式，所以不同的数据库系统可以使用相同的结构化查询语言。

结构化查询语言包含 4 个部分：

(1) 数据定义语言(Data Definition Language, DDL)

其语句包括动词 CREATE 和 DROP，用于在数据库中创建或删除表、视图或索引等。如创建“学生”表的 SQL 语句如下：

```
CREATE TABLE 学生                          —创建学生表
(
学号 CHAR(4)PRIMARY KEY,                   —列级主键约束
姓名 VARCHAR(40)UNIQUE,                    —列级唯一值约束
年龄 INT NOT NULL ,                        —非空约束
CONSTRAINT ck_age CHECK(年龄>0)            —表级检查约束
)
```

(2) 数据操纵语言(Data Manipulation Language,DML)

包括动词 INSERT、UPDATE 和 DELETE。它们分别用于添加、修改和删除表中的记录。如向“学生”表中插入一条记录的 SQL 语句如下：

```
INSERT INTO 学生 VALUES(s001,王明,20)
```

更新“学生”表中学生年龄的 SQL 语句为：

```
UPDATE 学生 SET 年龄=年龄+1 WHERE 姓名=王明
```

将“学生”表中年龄小于 20 的学生删除的 SQL 语句为：

```
DELETE FROM 学生 WHERE 年龄<20
```



(3) 数据查询语言(Data Query Language, DQL)

也称为“数据检索语句”,是从指定的基本表或视图中,创建一个指定范围内满足条件、按某列分组、按某列排序的新记录集。DQL 常用的保留字有 FROM、WHERE、ORDER BY、GROUP BY 和 HAVING。

如查询年龄在 20～23 岁之间的学生信息,并按照年龄升序排列,其对应的 SQL 语句如下：

```
SELECT 学号,姓名,年龄
FROM 学生
WHERE 年龄 BETWEEN 20 AND 23
ORDER BY 年龄 ASC
```

(4) 数据控制语言(Data Control Language,DCL)

包括 GRANT 和 REVOKE。GRANT 是授权语句,将语句权限或者对象权限授予其他用户或角色。如将创建表的权限授予用户 U1 的 SQL 语句为：

```
GRANT  CREATE  TABLE  TO  U1
```

REVOKE 将在当前数据库内的用户或者角色上授予的权限收回。如将 U1 用户的创建表得权限收回的 SQL 语句为：

```
REVOKE  CREATE  TABLE  FROM  U1
```

**4. 单机数据库管理系统与网络数据库管理系统**

单机数据库管理系统是只能运行在单机上、不提供网络功能的数据库管理系统。Access、Foxpro 等都是单机数据库管理系统。

数据和资源共享这两种方式结合在一起即成为网络数据库。能以后台数据库为基础，加上前台程序，通过浏览器完成数据存储、查询等操作的数据库管理系统，即称为网络数据库管理系统。网络数据库是跨越计算机在网络上创建、运行的数据库。如 Oracle 数据库、SQL Server 数据库都支持网络管理，图 4-13 所示为 Oracle 数据库网站登录方式。基于 Internet 的各种远程教育及广泛流行的电子商务网站，无一例外都需要采用网络数据库方式实现。

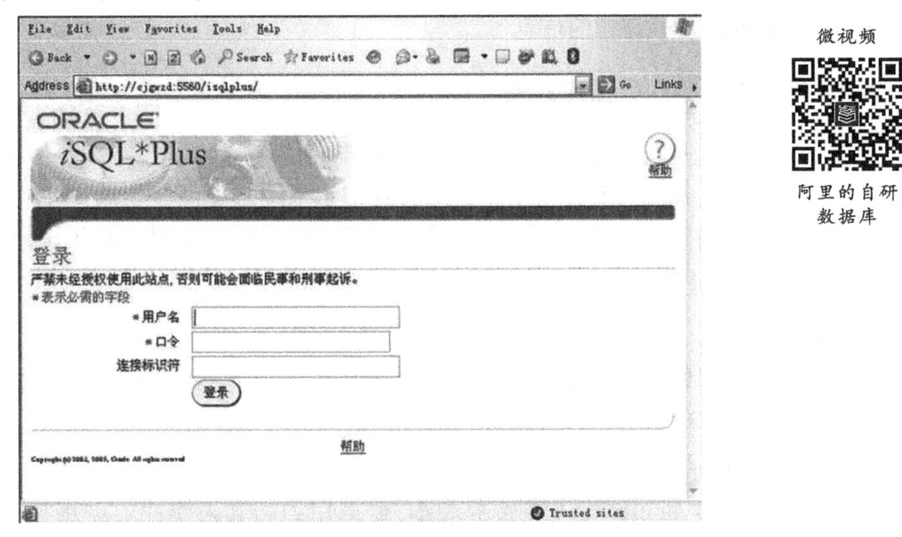


图 4-13　Oracle 数据库网络登录方式

微视频

阿里的自研数据库

多用户访问数据库带来的并发现象不可避免。数据库允许多个事务同时运行（如在淘宝网上，多个买家同时购买同一店铺的同一商品），当这些事务访问或修改数据库中相同的数据时，如果没有采取必要的隔离机制，就会出现各种并发现象（丢失更新、非重复读和脏读）。如图 4-14 所示为脏读现象，事务 1 和事务 2 同时运行，事务 2 读取的 C=200 就是一个脏数据、与事务 1 读到的 C 不同。

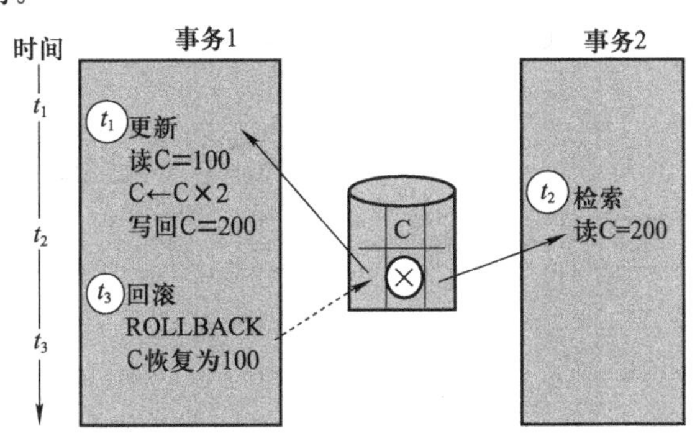


图 4-14　脏读现象（C=200 是一个脏数据）

解决并发现象的方法是采用加锁机制。锁分为共享锁和排他锁两种。锁机制能有效地解决并发事务的各种问题，但是也会影响到并发的性能。

随着网络技术的发展，在进行数据库管理时，数据库系统的安全性也要列入考虑范畴。数据库安全包含两层含义:第一是指系统运行安全,系统运行安全通常受到的威胁如一些网络不法分子通过网络、局域网等途径入侵计算机使系统无法正常启动,或超负荷让计算机运行大量算法,并关闭 CPU 风扇,使 CPU 过热烧坏等破坏性活动;第二是指系统信息安全,系统安全通常受到的威胁如黑客对数据库入侵,并盗取想要的资料。目前黑客攻击数据库的方式有:① 破解弱口令或默认的用户名及口令;② 非法权限的提升;③ 利用未及时更新漏洞;④ SQL 注入攻击;⑤ 窃取备份(未加密)的信息等。

### 4.2.5 学生成绩管理数据库实例

学生成绩管理是教务管理中非常重要的环节,而学生人数较多,选课情况较复杂,就形成了较大的数据量。这就需要建立学生成绩管理信息系统来提高学生管理工作的效率。一个应用系统的开发过程包括分析、设计、实现、调试和发布等阶段,应用系统的设计流程将在第 5 章介绍,本节介绍学生成绩数据库的设计过程。

**1. 需求分析**

学生成绩管理数据库中需要记录学生选课情况、考试成绩、教师讲授课程情况并能进行学生选课情况、学生成绩状况、教师授课情况等方面的分析和统计。

**2. 实体及实体间联系的建立**



根据需求分析,可以确定在此数据库中,需要用到的基本实体有学生、教师和课程。学生实体的属性有学号、学生姓名和年龄,教师实体的属性有教师编号、教师名称和职称,课程实体的属性有课程号、课程名称和学分。

一名教师可以讲授多门课程,一门课程也可以由多名教师讲授;一名学生可以选修多门课程,一门课程也可以供多名学生选修。因此可以确定教师与课程间的联系是多对多,学生与课程间的联系也是多对多,如图 4-15 所示。图 4-15 是以 ER(Entity Relationship)图的方式来表示实体以及实体间的联系。其中矩形表示实体,菱形表示实体间联系,$n$、$m$ 表示实体间联系的类型多对多(二元实体间联系类型有:一对一、一对多、多对多),椭圆形表示属性。

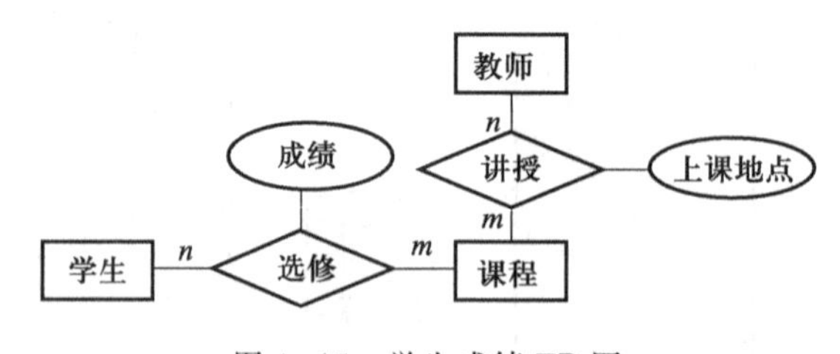


图 4-15　学生成绩 ER 图

**3. 实体联系映射成表**

根据实体联系映射成表的方式如下:

(1) 可以将 ER 图转化为关系模式,根据关系模式使用 SQL 语句或数据库工具创建表;

(2) 使用 Visio、PowerBuilder、Rational Rose 等工具直接将 ER 图转化为表。

创建完成的表如表 4-3～表 4-7 所示。创建完的表还要检查其是否符合规范化要求,通过检查,表 4-3～表 4-7 都符合第三范式要求。

表 4-3　课程表

| CNO | CNAME | CREDIT |
|---|---|---|
| C001 | DATABASE | 4 |
| C002 | Java | 6 |
| C003 | OS | 4 |

表 4-4　教师表

| TNO | TNAME | TITLE |
|---|---|---|
| T001 | MARY | PROFESSOR |
| T002 | JOE | LECTURER |
| T003 | MAX | LETURER |

表 4-5　学生表

| SNO | SNAME | AGE |
|---|---|---|
| S001 | MIKE | 20 |
| S002 | TOM | 19 |
| S003 | JERRY | 18 |
| S004 | ROSE | 19 |

表 4-6　选修表

| SNO | CNO | GRADE |
|---|---|---|
| S001 | C001 | 90 |
| S001 | C002 | 80 |
| S002 | C001 | 85 |
| S003 | C003 | 87 |

表 4-7　讲授表

| TNO | CNO | LOC |
|---|---|---|
| T001 | C001 | A01 |
| T001 | C002 | A01 |
| T002 | C001 | A02 |



### 4.2.6　数据库的规范化

**互动教学** *你所见过的表的样式有哪些？这些表都可以称为数据库表吗？*

设计关系数据库时，所设计的表必须满足一定的规范化要求。根据表中字段间的依赖关系可把这种特定范式分成不同的范式级别：第一范式（1NF）、第二范式（2NF）、第三范式（3NF）、BCNF 范式、第四范式（4NF）、第五范式（5NF）。

#### 1. 第一范式（1NF）

第一范式的判定条件为一个表中每一行和列的交叉点是否仅有一个值。表 4-8 第 2 行第 3 列和第 3 行第 3 列有多个值，不满足第一范式要求。若要达到第一范式的要求，要将此不符合第一范式的表分裂为表 4-9 的学生表和表 4-10 的选课表。

表 4-8　学生选课表

| SNO | SNAME | CNO |
|---|---|---|
| S001 | MIKE | C001,C002 |
| S002 | TOM | C002,C003 |

表 4-9　学生表

| SNO | SNAME |
|---|---|
| S001 | MIKE |
| S002 | TOM |

表 4-10　选课表

| SNO | CNO |
|---|---|
| S001 | C001 |
| S001 | C002 |
| S002 | C002 |
| S002 | C003 |

### 2. 第二范式(2NF)

满足第二范式(2NF)必须先满足第一范式(1NF)。第二范式(2NF)要求数据库表中的所有非键列要函数依赖于主键列。

其中函数依赖是指表中一列或多列值可以决定其他列的值。如在学生表中学号可以决定学生的姓名,即姓名函数依赖于学生。

在表 4-11 中,已满足了 1NF,表的主键是(SNO,CNO),而其中的 SNAME 依赖于 SNO,即没有达到所有非键列函数依赖于主键列的判定要求,因此不满足第二范式。

若要满足第二范式,需对表 4-11 进行分裂,分裂为表 4-12 的学生表和表 4-13 的选课表。分裂后的表都满足第二范式。

表 4-11　学生选课表

| SNO | SNAME | CNO | GRADE |
|---|---|---|---|
| S001 | MIKE | C001 | 90 |
| S001 | MIKE | C002 | 80 |
| S002 | TOM | C001 | 96 |

表 4-12　学生表

| SNO | SNAME |
|---|---|
| S001 | MIKE |
| S001 | MIKE |
| S002 | TOM |

表 4-13　选课表

| SNO | CNO | GRADE |
|---|---|---|
| S001 | C001 | 90 |
| S001 | C002 | 80 |
| S002 | C001 | 96 |

### 3. 第三范式(3NF)

满足第三范式(3NF)必须先满足第二范式(2NF)。第三范式(3NF)要求数据库表中不能有非主键列函数依赖于其他非主键列。

在表 4-14 中,表的主键是 SNO,但是 DNAME 的值可以由 DNO 决定,即存在非键列依赖于另一个非键列。因此不满足第三范式。

若要满足第三范式,需将表 4-14 分裂为表 4-15 和表 4-16。分裂后的学生表和系部表都满足第三范式。

表 4-14　学生系部表

| SNO | SNAME | DNO | DNAME |
|---|---|---|---|
| S001 | MIKE | D001 | COMPUTER |
| S002 | TOM | D001 | COMPUTER |
| S003 | JERRY | D002 | ART |

表 4-15　学生表

| SNO | SNAME | DNO |
|---|---|---|
| S001 | MIKE | D001 |
| S002 | TOM | D001 |
| S003 | JERRY | D002 |

表 4-16　系部表

| DNO | DNAME |
|---|---|
| D001 | COMPUTER |
| D002 | ART |

## 4.2.7　数据库的实现和管理

应用程序访问数据库的方式如图 4-16 所示。其中应用程序可以采用 Visual Basic、PowerBuilder、Visual C、Delphi、Java、C# 等语言编写,数据库访问接口可使用 ODBC、ADO、ADO. NET、JDBC 等方式实现,数据库管理系统可选用 SQL Server、Oracle、DB2、Sybase 等数据库管理系统。数据库的实现过程为创建表、创建表间联系、创建其他数据库对象及数据库的管理。

图 4-16　应用程序访问数据库过程

**1. 创建表**

表的创建可以采用前面介绍的 CREATE TABLE 语句实现，也可以使用数据库管理系统中的可视化界面实现，如图 4-17 所示。还可由一些工具（Visio、Power Designer）根据 ER 图直接生成表。

| | 列名 | 数据类型 | 允许 Null 值 |
|---|---|---|---|
| 🔑 | SNO | nchar(10) | ☐ |
| | SNAME | varchar(10) | ☐ |
| ▶ | AGE | smallint | ☑ |
| | | | ☐ |

图 4-17　可视化界面创建表

**2. 创建表间联系**

表间联系的创建可以通过 SQL 语句中 CREATE TABLE 的方式直接实现，也可以通过 ALTER TABLE 的方式在表创建完成之后再添加，还可以使用数据库管理系统中的工具实现，如图 4-18 所示。

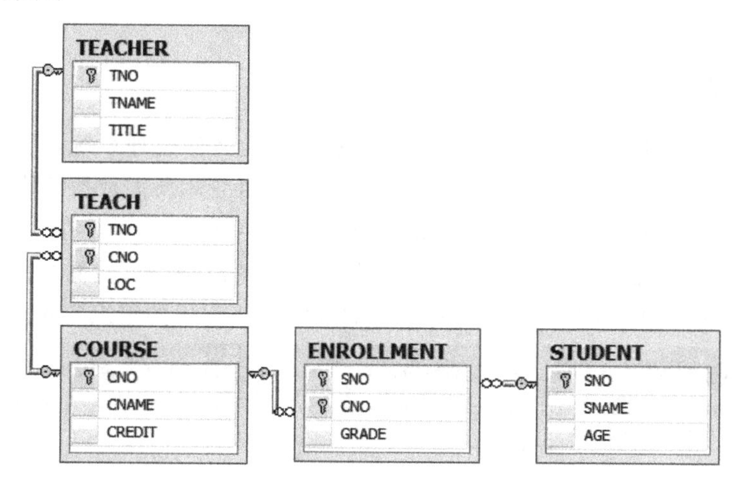


图 4-18　数据库关系图

**3. 创建其他数据库对象**

其他数据库对象包括索引、视图、存储过程、触发器等。

(1) 索引

索引是根据指定的数据库表列建立起来的顺序。它提供了快速访问数据的途径，并且可监督表的数据，使其索引所指向的列中的数据不重复。可以采用 SQL 语言中的 CREATE INDEX 创建索引，也可以采用数据库工具实现。

(2) 视图

视图看上去同表似乎一模一样，具有一组命名的字段和数据项，但它其实是一个虚拟的表，在数据库中并不实际存在。视图是由查询数据库表产生的，它限制了用户能看到和修改的数据。由此可见，视图可以用来控制用户对数据的访问，并能简化数据的显示，即通过视图只显示那些需要的数据信息。可以采用 SQL 语言中的 CREATE VIEW 创建视图，也可以采用数据库工具实现。

(3) 存储过程

存储过程(Stored Procedure)是在大型数据库系统中一组为了完成特定功能的 SQL 语句集，经编译后存储在数据库中，用户通过指定存储过程的名字并给出参数(如果该存储过程带有参数)来执行它。可以采用 CREATE PROCEDURE 创建存储过程。

(4) 触发器

触发器由事件来触发，可以查询其他表，而且可以包含复杂的 SQL 语句。它们主要用于强制服从复杂的业务规则或要求。也可用于强制引用完整性，以便在多个表中添加、更新或删除行时，保留在这些表之间所定义的关系。可以采用 CREATE TRIGGER 来创建触发器。

**4. 数据库管理**

数据库管理的主要内容有：数据库的调优、数据库的重组、数据库的重构、数据库的安全管控、报错问题的分析和汇总处理、数据库数据的日常备份。

## 4.3 文件系统



### 4.3.1 文件系统简介

操作系统中负责管理和存储文件信息的软件机构称为文件管理系统，简称文件系统。文件系统由三部分组成：文件管理软件、被管理文件、实施文件管理所需数据结构。

文件系统是对文件存储器空间进行组织和分配，负责文件存储并对存入的文件进行保护和检索的系统。具体地说，它负责为用户建立文件，存入、读出、修改、转储文件，控制文件的存取，当用户不再使用时删除文件等。图 4-19 是 Windows 下文件的组织形式。

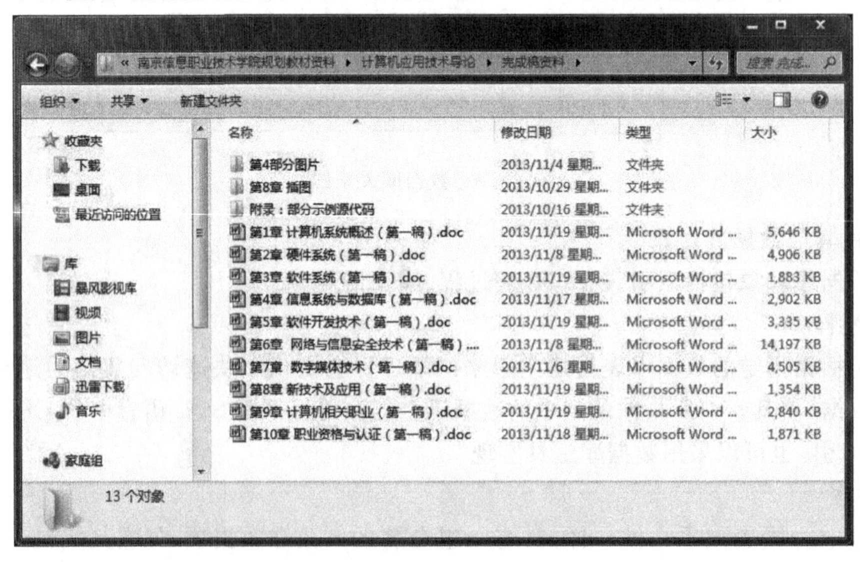


图 4-19 Windows 下的文件系统

### 4.3.2　常见文件系统

#### 1. 本地文件系统

(1) FAT16/FAT32(File Allocation Table,文件分配表)

MS-DOS、Windows 95 等系统都采用了 FAT16 文件系统。在 Windows 9x 下,FAT16 支持的分区最大为 2 GB。

随着计算机硬件和应用的不断提高,FAT16 文件系统已不能很好地适应系统的要求,因此推出了增强的文件系统 FAT32。与 FAT16 相比,FAT32 最大的优点为可以支持的分区大小达到 32 GB。

(2) NTFS(New Technology File System,新技术文件系统)

NTFS 文件系统是一个基于安全性的文件系统,是 Windows NT 所采用的独特的文件系统结构,它是建立在保护文件和目录数据基础上,同时为了节省存储资源、减少磁盘占用量的一种先进的文件系统。使用非常广泛的 Windows NT 4.0 采用的就是 NTFS 4.0 文件系统。NTFS 支持的分区大小可以达到 2 TB。

(3) CDFS(Compact Disc File System,光盘文件系统)

CDFS 是一种适合光存储的文件系统。CDFS 是指专门的 CD 格式的文件系统,只是针对 CD 唱片的,也就是人们平时说的音轨。这是为了兼容计算机上现有的文件系统而定义的,并不能直接打开 CD 音轨,但可以用软件进行抓音轨。部分 U 盘也可通过量化软件进行 CDFS 系统化,如中国建设银行的网银 U 盾 HDZB_USBKEY 就是使用这样的方法。

(4) EXT2/EXT3/EXT4

EXT2 是 GNU/Linux 系统中标准的文件系统,其特点是存取文件的性能极好,对于中小型的文件更显示出优势,这主要得利于其簇快取层的优良设计。

EXT3 是一种日志式文件系统,是对 EXT2 系统的扩展。日志式文件系统的优越性在于:由于文件系统都有快取层参与运作,如不使用时必须将文件系统卸下,以便将快取层的资料写回磁盘中。因此每当系统要关机时,必须将其所有的文件系统全部停止工作后才能进行关机。

Linux Kernel 自 2.6.28 开始正式支持新的文件系统 EXT4。EXT4 是 EXT3 的改进版,修改了 EXT3 中部分重要的数据结构,而不仅仅像 EXT3 对 EXT2 那样,只是增加了一个日志功能而已。EXT4 可以提供更佳的性能和可靠性,还有更为丰富的功能。

#### 2. 分布式文件系统

分布式文件系统(Distributed File System)是指文件系统管理的物理存储资源不一定直接连接在本地节点上,而是通过计算机网络与节点相连。分布式文件系统的设计基于客户机/服务器模式。一个典型的网络可能包括多个供多用户访问的服务器,如图 4-20 所示。

常见的分布式文件系统有:

(1) GFS(Google File System)

谷歌公司为了存储海量搜索数据而设计的专用文件系统。GFS 是一个可扩展的分布式文件系统,用于大型的、分布式的、对大量数据进行访问的应用。它运行于廉价的普通硬件上,但可以提供容错功能,它可以给大量的用户提供总体性能较高的服务。

如图 4-21 所示,GFS 主要分为两类节点:一是 Master 节点,其主要存储与数据文件相关的元数据，而不是数据块；二是 Chunk 节点，它主要用于存储数据。

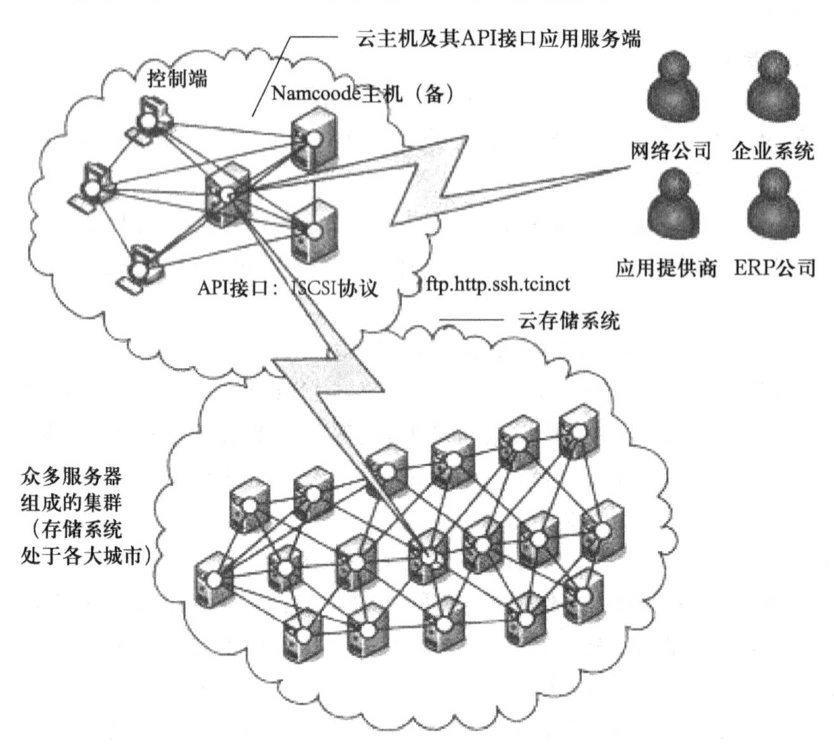


图 4-20　分布式文件系统

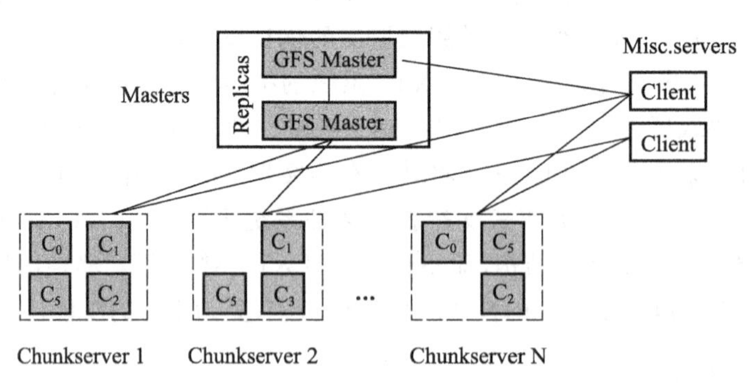


图 4-21　GFS 架构图

(2) HDFS(Hadoop Distributed File System)

HDFS 是 Apache Hadoop Core 项目的一部分。HDFS 被设计成适合运行在通用硬件(Commodity Hardware)上的分布式文件系统。HDFS 是一个高度容错性的系统，适合部署在廉价的机器上。

如图 4-22 所示，HDFS 集群以 Master-Slave 模式运行，主要有两类结点：一个 Namenode(即 Master)和多个 Datanode(即 Slave)。Namenode 管理着文件系统的 Namespace。它维护着文件系统树(Filesystem tree)以及文件树中所有的文件和文件夹的元数据(Metadata)。Datanode是文件系统的工作结点,它们根据客户端或者是Namenode的调度存储和检索数据,并且定期向Namenode发送所存储的块(block)的列表。

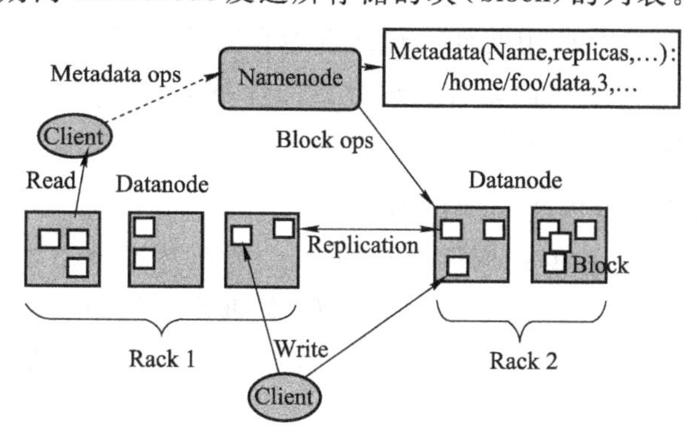


图4-22 HDFS架构图

### 4.3.3 非结构化数据与文件系统

非结构化数据(如E-mail、图形、图像、HTML、DOC、RTF、TXT)通常是以文件的形式存放在文件系统中。文件系统支持非结构化数据的文件建立、存入、读出、修改、转储、存取控制、删除等操作,但这种方式需要额外考虑事务处理的一致性和数据的安全性。

对于非结构化数据,还可以存储在关系数据库的大对象字段中。这种方式充分利用数据库的事务、管理和安全特性,但在数据查询和读写上的性能不高。

非结构化数据库可以解决非结构化数据所带来的存储和查询等问题。非结构化数据库也是建立在二维表的基础之上的,因此非结构化数据库不能称为非关系型数据库。但在数据结构上,它比关系型数据库更加灵活,可以建立更加多样的索引,因此可以对非结构化数据进行更加灵活的检索。图4-23是非结构化数据分别在百度和谷歌上的查询结果。

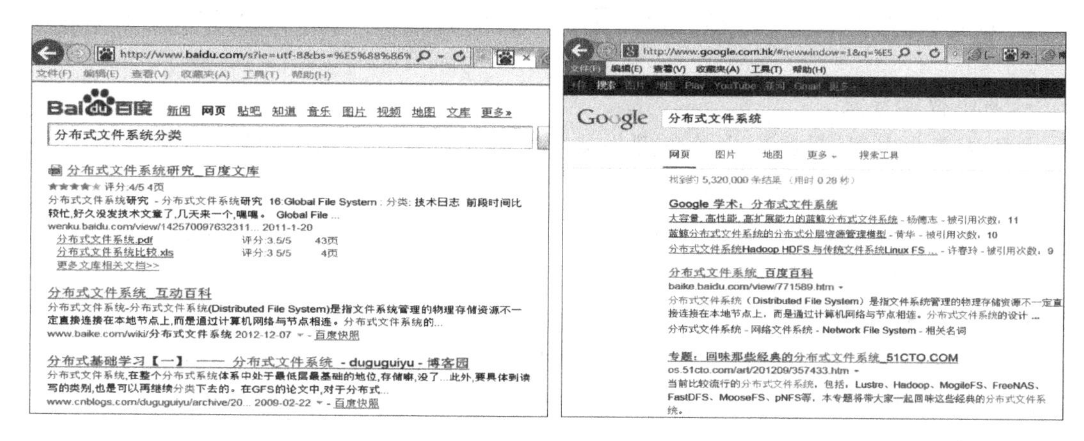


图4-23 非结构化数据的查询

### 4.3.4 文件系统与数据库管理系统的区别

数据库系统主要管理数据库的存储、事务以及对数据库的操作。文件系统是操作系统管理文件和存储空间的子系统，主要是分配文件所占的簇、盘块或者建立FAT、管理空间等。

一般来说，数据库系统会调用文件系统来管理自己的数据文件，但也有些数据库系统能够自己管理数据文件，甚至在裸设备上运行。文件系统是操作系统所必需的，而数据库系统只是数据库管理和应用所必需的。

**1. 文件系统和数据库系统之间的区别**

（1）文件系统用文件将数据长期保存在外存上，数据库系统用数据库统一存储数据；

（2）文件系统中的程序和数据有一定的联系，数据库系统中的程序和数据分离；

（3）文件系统用操作系统中的存取方法对数据进行管理，数据库系统用DBMS统一管理和控制数据；

（4）文件系统实现以文件为单位的数据共享，数据库系统实现以记录和字段为单位的数据共享。

**2. 文件系统和数据库系统之间的联系**

（1）均为数据组织的管理技术；

（2）均由数据管理软件管理数据，程序与数据之间用存取方法进行转换；



（3）数据库系统是在文件系统的基础上发展而来的。

## 4.4　相关职业岗位能力

本部分知识可为下列职业人员提供岗位能力支持：

• 数据库应用开发工程师

主要从事基于数据库技术的应用系统开发。

• 数据建模工程师

此岗位在大公司（金融、保险、研究、软件开发商等）有专门职位，小公司可能由程序员兼任。

• 商业智能专家

主要从商业应用、最终用户的角度去从数据中获得有用的信息，能从海量数据中提炼核心结果；有丰富的数据分析、挖掘、清洗和建模的经验，提供效能报告，对网站和市场活动终端体现给予评估，为公司运营决策、产品方向、销售策略提供数据支持。要求熟悉Oracle等数据库技术，会熟练运用SQL语言。

• 数据构架师

主要从全局上制订和控制关于数据库的逻辑模型，也包括数据可用性、扩展性等长期性战略，协调数据库的应用开发、建模、管理之间的工作关系。在大公司有专门职位，在中小公司可能没有这个职位。

• ETL数据提取、转换和加载工程师

使用ETL（Extraction-Transformation-Loading Developer）工具或者自己编写程序在不同的数据源之间对数据进行导入、导出、转换，所接触的数据库一般数据量非常大，要求进行的数据转换也比较复杂。这个职位侧重于设计和应用层，和数据仓库、商业智能的关系比较密切。

- 数据库管理员（DBA）

最常见的从事信息系统维护、管理和开发的职位，中等规模以上公司会有对应的专门职位，小公司可能由系统维护人员兼任。

## 4.5　课后体会

互动练习

### 学生总结

年　月　日

# 第5章 软件开发技术

**本章课前准备**

查找软件开发技术相关资料，广泛阅读

相互探讨，交流心得

**本章教学目标**

初步形成软件开发技术完整体系概念

了解各相关技术在软件开发流程中的作用

知道软件开发技术相关职业规范

**本章教学要点**

正确建立软件开发流程完整概念

**本章教学建议**

讨论、示例、讲述、演示相结合

通过前几章的学习可知，计算机系统是由硬件系统和软件系统组成的，软件有许多种类，各自完成不同的功能，日常对计算机的各种操作，实际上都是通过软件来完成的。但是软件究竟是怎么产生的？现代的软件产业又是如何分工合作的？哪些人在从事软件开发？本章对上述问题进行一一讲解。

## 5.1 软件开发示例

互动教学 通过以上学习已经了解了一些计算机系统的软件体系知识、常规的软件分类，也知道了人们在日常使用中是通过各种软件来实现操作目的的。但是你知道各种软件是怎么开发的吗？软件开发工作你觉得很难或很神秘吗？程序员都是极其聪明的人才能从事的工作吗？

为了相对完整地说明软件开发过程，先来看一个简单的示例。假设现在要开发一个软件，其功能是根据设定的精度要求，求圆周率 $\pi$ 的值。

注 事实上，这并不是一个软件，只是一段科学计算程序而已。

### 5.1.1 选择数学算法

这是一个非常经典的数学问题，也知道此问题有许多的求解方法。正如大家都知道的结果，$\pi$ 是一个无限不循环小数，永远没有穷尽，但是在每一次趋近的过程中，都可以更接近真实值，每一次趋近的过程都是近似的，称之为渐进迭代求精，这样的特征，特别适合计算机编程实现（因为计算机速度快，特别擅长做每一步操作都相似的枯燥的工作）。

在数学方面，比较常见的 $\pi$ 值求解方法有：

(1)割圆法,也称做正多边形趋近算法,如图 5-1 所示。

(2)公式法,$\pi/4=1-1/3+1/5-1/7+1/9+\cdots+1/(4n-3)-1/(4n-1)+\cdots$,是一个比较常用的公式。

(3)积分公式算法。

**注** 把一个具体的问题,用计算机可以处理的数学方式描述出来,是计算工程数学的核心。

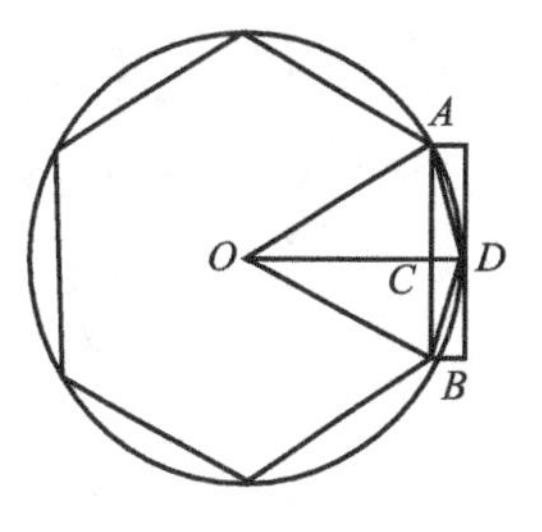


图 5-1　割圆法示意图

此处我们选择经典的"割圆法(祖冲之就是用的这个方法)"作为求解的方法(当然也可以采用别的方法,这样会导致程序的不同)。

### 5.1.2　选择程序设计语言

决定了方法之后,需要使用计算机可以理解的语言来描述这个方法,这就是软件开发语言。此处选择经典的 C 语言来完成编程。注意,对于现实中的软件开发项目,选择程序语言的原则重点是"合适",在满足软件设计需求的前提下,快捷高效是非常重要的指标,一味求新、求先进并不是非常良好的工程思想。

### 5.1.3　选择合适的数据结构

有了具体的数学算法求解过程,确定了程序设计语言,在将其变成真正的程序的时候要使用合适的数据结构来实现。

著名的沃思公式就是:程序=算法+数据结构。

**注** 沃思公式是瑞士计算机科学家尼古拉斯·沃思(Niklaus Wirth,1934—)提出的关于程序开发的著名论断。沃思是著名的世界级程序设计语言大师,曾经发明过多种程序设计语言,是 Pascal 之父及结构化程序设计的首创者,图灵奖获得者。

数据结构就是程序加工的数据及其组织形式。本例仅需要一些普通的变量就足够了。在真正变成程序的时候需要一些特定的技巧,这也是初学者觉得编程有困难的地方。

### 5.1.4　编程原理及实现

利用圆内接正六边形边长等于半径的特点将边数翻番,作出正十二边形,求出边长,重复这一过程,就可获得所需精度的 $\pi$ 的近似值。

下面来看完整的程序段:

```
#include <stdio.h>                          //预编译处理,调用相关库文件
#include <math.h>
void main()
{    double e=0.1,b=0.5,c,d;
     long int i;                            //i:代表正多边形边数
     for (i=6;;i*=2)                        //正多边形边数加倍
```

```
    {     d=1.0-sqrt(1.0-b*b);              //计算圆内接正多边形的边长
          b=0.5*sqrt (b*b+d*d);
          if (2*i*b-i*e<1e-15)break;    //精度达 1e-15 则停止计算
          //保存本次正多边形的边长作为下一次精度控制的依据
          e=b;
    }
    printf ("pai=%.15lf\n",2*i*b);       //输出π值和正多边形的边数
    printf("所求得的正多边形边数为:%ld\n",i);
}
```

### 5.1.5 其他相关问题

有一些大的软件不能一次开发到最完善,要选择合适的开发模型来满足需求。C语言程序需要到具体的集成开发环境下去完成(比如VC6.0环境)并辅以其他开发工具。软件初步完成后要进行相关的测试,如正确性测试、精度测试、性能测试等。软件开发一般都是按项目模式进行管理的。



**注** 如上述程序在相关开发环境中调试完成,也不能称之为软件,还需要结合相关文档、界面、说明等一系列材料打包封装到一起,生成安装包之后才是软件。程序(Program)和软件(Software)是既相关又不同的两个概念,可以说软件的必要组成部分是程序。在不严格区分的场合下,可以认为:软件 ≈ 程序。

## 5.2 工程数学基础

**互动教学** 工程数学是什么?计算机软件开发与数学有什么关系?

### 5.2.1 数学与计算机的关系

大家都知道,数学是所有自然科学的基础能力学科,计算机学科本质上是交叉学科,可以看作是数学的外延。学计算机并不一定要求数学要好,但逻辑思维能力必须强。编制特别优秀的程序还是需要极强的数学能力的。即使在计算机学科中,不同专业方向的人对数学的要求也不尽相同。例如测试方向可能概率学方面要求高一点,图像处理的要求线性代数好一些。

### 5.2.2 工程数学(计算机数学)范畴

计算机数学是工程数学的一个特别重要的分支。学习计算机数学主要目的是使学生具有现代数学的观点和方法,初步掌握处理离散结构所必须的描述工具和方法以及计算机上常用数值分析的构造思想和计算方法。同时,也要培养学生抽象思维和缜密概括的能力。

计算机数学大体上包括离散数学、线性代数、概率论和数理统计等内容,不同学校和专业在内容选择和侧重点上可能会略有不同。

**1. 离散数学的常规教学内容**

(1) 数理逻辑:命题逻辑、谓词逻辑。

(2) 集合论:集合及其运算、二元关系与函数。

(3) 图论:基本概念、回路、平面图、图的着色及连通性。

(4) 代数系统:群、其他代数系统。

**2. 线性代数的常规教学内容**

(1) 行列式、行列式的运算、线性方程组的求解。

(2) 矩阵、矩阵的运算、矩阵的初等变换、矩阵的秩。

**3. 概率论和数理统计的常规教学内容**

(1) 概率定义、古典概型、条件概率。

(2) 概率密度、正态分布函数、二项分布。

(3) 数学期望、方差。

## 5.3　软件开发语言

**互动教学** 你曾经学过或听说过软件开发语言吗？知道其具体作用吗？

### 5.3.1　软件开发语言简介

图 5-2 中展示了各种编程语言的名字。软件开发语言通常也称为程序设计语言(编程语言)。程序设计语言的作用是解决人机对话问题。计算机唯一能识别的语言是机器语言(即电信号),自计算机出现之初,人们就需要解决如何将人的想法告知计算机的问题。

图 5-2　各种编程语言

微视频

软件开发技术-1

图 5-3 所示为各种编程语言的发展趋势。最初人们使用纸带打孔等方法编制二进制的程序(只能表示 0 和 1)。后来逐步发展到使用汇编语言,一直到现在的各种编程语言。

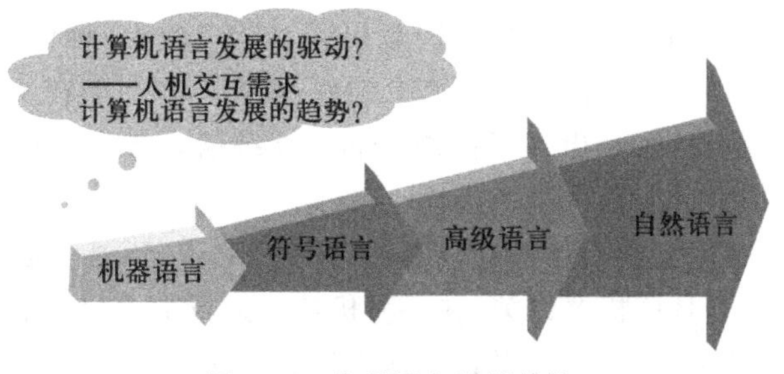


图 5-3　编程语言发展趋势

比较有代表性的程序设计语言演化发展的时间简表见表 5-1。

**表 5-1 程序设计语言演化时间简表**

| 语言名称 | 特点 | 出现时间 |
|---|---|---|
| 机器语言与汇编语言 | 执行效率最高 | 1946 |
| FORTRAN | 第一个广泛使用的高级语言 | 1956 |
| ALGOL60 | 程序设计语言发展重要标志 | 1960 |
| COBOL | 使用最广泛的商用语言 | 1960 |
| BASIC | 众所周知的入门语言 | 1967 |
| Pascal | 结构化程序设计语言雏形 | 1971 |
| C | 结构化设计经典语言 | 1972 |
| C++ | 面向对象经典语言 | 1983 |
| Java | 通用、高效、移植性好 | 1995 |

从计算机出现到现在，公开发表的程序语言有上千种，但真正得到广泛应用的不过几十种。所有的程序设计语言都要转化为机器指令。程序设计语言分高级语言和低级语言，越低级的语言越靠近机器指令，编程效率更高，执行速度越快，人理解起来难度越大，编程越困难。程序设计语言有不同的风格，适合不同的工作任务。学习编程语言最重要的是精通，会几门倒不是最重要的。



**1. 汇编(低级)语言的局限**

汇编语言是一种符号语言，是人可以书写的编程语言中效率最高的一种。即使是在当今，仍然有很多人使用它来对硬件进行编程。但是，汇编语言确实不适合所有类型的程序开发，其主要局限性表现在：

(1) 汇编语言的语法、语义结构仍然和机器语言基本一样，而与人的传统解题方法相差甚远。

(2) 汇编语言的大部分指令是和机器指令一一对应的，因此代码量大。

(3) 和具体的机器相关，人们编写程序的时候还是要对计算机的硬件和指令系统有很正确深入的理解，而且还是要记住机器语言的符号(助记符)。

(4) 移植性不好。

**2. 高级语言**

从最初与计算机交流的痛苦经历中，人们意识到，应该设计一种语言，这种语言接近于数学语言或人的自然语言，同时又不依赖于计算机硬件，编出的程序能在所有机器上通用。

由于汇编语言的局限性，后来出现了高级语言。高级语言与自然语言(尤其是英语)很相似，因此高级语言程序易学、易懂，也易查错。

高级语言使程序员可以完全不用与计算机的硬件打交道、不必了解机器的指令系统就能编写良好的应用程序；也与具体机器无关，在一种机器上运行的高级语言程序有可能可以不经改动地移植到另一种机器上运行，大大提高了程序的通用性。

人们追求的最理想的编程语言是计算机能够理解自然语言(如英语、汉语等)并立即执行请求。但迄今为止,自然语言的使用仍然相当有限。

### 5.3.2　软件开发语言分类

软件开发语言的分类方法很多,如果从其工作原理,即程序设计语言转换成机器语言的过程来分,有三种类型:

① 汇编语言:汇编语言翻译成机器语言的过程是由汇编程序直接一步到位完成的。

② 编译程序:典型代表(C、C++)。

③ 解释程序:典型代表(BASIC、UNIX 命令语言(shell)解释程序、数据库查询语言 SQL 解释程序)

汇编语言属于机器语言的助记符表现形式,其工作原理比较简单(但是程序写起来很难),在日常编写应用程序的时候使用得比较少,不再过多叙述。

#### 1. 编译程序

编译程序的工作过程是:将编写的源程序中全部语句一次性翻译成机器语言程序后,再运行机器语言程序。编译和运行是两个独立分开的阶段。若想多次运行同一个程序,只要源程序不变,则不需要重新编译;源程序若有修改,则需要重新编译。

其特点是用编译的方法写的程序,最终转换后的可执行程序执行效率高,但编译过程要花费工夫。



举例来说,如果想编写一个应用程序,使用编译类型的程序设计语言实现(比如 C 语言)的话,一般要经过编辑、编译、链接、执行等过程,如图 5-4 所示。

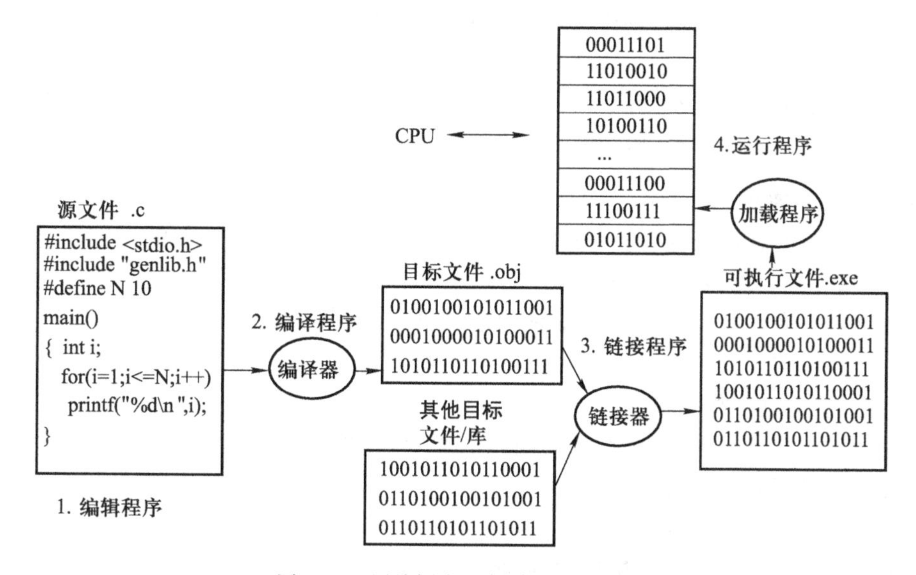


图 5-4　用编译方法构建和运行程序

#### 2. 解释程序

解释程序的工作过程是:将源程序中的一条语句翻译成机器语言后立即执行它(并且不再保存刚执行完的机器语言程序),然后再翻译执行下一条语句。如此重复,直到程序结束。

如果一条语句要重复执行，则每一次的重复执行都要重新翻译该语句，故效率很低。不过，解释类型工作的编程语言也有其可取之处，最大的特点是程序不需要等待全部的数据就位即可开始执行，故而特别适合网络类型的程序，利用网络下载资源为数据流的特点，边下载边执行。另外，现在计算机的速度越来越快，普通的应用程序是使用编译方法还是解释方法来实现已经显得没那么大的差别了。

**3. 混合类型的编程语言**

有一些编程语言将上述两种方法的优点均吸收采纳，变成一种混合类型的编程语言。最出名的是 Java 语言。Java 是一种特殊的高级语言，它既有解释性语言的特征，也有编译性语言的特征，它是经过先编译、后解释的过程。Java 源程序经过编译后，是没有直接编译成为机器语言的，而是编译为一种字节码类型，然后用解释方式执行字节码。这样的特点使得 Java 兼顾了效率和流式特点，这也是 Java 在当今的网络时代比较流行的一个重要原因。

以编写一个“HelloWorld”程序为例，其步骤为先编写出一个 HelloWorld. java 文件，通过 Javac. exe 编译成了一个非特定平台（操作系统）的机器（字节）码 HelloWorld. class 文件。这种机器码是不可以直接执行的，必须使用 Java 解释器（java. exe）来执行，java. exe 再调用 jvm - java 虚拟机来解释成适用当前平台（比如计算机或手机）的机器码。其过程如图 5 - 5 所示。



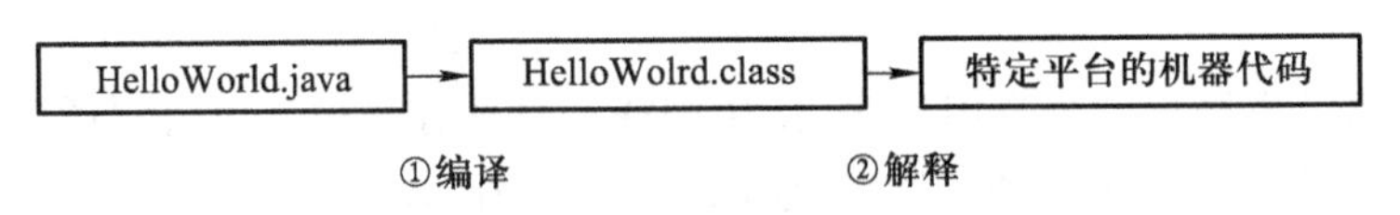


图 5 - 5　Java 语言转换成机器语言过程

根据人们对于求解问题的方法进行分类，还可以将程序设计语言分类成过程化语言、函数型语言、说明性语言、面向对象语言和专用语言等。

**4. 关于面向对象思想**

现在比较主流的软件开发语言都是面向对象类型的，能够描述复杂的事物。那么到底什么是面向对象呢？下面简要介绍一下。

从现实世界中客观存在的事物出发来构建软件系统，强调直接以问题域（现实世界）中的事物为中心来思考问题、认识问题，并根据这些事物的本质特征，把它们抽象地表示为系统中的对象，作为系统的基本构成单位。

对象包含属性和操作，每一个对象有明确的职责，完成一定的功能。

对象之间不是孤立的，而是具有各种关系。

对象与对象之间通过消息进行通信，相互协作。

同类型的对象可以进一步抽象出共性，形成类。

面向对象语言可以用来描述参与问题解决的对象以及对象之间的关系。举例来说，在图书馆中，每一本书或每一个借书者都是一个对象，对于书来说，有书名、作者、出版社、出版日期等属性，有登记、借阅、归还等行为（操作）。所有的书构成了图书类，所有的借阅者构成了借阅者类（借阅者也有其属性和行为），书和借阅者之间形成了借阅关系。具体实现的时候需要使用某种支持面向对象思想的程序设计语言(比如 C++)来描述它,如图 5-6 所示。

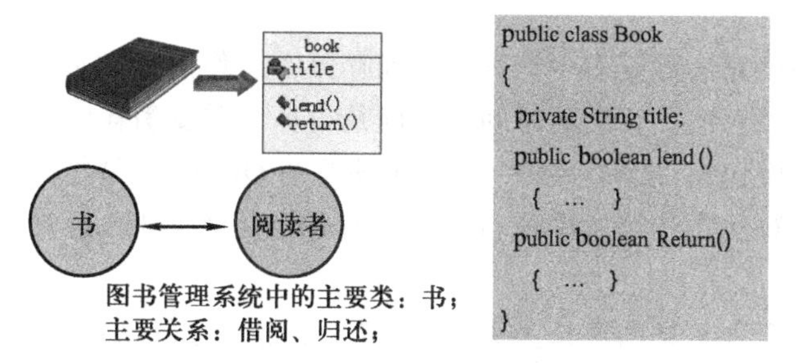


图 5-6　对象和类示意图

比较常见的典型的面向对象程序设计语言有:

C++:扩展的 C 语言,具有面向对象的特性。

Java:纯面向对象语言。Sun 公司(现 Oracle)开发,在 C 和 C++的基础上发展而来 ,但去除了 C++中的一些语言特性,从而更加强壮。

### 5.3.3　软件开发语言示例

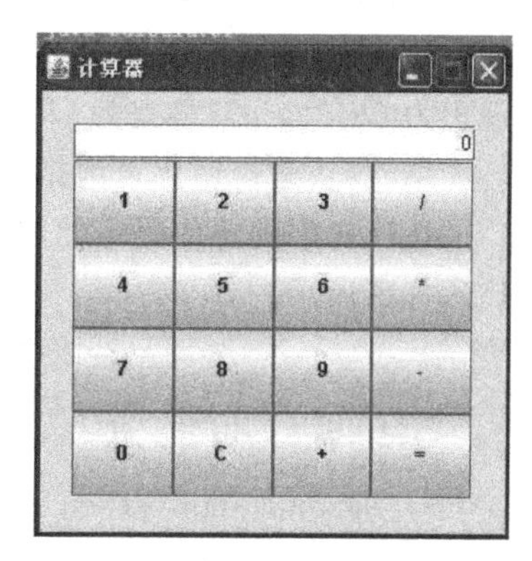


图 5-7　计算器小程序

图 5-7 所示为使用 Java 编程语言实现的简单计算器程序。只要在 Java 集成开发环境(比如 Eclipse 等)下的编辑器输入程序代码,然后运行程序,即可获得上图所示软件界面,并能够实现运算功能。程序代码风格如下:

```
import java.awt.*;                                          //导入 Java 功能包
import javax.swing.*;                                       //导入 Java 功能包
public class Calculator implements ActionListener{          //类的定义
    ...                                                     //此处为程序主体代码部分
}
```

## 5.4　算法与数据结构

如同在前面示例中所展示的,算法是解决问题的方法和步骤,是有限的计算机指令的集合;数据结构是算法加工的对象;好的算法与有效的数据结构相匹配,能使编写的程序(软件)更加有效率。

### 5.4.1　算法与算法分析

算法(Algorithm)是指解题方案的准确而完整的描述,是一系列解决问题的清晰指令,算法代表着用系统的方法描述解决问题的策略机制。算法要求要有确定的输入和输出。如果一个算法有缺陷,或不适合于某个问题,执行这个算法将不会解决这个问题。不同的算法可能用不同的时间、空间或效率来完成同样的任务。一个算法的优劣可以用空间复杂度与时间复杂度来衡量。

算法分析是对一个算法需要多少计算时间和存储空间作定量的分析。算法分析的目的在于选择合适算法和改进算法。算法的时间复杂度是指算法需要消耗的时间资源。

算法的时间复杂度记作 $T(n)=O(f(n))$，也简写为 $O(n)$。$n$ 是与问题规模相关的量。

空间复杂度是指算法在计算机内执行时所需存储空间的度量（通常指运行时候所消耗的内存等）

计算机编程时有 5 种常见的算法类型，分别是分治法、动态规划法、贪心算法、回溯法、分支限界法。

下面通过一个简单的示例来展示算法分析的过程。假设现在需要对一组数进行排序：49、38、65、97、76、13、27、49、55、04，如选择经典的排序算法，比如冒泡排序，则算法的时间复杂度为 $O(n^2)$，空间复杂度记为 1。如果对冒泡排序进行改进，则可形成快速排序，时间复杂度最理想为 $O(n\log n)$，最差为 $O(n^2)$，空间平均时间复杂度为 $O(n\log n)$。

结论：快速排序比冒泡排序更好。

快速排序的源代码可使用 C++、Java 和 C# 编程语言分别实现。使用 C# 语言时，程序代码如下所示。



```
using System;                                                //引用命名空间
using System.Text;                                           //引用命名空间
static void Main(string[] args)                              //主函数调用
{
    int[] array = { 49, 38, 65, 97, 76, 13, 27 };           //定义数组
    sort(array, 0, array.Length-1);                          //执行排序操作
    Console.ReadLine();
    ...
}
public static void sort(int[] array, int low, int high)      //排序函数定义
{
    ...
}
```

### 5.4.2 简单数据结构

数据结构是指相互之间存在着一种或多种关系的数据元素的集合和该集合中数据元素之间的关系组成。通俗地说，就是程序加工的数据对象和数据间的组织关系（方法）。

数据结构主要研究：

数据的逻辑结构、数据的存储结构和数据运算结构。

精心选择的数据结构可以带来更高的运行或者存储效率。大多数的数据结构研究偏重于数据的逻辑结构，但真正编程的时候，必须考虑到计算机设备的特点。

主要的逻辑结构包括：

集合

线性结构(队列、栈、线性表等)

树形结构(二叉树、森林、B-树等)

图形结构(有向图、无向图等)

下面举两个简单的数据结构示例：

示例 1：线性结构之单链表

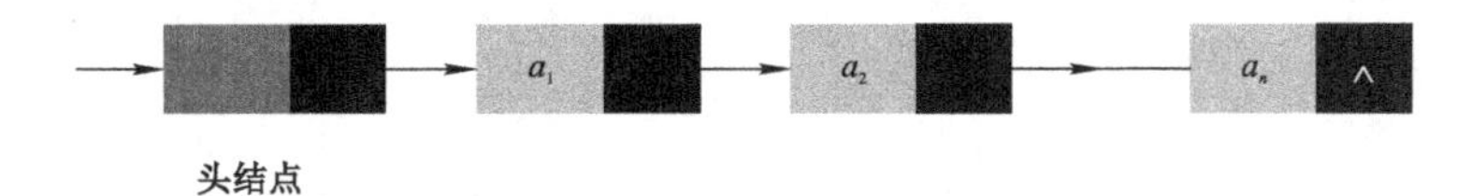


单链表的特点是：各元素按照一定的线性关系组合在一起。基本操作方法包括：

① 初始化　　　　② 访问

③ 插入结点(数据)　　④ 删除结点(数据)

程序实现的源代码可 C 语言实现，会用到指针，如下所示：

```
#include <stdio.h>                                  //编译预处理
#define NN 12                                       //编译预处理，宏定义
struct sNode{                                       //单链表结点定义
    elemType data;                                  //数据域定义
    struct sNode *next;                             //指针域定义
    …
};
void initList(struct sNode **hl)                    //初始化线性表，置单链表的头指针为空
{
    *hl = NULL;
    return;
    …
}
elemType *findList(struct sNode *hl, elemType x)//查找函数定义，单链表的遍历
{
    …
}

int main(int argc, char *argv[])                    //主函数调用
{
    …
}
```

示例 2：树(哈夫曼编码)

哈夫曼编码用C++语言实现时的程序代码风格如下：

```
#include <iostream>                                          //编译预处理
using namespace std;                                         //命名空间引用
const int MaxValue = 10000;                                  //常量初始化赋值
struct HaffNode                                              //哈夫曼树的结点,使用结构体定义
{
    ...
};

void Haffman(int weight[], int n, HaffNode haffTree[])       //哈夫曼树 haffTree 初始化
{
    ...                                                      //此处应为函数主体
}

int main()                                                   //主函数调用
{
    ...                                                      //此处为调用各功能函数
}
```



图5-8所示的哈夫曼树又称最优二叉树，是一种带权路径长度最短的二叉树，其原理及算法可广泛地应用于数据压缩、信息安全等领域。

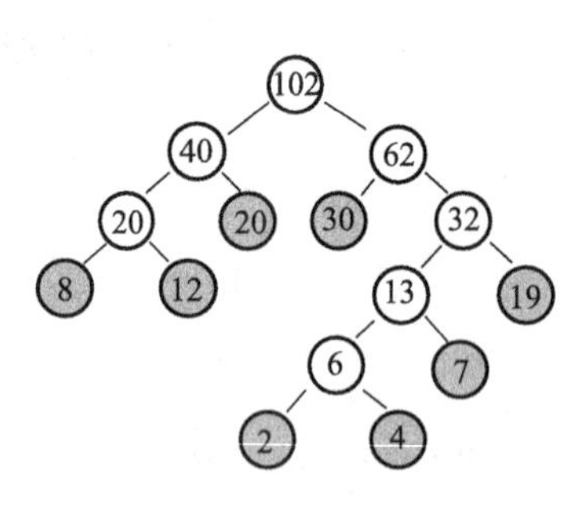


图5-8 哈夫曼树

# 5.5 软件开发模型

## 5.5.1 软件开发模型的作用

软件开发模型(Software Development Model)是指软件开发全部过程、活动和任务的结构框架。能清晰、直观地表达软件开发全程，明确规定了要完成的主要活动和任务，用来作为软件项目工作的基础，对于不同的软件系统，可以采用不同的开发模型。现代的软件开发，无论

从规模、复杂度、易用性、安全性等各种角度，其指标都非常苛刻，有时还面临非常紧迫的时间要求，如不采用合适的开发模型或方法，项目失败的概率就会很高。

### 5.5.2　典型软件开发模型

微视频

软件开发技术-2

典型软件开发模型主要包括：

瀑布模型（Waterfall Model）；

增量模型（Incremental Model）；

螺旋模型（Spiral Model）；

演化模型（Evolution Model）；

喷泉模型（Fountain Model）；

智能模型（4GL）；

混合模型（Hybrid Model）。

**注** 实际的软件开发，未必仅使用某一种模型，也可采取多种模型混合搭配的方式来完成项目。

#### 1. 瀑布模型

瀑布模型是一种非常经典的软件开发模型，也称为自顶向下逐步求精方法，曾经被广泛使用，但现在已基本不再适合现代的软件开发，是一种线性开发结构。瀑布模型工作流程如图 5-9所示。



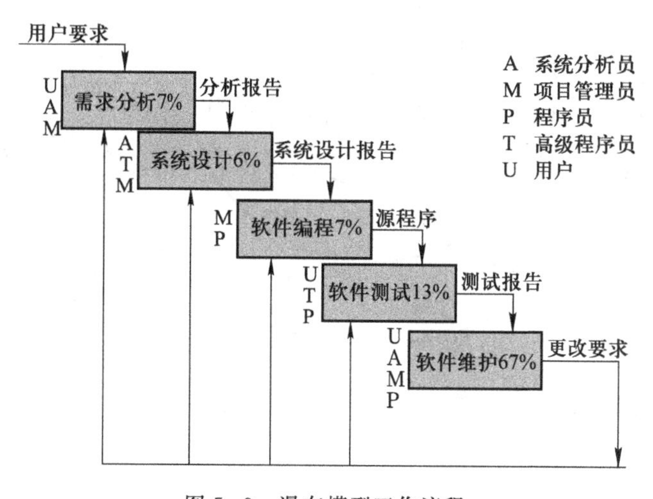


图 5-9　瀑布模型工作流程

#### 2. 增量模型

增量模型的特点是在各个阶段并不交付一个可运行的完整产品，而是交付满足客户需求的一个子集的可运行产品，然后逐步增加功能，这对于快速提交产品、及时满足用户需求来说就显得非常重要了。增量模型工作流程如图 5-10 所示。

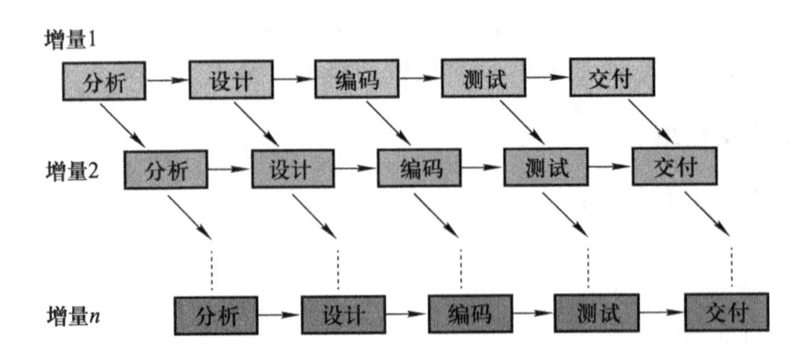


图 5-10 增量模型工作流程

**3. 螺旋模型**

螺旋模型是将瀑布模型和快速原型模型结合起来，强调了其他模型所忽视的风险分析，特别适合于大型复杂的系统。螺旋模型沿着螺线进行若干次迭代。螺旋模型工作流程如图 5-11所示。



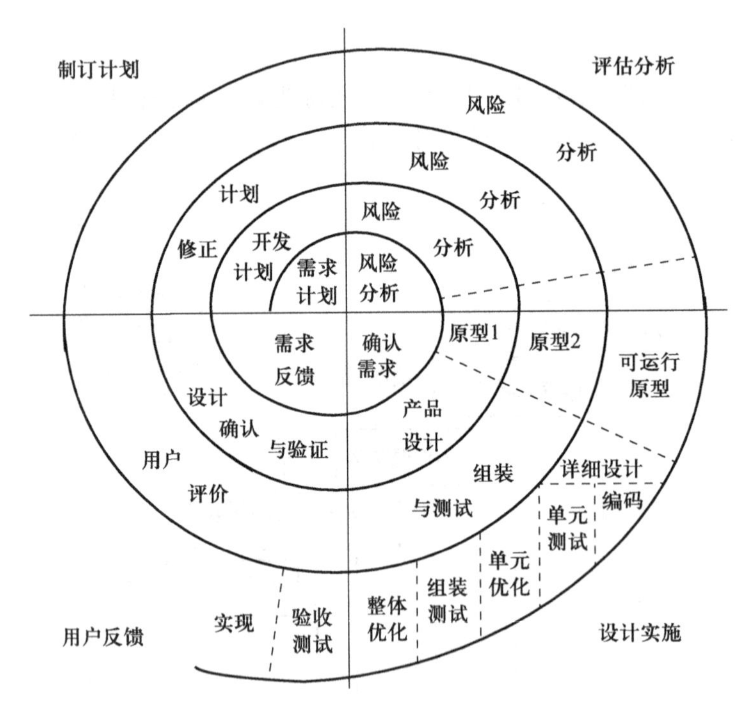


图 5-11 螺旋模型工作流程

**4. 演化模型**

演化模型主要针对事先不能完整定义需求的软件开发，用户可以给出待开发系统的核心需求，并且当看到核心需求实现后，能够有效地提出反馈，以支持系统的最终设计和实现。其开发顺序为根据用户的核心需求，设计、编码、测试后提交用户试用，然后在能满足用户核心需求的核心系统上，增加用户反馈的其他全部功能。

演化模型的优点主要有：任何功能一经开发就能进行测试以便验证是否符合产品需求；开

发中得到的经验教训和反馈能应用于本产品的下一个循环过程，大大提高质量与效率。

演化模型的缺点主要有：如果主要需求在开始时不清晰，会给总体设计带来困难并会削弱产品设计的完整性，进而影响产品性能的优化及产品的可维护性；如果缺乏严格过程管理，模型很可能退化为“试—错—改”模式；如果不加控制地让用户接触开发中未经测试、不稳定的功能，可能对开发人员及用户产生负面的影响。

**5. 喷泉模型**

喷泉模型不像瀑布模型那样，需要在分析活动结束后才开始设计活动，设计活动结束后才开始编码活动；该模型的各个阶段没有明显的界限，开发人员可以同步进行开发。其优点是可以提高软件项目开发效率，节省开发时间，适应于面向对象的软件开发过程。其缺点主要为：由于喷泉模型在各个开发阶段是重叠的，在开发过程中需要大量的开发人员，不利于项目的管理；此外这种模型要求严格管理文档，使得审核的难度加大，尤其是面对可能随时加入各种信息、需求与资料的情况。

**6. 智能模型(4GL)**

智能模型拥有一组工具(如数据查询、报表生成、数据处理、屏幕定义、代码生成、高层图形功能及电子表格等)，每个工具都能使开发人员在高层次上定义软件的某些特性，并把开发人员定义的这些软件自动地生成为源代码。这种方法需要四代语言(4GL)的支持。4GL 不同于三代语言，其主要特征是用户界面极其友好，即使没有受过训练的非专业程序员，也能用它编写程序；它是一种声明式、交互式和非过程性编程语言。4GL 还具有高效的程序代码、智能缺省假设、完备的数据库和应用程序生成器。但 4GL 目前主要限于事务信息系统的应用程序的开发。图 5-12 所示为支持 4GL 的 Sybase Unwired Platform 结构。

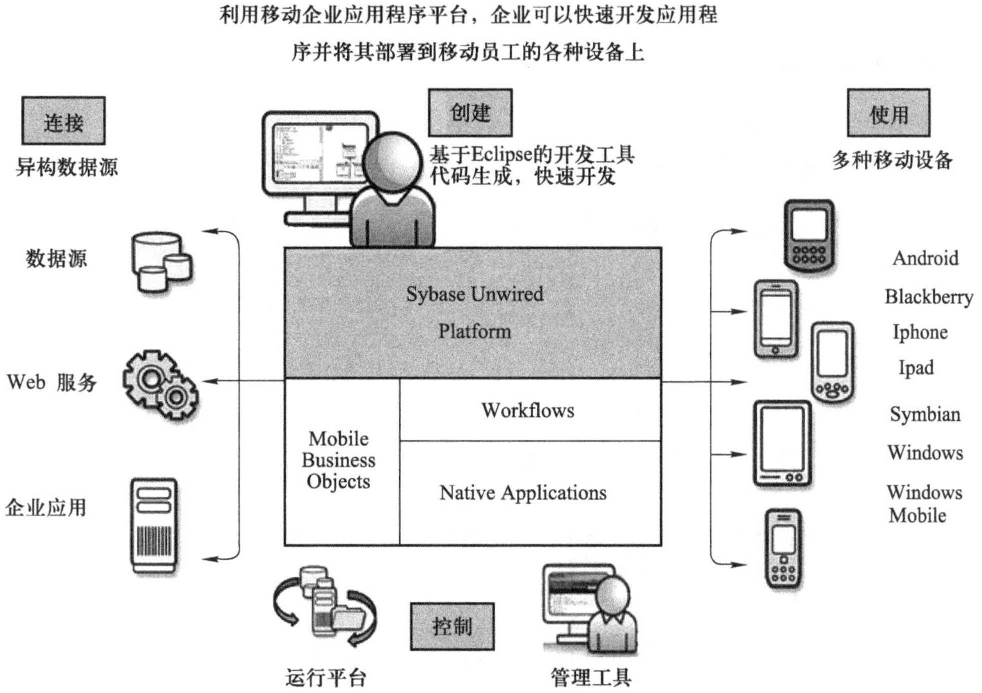

图 5-12　支持 4GL 的 Sybase Unwired Platform 架构

混合模型是在软件开发的时候，不拘泥于固定使用某一种，而是要使一个项目能沿着最有效的路径发展。实际上，一些软件开发单位都是使用几种不同的开发方法来组成他们自己的混合模型的。

# 5.6 软件开发工具

## 5.6.1 软件开发工具概述

软件开发工具是用于辅助软件生命周期过程的基于计算机的工具，是一些非常特殊的软件，使用这些软件就可以方便地开发出更多的软件，其本质上是软件工程师使用的各种各样的工具。

软件开发工具种类极其繁多，有基于不同系统、不同平台、不同体系或架构的。

软件开发工具大体上可以分为 9 类，分别是：

- 软件需求工具，包括需求建模工具和需求追踪工具。
- 软件设计工具，用于创建和检查软件设计，因为软件设计方法的多样性，这类工具的种类很多。
- 软件构造工具，包括程序编辑器、编译器和代码生成器、解释器和调试器等。
- 软件测试工具，包括测试生成器、测试执行框架、测试评价工具、测试管理工具和性能分析工具等。
- 软件维护工具，包括理解工具(如可视化工具)和再造工具(如重构工具)。
- 软件配置管理工具，包括追踪工具、版本管理工具和发布工具。
- 软件工程管理工具，包括项目计划与追踪工具、风险管理工具和度量工具。
- 软件工程过程工具，包括建模工具、管理工具和软件开发环境。
- 软件质量工具，包括检查工具和分析工具。



## 5.6.2 软件开发工具示例

常用的比较有典型代表意义的软件开发工具如图 5-13～图 5-17 所示。

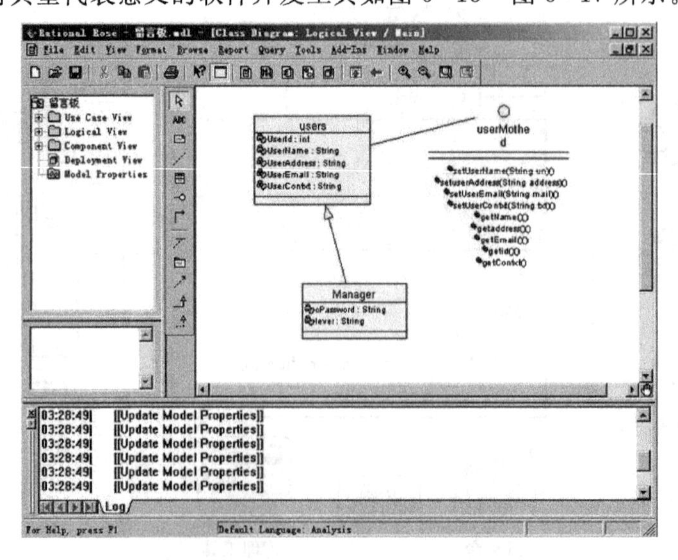


图 5-13 Rational Rose 建模软件

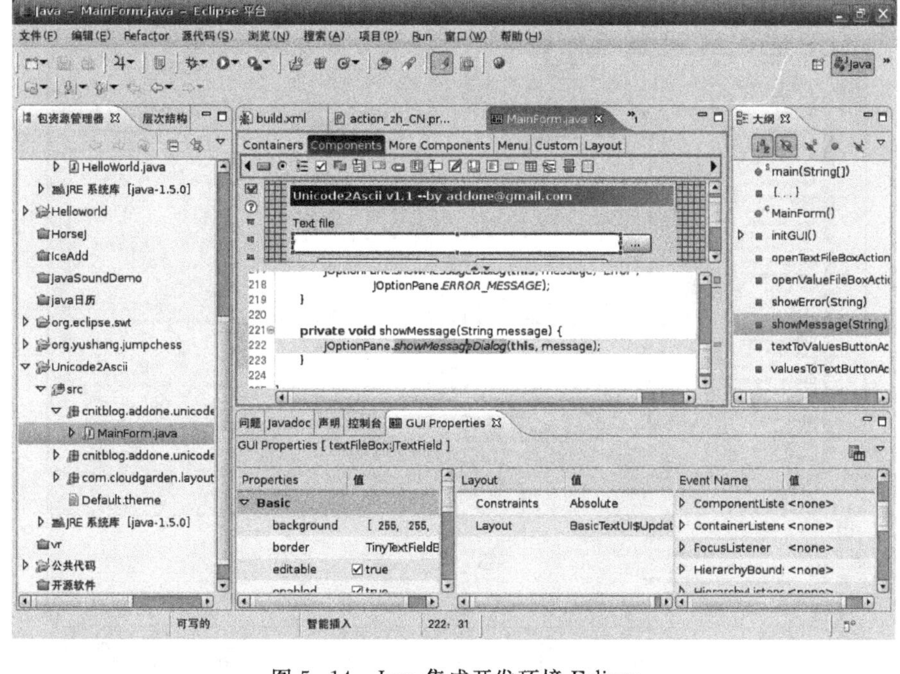


图 5-14　Java 集成开发环境 Eclipse

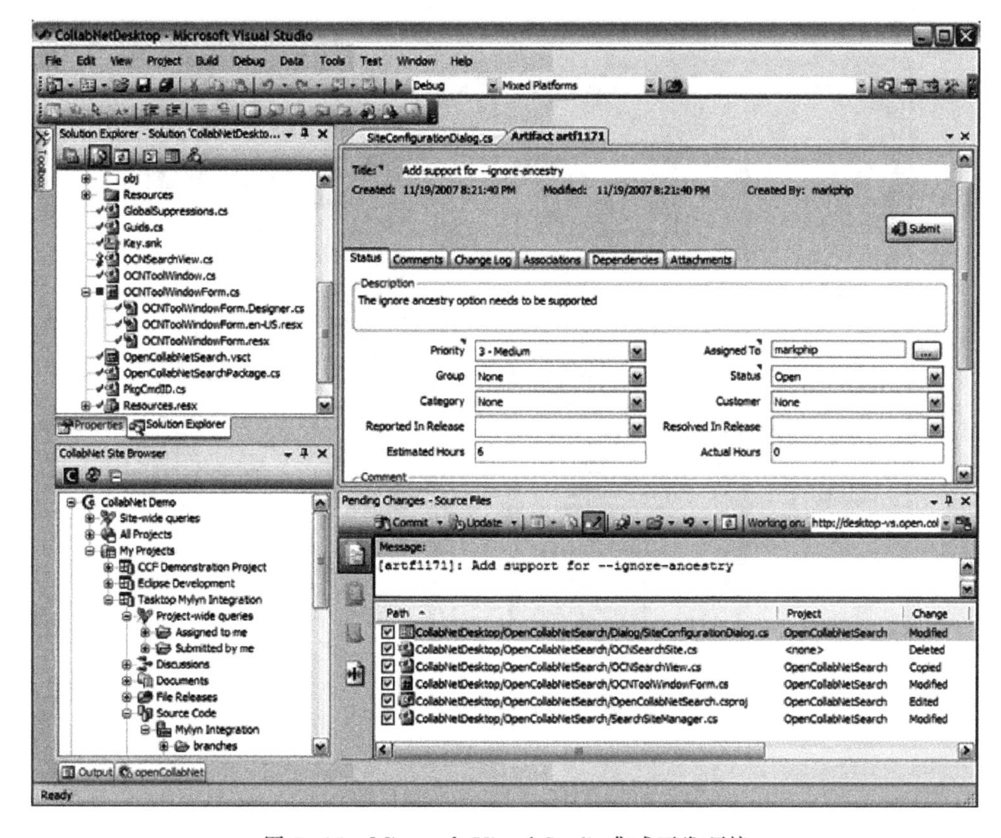


图 5-15　Microsoft Visual Studio 集成开发环境

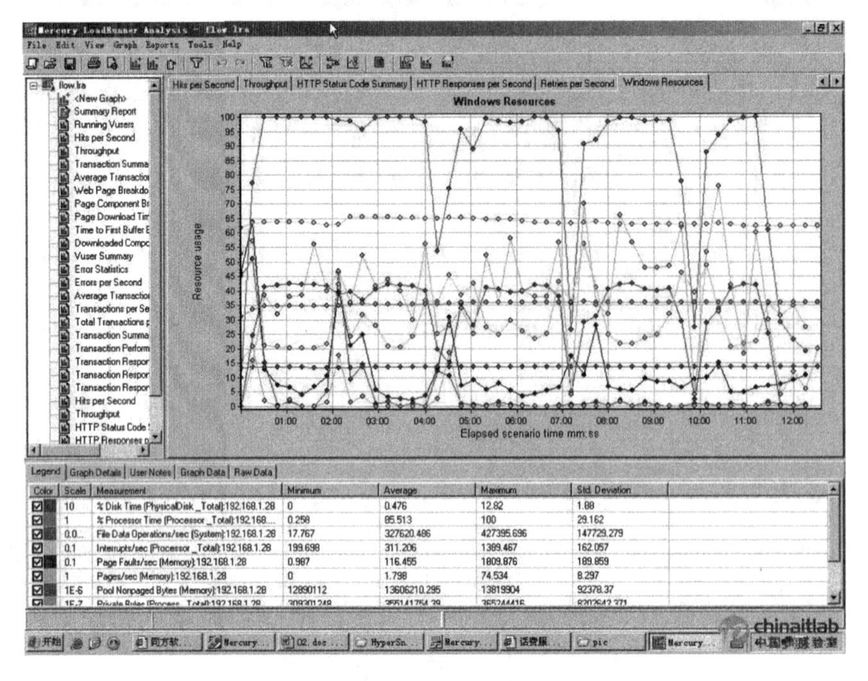




图 5-16　系统测试软件 LoadRunner

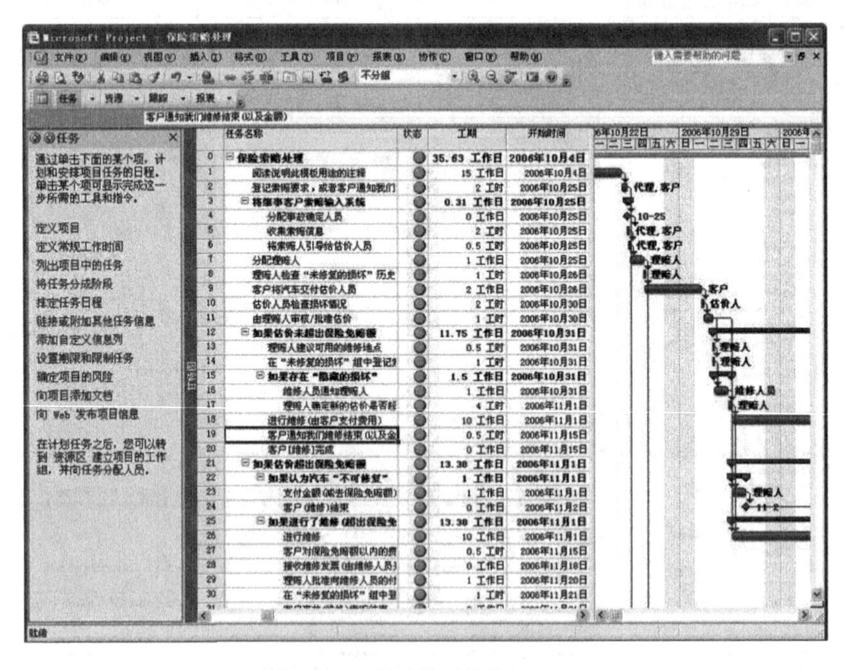


图 5-17　项目管理软件 Project

# 5.7　软件测试

## 5.7.1　软件测试简介

软件测试(Software Testing)是在规定的条件下对程序进行操作,以发现程序错误,衡量软件质量,并对其是否能满足设计要求进行评估的过程,常使用人工或者自动手段来运行或测试系统。

软件测试的目的在于检验软件是否满足规定的需求或弄清预期结果与实际结果之间的差别,是评定软件质量的一种方法。软件测试有一些基本原则,比如要尽可能及早进行,程序员避免测试自己开发的程序等。软件测试有明确的目的性,比如回归测试、压力测试、性能测试。也有很多方法,比如等价类划分、边界值等。

可按不同的标准分成黑盒测试、白盒测试;静态测试、动态测试;单元测试、集成测试等。

图 5-18 所示为软件测试工作流程示意图。

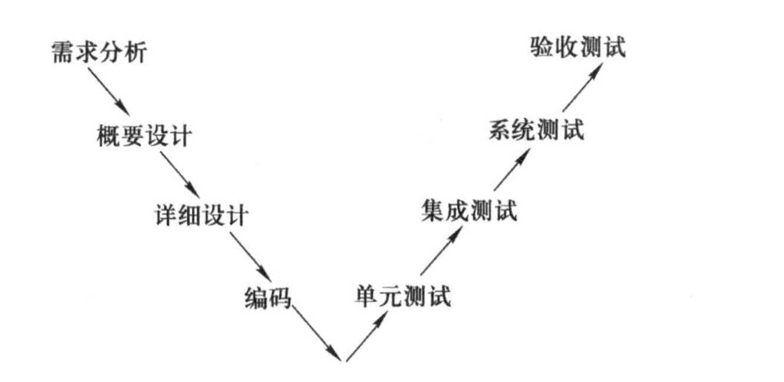


微视频

微信的诞生和发展

图 5-18　软件测试工作流程示意图

## 5.7.2　软件测试过程示例

下面以大家非常熟悉的 QQ 软件为例展示软件测试过程。QQ(图 5-19)现在已经发展成为一个包含 PC 版、Web 版、移动平台等各种版本的支持各种应用类型的综合系统。软件测试在其中功不可没,其中有部分工作甚至是由普通用户帮忙完成的。

QQ2013正式版SP2 2013年9月09日发布
QQ2013正式版SP1 2013年8月20日发布
腾讯QQ2013 正式版 2013年7月26日发布
腾讯QQ2013 Beta6版2013年7月 9日发布
腾讯QQ2013 Beta5版2013年6月 7日发布
腾讯QQ2013 Beta4版2013年5月20日发布
腾讯QQ2013 Beta3版2013年4月22日发布
腾讯QQ2013 Beta2版2013年1月 9日发布
腾讯QQ2013 Beta1 2012年11月29日发布

图 5-19　腾讯 QQ 及版本进阶示例

注　系统级的软件(比如操作系统)一般会在软件公司内部尽可能充分测试。

QQ 软件的开发模型为增量模型与螺旋模型相结合，软件测试应该在系统准备开发阶段就介入，软件测试的生命周期如图 5-20 所示。

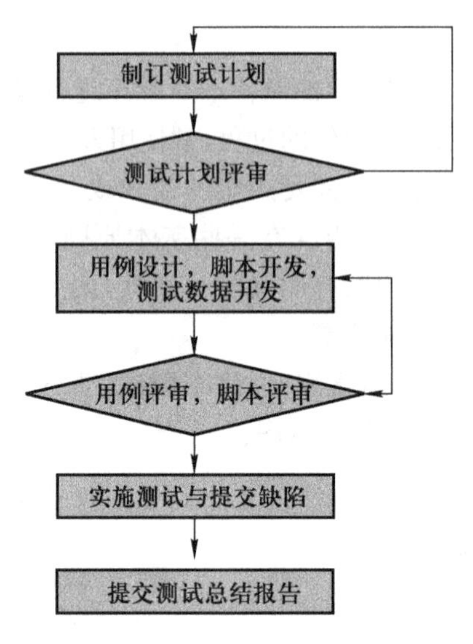


图 5-20　软件测试生命周期



各阶段典型测试任务如图 5-21～图 5-23 所示。

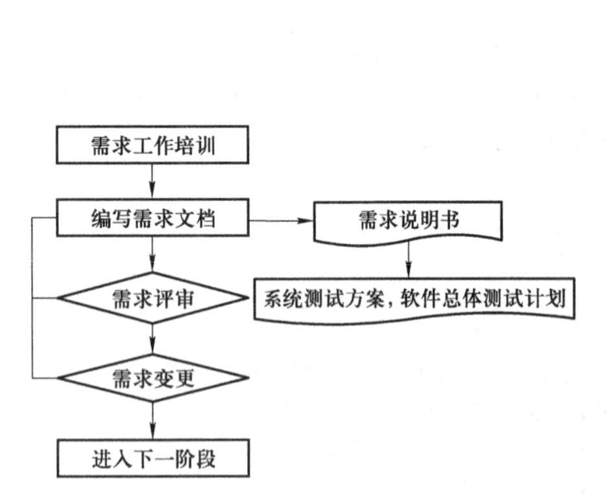


图 5-21　需求分析阶段软件测试任务

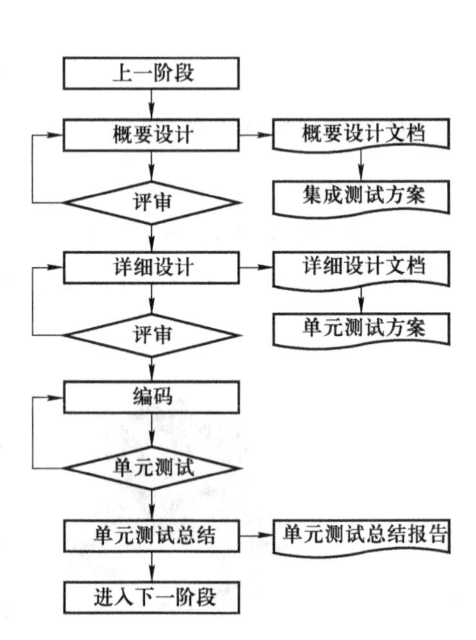


图 5-22　软件设计与编码阶段软件测试任务

测试详细流程与具体实施见表 5-2 和表 5-3。

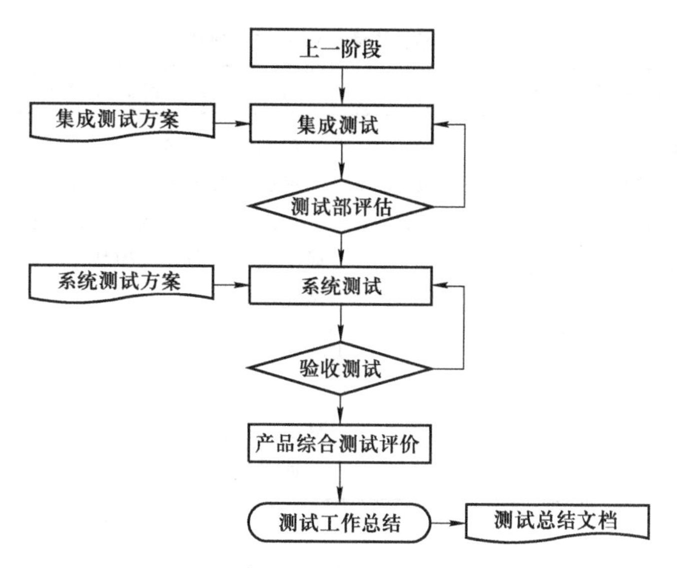


图 5-23　系统集成与验收阶段软件测试任务

**表 5-2　QQ 软件测试流程示例表 1**

| 需求说明书里的内容 | 软件总体测试计划里的内容 |
|---|---|
| 功能需求：<br>一期需要完成的功能有：QQ 的聊天功能、查询好友、好友列表功能、注册功能。二期将完成添加好友、好友信息保存功能 | 测试阶段将分为两期进行 |
| 性能要求：<br>即时消息响应时间需在 2 秒内完成<br>服务器能承受 5 000 人同时在线聊天 | 该项目测试将进行性能测试。性能测试工具决定使用 LeadRunner |
| 开发模式：<br>敏捷开发 | 由于敏捷开发强调迭代次数和自动化测试。该项目测试预计调入 2 名 VBscript 自动化测试工程师 |
| 客户端运行环境：<br>Windows XP，Windows 7，Windows Vista | 该项目测试将进行兼容性测试，兼容性测试将在要求的三个系统中测试。同时还会考虑 MyQQ 的版本前后兼容，以及 QQ 与其他软件的冲突测试 |
| 配置要求：<br>服务器端配置：CPU、主板配置略<br>客户端配置：CPU、主板配置略 | 测试环境需要测试服务器 1 台，客户端机器 5 台，配置：略 |
| 开发周期：6 个月 | 测试计划 1 周完成。每个迭代版本，用例 1 周，自动化测试执行 1 周 |

表 5-3　QQ 软件测试流程示例表 2

| 软件设计文档部分内容 | 测试文档部分内容 |
| --- | --- |
| 概要设计文档内容：<br>整个软件分成四个模块：聊天模块、查询好友模块、好友列表模块、注册模块。迭代的顺序是注册、查询好友、好友列表、聊天<br>聊天模块的类 Chat 会包含五个子类。 | 集成测试方案：<br>集成的顺序是注册、查询好友、好友列表、聊天。<br>当注册模块完成后，开始测试查询好友模块。注册集成到查询好友模块后，注册将全部由自动化测试完成 |
| 详细设计文档内容：<br>聊天类的图如下…… | 单元测试方案：<br>号码合法性验证方法：将会写一个主测试方法 VerifyData( )。<br>同时还需要检查参数的正确性及代码的规范性 |

软件测试也有对应的工作模型，常见的有 V 模型、W 模型、H 模型等。

常用的软件测试工具(软件)有 PMD、Junit、LoadRunner 等。

# 5.8　软件工程(IT 项目)管理



## 5.8.1　软件工程管理简介

软件产品的规模越来越庞大，必须使用专业的管理技术才能对开发实行有效的管控。

软件项目管理就是通过合理地组织和利用一切可以利用的资源，按照计划的成本和计划的进度，完成一个计划的目标，它包含团队管理、风险管理、采购管理、流程管理、时间管理、成本管理和质量管理等。

是否需要管理是专业软件开发和业余编程之间的重要区别。

软件工程管理者与其他工程管理者的性质是相同的，但软件工程管理很多方面有显著的区别，这导致了软件工程管理的难度相当大。许多大型软件项目的失败也告诉我们软件管理困难重重，其重要原因为：

- 软件产品是无形的。
- 没有标准的软件过程。
- 大型软件项目经常是“一次性的”。
- 项目管理是一项复杂的具有创造性的工作。
- 项目管理需要集权领导和建立专门的项目组织。
- 项目负责人在项目管理中起着非常重要的作用。

## 5.8.2　软件工程管理过程示例

软件工程管理各阶段的主要工作内容如下。

项目启动阶段：确定项目范围，组建项目团队，建立项目环境；

项目规划阶段：确定项目活动，预算项目成本，制订进度计划；

项目实施阶段：监控项目执行，管理项目风险，控制项目变更；

项目收尾阶段：客户验收项目，安装培训软件，总结项目经验。

在项目的启动阶段，此阶段主要工作内容为估算软件的规模与工作量，据此组建团队，构建开发环境。要求尽可能地准确。常用的方法有代码行技术、功能点技术、专家判断、类比估算、COCOMO 模型。

在项目的规划阶段，最主要的任务是项目管理者对资源、成本和进度作出合理的估算，制订切实可行的软件项目计划。一般按项目实施过程进行详细分解后制成甘特图（用于进度控制）或活动网络图（用于子项目协调），如图 5-24～图 5-25 所示。

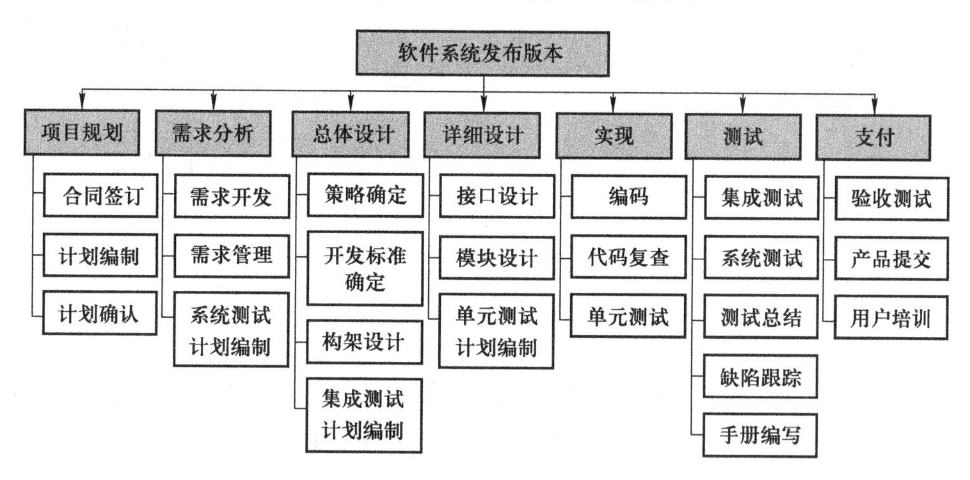


图 5-24　软件项目整体规划安排图（用于整体规划）

| ID | Task Name | Start | Finish | Duration | Complete |
|---|---|---|---|---|---|
| 1 | Design proposal | 2012/10/1 | 2012/10/9 | 7.0 d. | 71.4% |
| 2 | Approved by the owners | 2012/10/10 | 2012/10/10 | 0.0 d. | 0.0% |
| 3 | ⊟ Construction preparation | 2012/10/10 | 2012/10/19 | 8.0 d. | 0.0% |
| 4 | Measure | 2012/10/10 | 2012/10/11 | 2.0 d. | 0.0% |
| 5 | Transportation decorate material | 2012/10/12 | 2012/10/15 | 2.0 d. | 0.0% |
| 6 | Removed appoint wall | 2012/10/16 | 2012/10/19 | 4.0 d. | 0.0% |
| 7 | Water electrician | 2012/10/22 | 2012/10/25 | 4.0 d. | 0.0% |
| 8 | ⊟ Mason | 2012/10/26 | 2012/11/21 | 19.0 d. | 0.0% |
| 9 | Landfill trough | 2012/10/26 | 2012/10/30 | 3.0 d. | 0.0% |
| 10 | Bathroom | 2012/10/31 | 2012/11/2 | 3.0 d. | 0.0% |
| 11 | Kitchen | 2012/11/5 | 2012/11/7 | 3.0 d. | 0.0% |
| 12 | Building wall and wall repair | 2012/11/9 | 2012/11/16 | 6.0 d. | 0.0% |
| 13 | Floor tile laying | 2012/11/19 | 2012/11/21 | 3.0 d. | 0.0% |
| 14 | ⊟ Woodwork | 2012/11/23 | 2012/12/5 | 9.0 d. | 0.0% |
| 15 | Ceiling | 2012/11/23 | 2012/11/28 | 4.0 d. | 0.0% |
| 16 | Furniture | 2012/11/29 | 2012/12/5 | 5.0 d. | 0.0% |
| 17 | ⊟ Paintwork | 2012/12/6 | 2012/12/28 | 17.0 d. | 0.0% |
| 18 | Ceil | 2012/12/6 | 2012/12/17 | 8.0 d. | 0.0% |
| 19 | Wall | 2012/12/18 | 2012/12/24 | 5.0 d. | 0.0% |
| 20 | Furniture | 2012/12/25 | 2012/12/28 | 4.0 d. | 0.0% |
| 21 | Others | 2012/12/28 | 2012/12/31 | 2.0 d. | 0.0% |
| 22 | Owner check | 2012/12/31 | 2012/12/31 | 0.0 d. | 0.0% |

图 5-25　软件开发管理甘特图

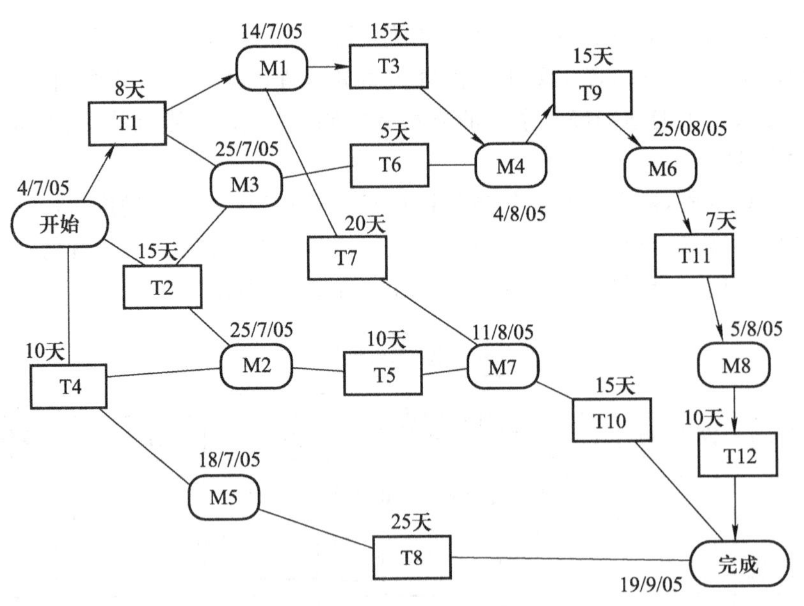


图 5-26 软件项目管理活动网络图



与常规的其他工程(项目)管理不同的是,人员是软件开发中最重要的资源,这也是软件开发项目的特殊之处。人员的选择、分配和组织很大程度上影响软件项目的效率、进度、过程管理和产品质量;软件开发依赖于开发人员的认知能力和沟通技能;项目经理作为项目主管人员,他的任务主要是面向人的,这就要求项目经理必须能够了解技术人员,据此建立和优化团队,使其工作达到最佳效率;典型的软件开发组织形式主要有民主式、主程序员式、技术管理式;

在一些知名的软件公司,往往有其自身特色的项目人员组织形式,比如微软公司主要是以各种特性小组的形式来组织人员(图 5-27),特性小组一般由一个领导和 3~8 名开发人员组成,小组和小组之间再按项目要求进行匹配、合作,项目结束之后各小组再另行重新组合其他项目队伍。

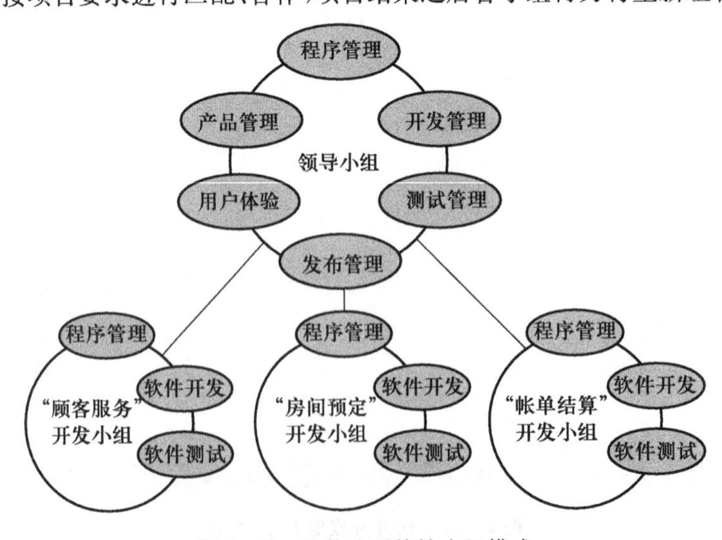


图 5-27 微软公司特性小组模式

除上述示例外，在软件项目管理过程中还可能包括软件（产品）质量管理、风险控制、成本控制等其他专项管理技术。

衡量企业对软件项目管理水平的标准为 CMMI（软件能力成熟度集成模型，图 5-28），CMMI 是由美国国防部与卡内基-梅隆大学、美国国防工业协会共同开发和研制的一种标准体系，其目的是帮助软件企业对软件工程过程进行管理和改进，增强开发与改进能力，从而能按时地、不超预算地开发出高质量的软件。企业可通过评估获得相应的证书。CMMI 分为 5 级。软件公司如果能达到 3 级就表示管理水平已经很好了。

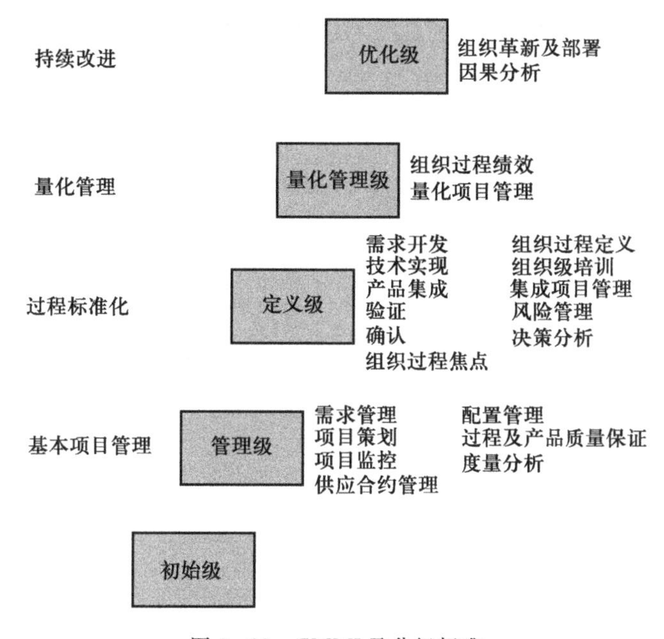


图 5-28　CMMI 及分级标准

## 5.9　相关职业岗位能力

本部分知识可为下列职业人员提供岗位能力支持：

- 软件开发工程师
- 软件测试工程师
- 软件项目管理工程师

互动练习

第 5 章自测题

## 5.10 课后体会

### 学生总结

年　月　日

# 第6章　网络与信息安全技术

**本章课前准备**

思考一下自己平时上网的形式,探讨网络信息的传输方法

探讨信息安全技术的重要作用

**本章教学目标**

初步了解网络的基本概念、基本术语

了解移动网络技术的特征与应用

知道信息安全技术的重要性

**本章教学要点**

网络技术基础

**本章教学建议**

讨论、示例、讲述、演示相结合

微视频

网络与信息安全技术-1

计算机网络是计算机技术与通信技术相结合的产物,它的诞生使计算机的体系结构发生了巨大变化。在当今社会发展中,计算机网络起着非常重要的作用,对人类社会的进步作出了巨大贡献。

现在,计算机网络的应用遍布全世界及各个领域,并已成为人们社会生活中不可缺少的重要组成部分。从某种意义上讲,计算机网络的发展水平不仅反映了一个国家的计算机科学和通信技术的水平,也是衡量其国力及现代化程度的重要标志之一。

## 6.1　网络技术基础

**互动教学** 人们平时上网能从网上获取各种各样的资源,那么这些资源是怎么传送的呢?

计算机网络从20世纪60年代开始发展至今,经历了从简单到复杂、从单机到多机、从终端与计算机之间的通信到计算机与计算机之间直接通信等一系列发展历程,目前正向着物联网、移动网、全光网等智能化模式转变,可以说,网络正在切实地改变着我们的世界。

### 6.1.1　网络技术概述

计算机网络是计算机技术和现代通信技术相结合的产物,它的诞生使计算机体系结构发生了巨大变化。计算机网络从产生到发展,总体来说可以分成4个阶段。

第1阶段:20世纪60年代末到20世纪70年代初为计算机网络发展的萌芽阶段。其主要特征是:为了增加系统的计算能力和资源共享,把小型计算机连成实验性的网络。第一个远程分组交换网叫ARPANET,是由美国国防部于1969年建成的,第一次实现了由通信网络和资

源网络复合构成计算机网络系统。最初只实现了4个结点的连接,但是它标志着计算机网络的真正产生,ARPANET是这一阶段的典型代表。

第2阶段:20世纪70年代中后期是多机互联网络阶段,局域网络作为一种新型的计算机体系结构开始进入产业部门。

第3阶段:整个20世纪80年代,是标准化网络阶段。其主要特征是:局域网络完全从硬件上实现了ISO的开放系统互联通信模式协议的能力。计算机局域网及其互联产品的集成,使得局域网与局域互联、局域网与各类主机互联,以及局域网与广域网互联的技术越来越成熟。

第4阶段:20世纪90年代初至现在,是计算机网络飞速发展的阶段(也叫互联与高速网络阶段)。计算机的发展已经完全与网络融为一体,体现了"网络就是计算机"的口号。

图6-1所示为现代计算机网络逻辑结构。

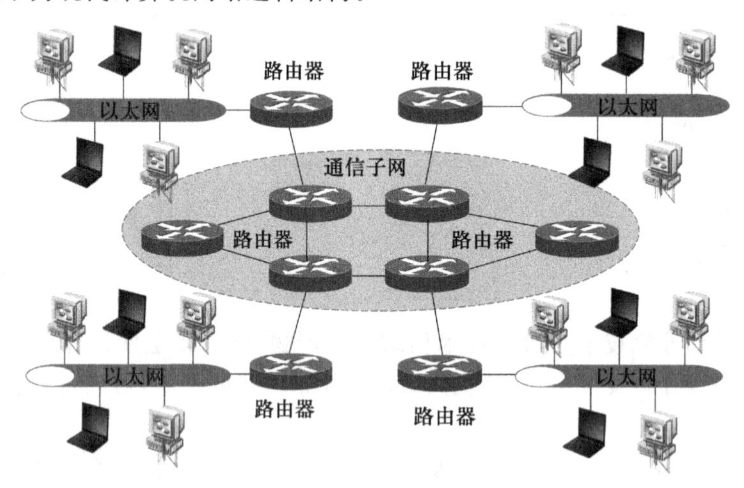


图6-1　现代计算机网络逻辑结构



计算机组成网络之后,可实现的主要功能:数据通信、资源共享、负载均衡、分布处理和集中管理。

计算机网络的特点有:可靠性、高效性、独立性、扩充性、廉价性、分布性和易操作性。

计算机网络的应用主要体现在以下几个方面:数字通信、分布式计算、信息查询、远程教育、虚拟现实、电子商务、办公自动化、企业管理与决策。

一个完整的计算机网络系统是由网络硬件和网络软件所组成的。硬件包括服务器、终端设备、交换机路由器、通信设备等(图6-2)。

计算机网络软件系统包括网络操作系统、网络协议软件、网络通信软件、网络管理软件和网络应用软件。

计算机网络中的通信线路和结点相互连接的几何排列方法和模式称为网络的拓扑结构,主要有总线型、星型、树状、环状、网状等。

局域网多采用星型拓扑结构(图6-3)。星型结构的优点有:单点故障不影响全网,结构简单,增删结点及维护管理容易,故障隔离和检测容易,延迟时间较短;缺点有:成本较高,资源利用率较低,网络性能过于依赖中心结点,一旦中心结点出现故障,则整个网络系统都可能陷入瘫痪，为了避免上述风险，对网络可靠性要求较高的局域网多采用双核心结构。

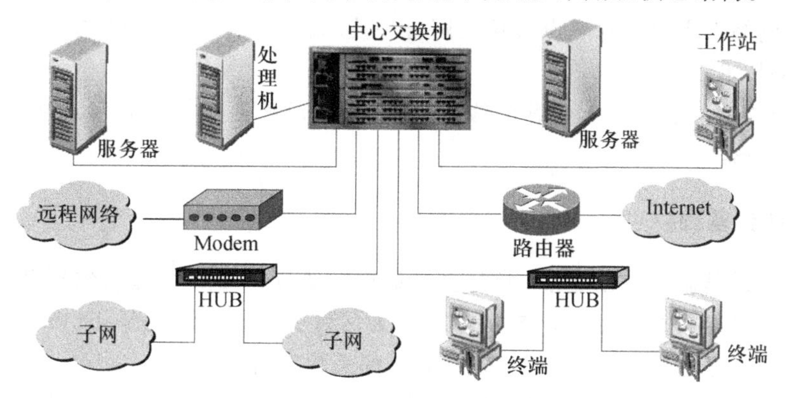


图 6-2　网络硬件组成示意图

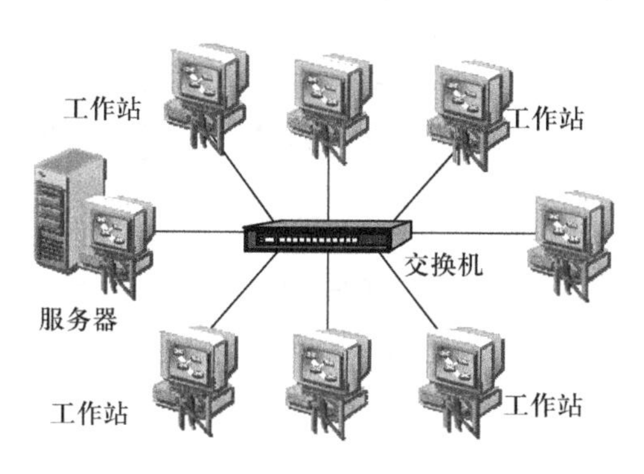


图 6-3　星型拓扑结构示意图



广域网多采用网状结构（图 6-4），优点为：具有较高的可靠性，某一线路或结点有故障时，不会影响整个网络的工作；缺点为：结构较复杂，需要路由选择和流量控制功能，网络控制软件复杂，硬件成本较高，不易管理和维护。广域网一般由运营商建设和管理。

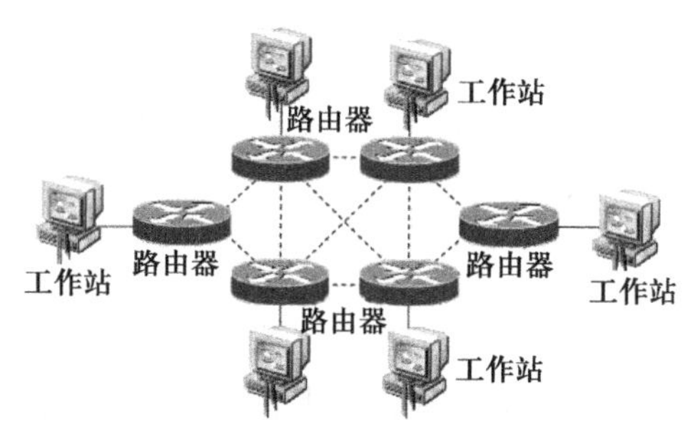


图 6-4　网状拓扑结构示意图

计算机网络分类的标准很多，按覆盖范围分类，可分为局域网、城域网、广域网；按传播方式分类，可分为广播网络、点-点网络；按传输介质分类，可分为有线网和无线网（有线网传输介质主要有双绞线和光纤，无线网传输介质主要有微波通信网和卫星通信网）。

根据目前网络构建的发展趋势，计算机网络的发展方向将是 IP 技术和光网络，光网络将会演进为全光网络。主要技术热点包括三网合一技术、光通信技术、IPv6 技术、宽带接入技术、3/4G 移动网络技术。

注 全球互联网实际上是各种网络的集合，多种网络按照不同的模式连接到一起，逐步扩展成今天的网络。

### 6.1.2 数据通信基础

计算机网络的基础是数据通信，数据通信是指发送方将需要发送的数据转换成信号并通过物理信道传输到接收方的过程。图 6-5 所示为两台主机的通信过程。

传统的通信信号为模拟信号，现代数据通信都是数字信号。

数据通信的主要技术指标包括数据传输速率、信道容量、带宽、误码率、时延。

传输介质是通信网络中发送方和接收方之间的物理通路，主要就是前述的有线和无线类型，如光纤、双绞线、微波等。



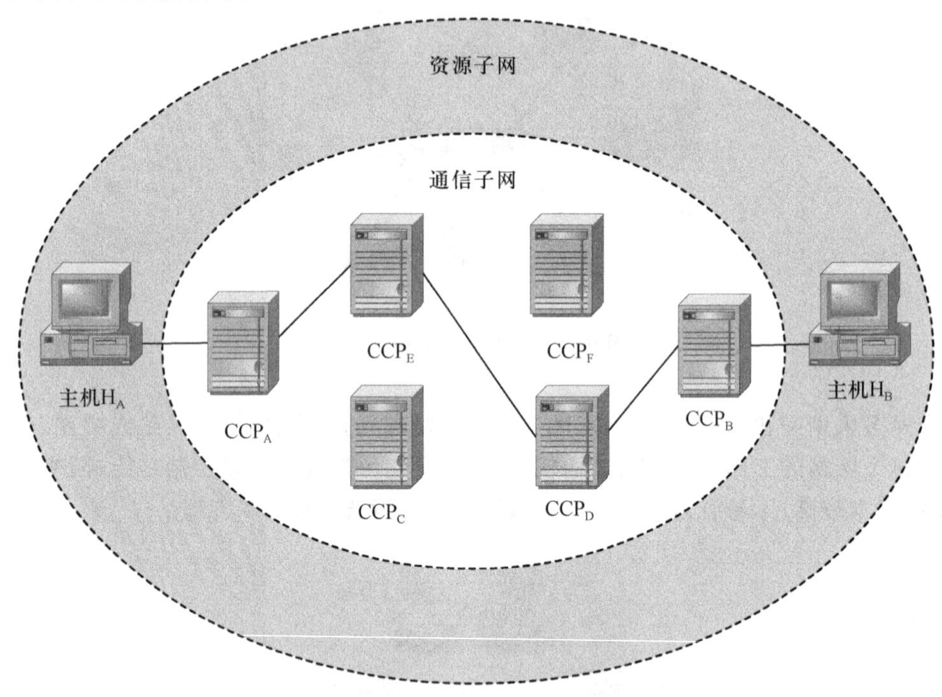


图 6-5 两台主机的通信过程

为了实现高效安全的通信，网络通信系统设计中要解决的基本问题有：

① 数据传输类型：是选择频带传输还是基带传输？

② 数据通信方式：是串行通信还是并行通信，是单工通信、半双工还是全双工通信？

③ 数据传输的同步方式：是同步通信还是异步通信？

实际的通信网络中，广泛采用各种多路复用技术。多路复用技术是在一条实际存在的通信介质信道中，同时传输多路通信信号而不会互相干扰（图 6-6）。采用多路复用的原因在于通信工程中用于通信线路铺设的费用相当高，而且通信介质的传输能力都超过单一信道所需带宽，为多路复用实施提供了可能。

常见的多路复用类型包括频分多路复用(FDM)、时分多路复用(TDM)和波分多路复用(WDM)。数字电信号传输普遍采用时分复用技术，光信号传输普遍采用波分复用技术。现在手机的通信信号模式，如 CDMA(Code Division Multiple Access，码分多址)，WCDMA (宽带码分多址)和 TD-SCDMA(时分同步码分多址)，都是复用技术的典型代表。

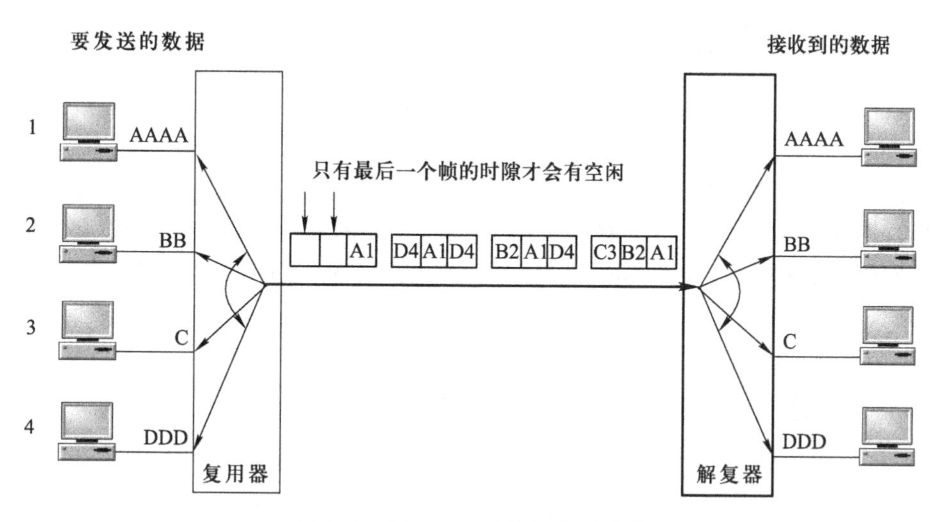


图 6-6 异步时分多路复用示意图



### 6.1.3 网络体系结构与协议

为了实现网络设备的互联互通，通信双方必须遵守一些双方认可的规则和约定(类似于两个人说话，必须使用双方都能听懂的语言)，这些规则和约定称为网络协议(Protocol)。网络协议是网络技术中十分重要的核心知识点。

为了完成计算机间的协同工作，把计算机间互联的功能划分成具有明确定义的层次，规定了同层次进程通信的协议及相邻层之间的接口服务，网络各层及其协议的集合称为网络体系结构。

计算机之间相互通信涉及许多复杂的技术问题，而解决这一复杂问题十分有效的方法是分层解决。为此，人们把网络通信的复杂过程抽象成一种层次结构模型。采用分层实现的好处在于可以降低问题的复杂程度，一旦网络发生故障，可迅速定位故障所处层次，便于查错和纠错；在各层分别定义标准接口，使具备相同对等层的不同网络设备能实现互操作；各层之间则相对独立，一种高层协议可放在多种低层协议上运行；也能有效刺激网络技术革新，因为每次更新都可以在小范围内进行，不需对整个网络动大手术。

**1. ISO/OSI 模型**

国际标准化组织(ISO)于 1981 年制定了开放系统互联参考模型(Open System Interconnection，OSI)。OSI 模型将整个网络按照功能划分成 7 个层次(图 6-7)。

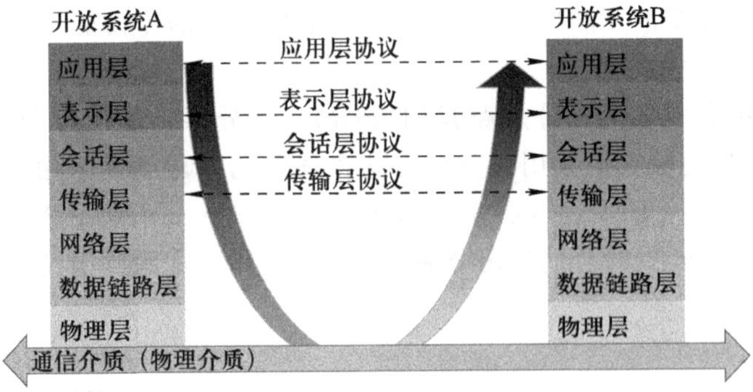

开放系统A
应用层
表示层
会话层
传输层
网络层
数据链路层
物理层
应用层协议
表示层协议
会话层协议
传输层协议
开放系统B
应用层
表示层
会话层
传输层
网络层
数据链路层
物理层
通信介质（物理介质）

图 6-7　OSI 结构示意图

在实际定义的时候，会话层和表示层并未明确约定应具体完成什么功能，不同的网络系统实现这两层功能的时候还会有所不同，所以，实际的网络传输模式并不是理想化的 7 层模式。网络数据传输用到了 OSI 模型的下面 4 层结构，上面实际上就是软件完成的了（图 6-8）。



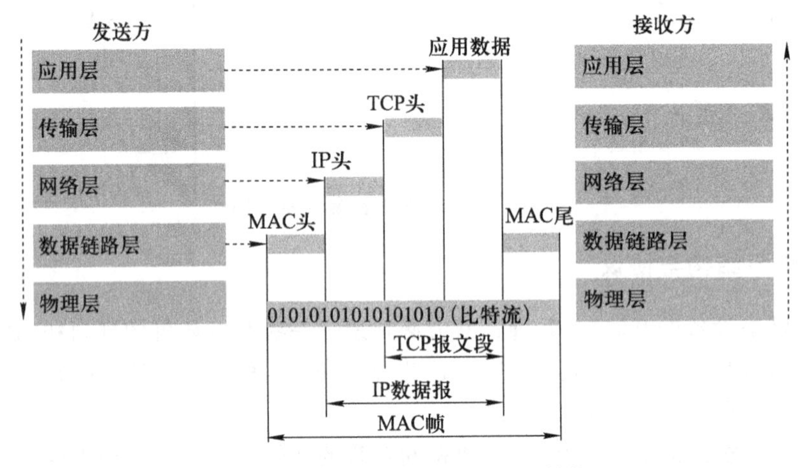


图 6-8　OSI 模型实际上的数据传输

**2. TCP/IP 模型**

在真正的互联网中，起作用的并不是 ISO/OSI 模型，而是 TCP/IP 模型体系。美国国防部高级研究计划局（ARPA）从 20 世纪 60 年代开始致力于研究不同类型计算机网络之间的相互连接问题，并成功开发出了著名的传输控制协议/网际协议（TCP/IP 协议）。

TCP/IP 协议具有以下特点：

① 开放的协议标准：可以免费使用，并且独立于特定的计算机硬件与操作系统。

② 独立于特定的网络硬件：可以运行在局域网、广域网，更适用于互联网中。

③ 统一的网络地址分配方案：使得整个 TCP/IP 设备在网中都具有唯一的 IP 地址。

④ 标准化的高层协议：可以提供多种可靠的用户服务。

由于上述特点，再加之 TCP/IP 模型分层较少，易于硬件实现，所以很快得到了很多大公司的支持，从而成为了互联网事实上的协议标准。TCP/IP 协议是当今互联网的基石。

TCP/IP 参考模型分为四层：应用层、传输层、网络互连层、网络接口层。TCP/IP 的结构与 OSI 结构的对应关系如图 6-9 所示。

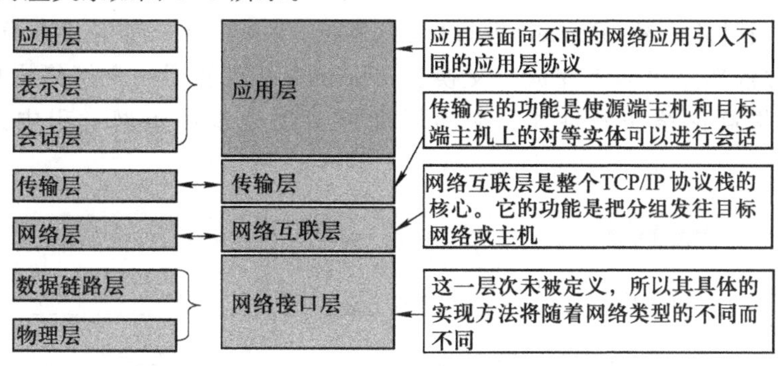


图 6-9　TCP/IP 模型与 OSI 模型

具体来说，TCP/IP 模型中的最底层是网络接口层，其主要功能是负责与物理网络的连接；网络互联层负责异构网或同构网进程间的通信，将传输层分组封装为数据报格式进行传送，每个数据报必须包含目的地址和源地址；传输层的主要功能是提供可靠的数据流传输服务，确保端到端应用进程间无差错的通信，常称为端到端（End-to-End）通信；应用层主要功能是为用户提供网络服务，如 FTP、Telnet、DNS 和 SNMP 等。



**3. 协议与相关规范**

1969 年，网络诞生之初，ARPA 按照层次结构思想进行计算机网络模块化研究的时候，开发了一组从上到下单向依赖关系的协议栈（Protocol Stack），也叫作协议簇（图 6-10）。这些协议相互匹配合作，完成了网络设备的互联互通。即使到现在，基于网络的不同需求，新的协议还在不断产生，协议簇在持续地壮大中。

<table>
<tr><td>应用层</td><td colspan="4">FTP、Telnet、HTTP</td><td>SNMP、TFTP、NTP</td></tr>
<tr><td>传输层</td><td colspan="4">TCP</td><td>UDP</td></tr>
<tr><td>网络互联层</td><td colspan="5">IP</td></tr>
<tr><td rowspan="2">网络接口层</td><td rowspan="2">以太网</td><td rowspan="2">令牌环网</td><td>802.2</td><td colspan="2">HDLC、PPP、Frame-Relay</td></tr>
<tr><td>802.3</td><td colspan="2">EI/TI A-232、499、V.35、V.21</td></tr>
</table>

图 6-10　TCP/IP 分层与常见协议

(1) IP 地址

在 Internet 上，每台主机、终端、服务器以及路由器都有自己的 IP 地址，这个 IP 地址是全球唯一的，用于标识该机在 Internet 中的位置。现在使用的 IP 地址是 IP 协议的第四个版本约定的，简称 IPv4，过几年将要向 IPv6 过渡。IPv4 使用 32 个二进制数进行主机编址，IP 地址与 IP 地址的分类如图 6-11 所示。

在实际使用中，将 32 个二进制数分成 4 个字节，每个字节转换成对应的十进制数，中间加点进行分隔来表示 IP 地址，如 58.213.133.89，这种表示方法称为“点分十进制”。

(2) 路由交换技术

同一个网络区域内的主机可以直接相互通信，而不同网络区域内的主机则无法直接相互通信，必须通过路由器(Router)进行中转(图 6-12)。两个使用 TCP/IP 协议的网络之间的连接通常依靠路由器来完成。交换机(Switch)可以使同一个网络内的冲突域分隔开，能够有效地提高网络访问性能。交换机和路由器是现在组网过程中最常见的网络设备。

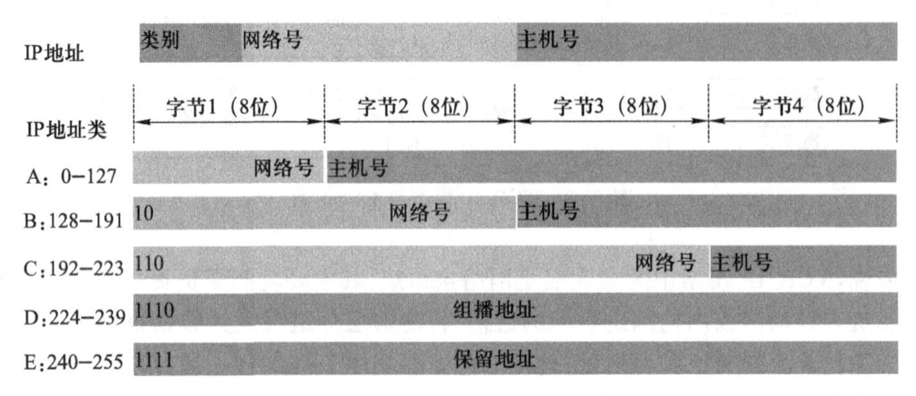


图 6-11 IP 地址分类与编码标准



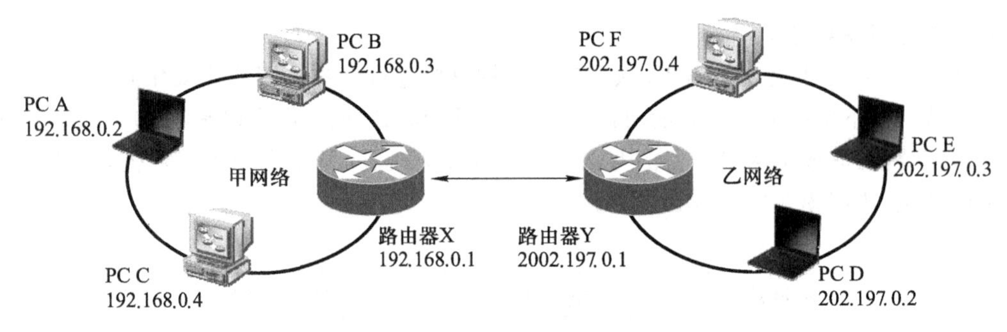


图 6-12 通过路由器实现跨网连接

(3) 域名系统

由于 IP 地址很不好记忆，所以 Internet 采用了一套与 IP 地址对应的地址表示方法，称为域名系统(DNS)。DNS 使用与主机位置、作用、行业有关的一组字符来表示 IP 地址，这组字符类似于英文缩写或汉语拼音(例如：前面所示的 IP 地址 58.213.133.89 对应的域名为 www.njcit.cn)。Internet 的域名系统和 IP 地址一样，采用典型的层次结构，每一层由域或标号组成。

例如新浪网的域名 www.sina.com.cn，从右往左意义为：cn 代表"中国"，com 代表是"商业组织"，sina 是"主机名"。

域名的层次结构给域名的管理带来了方便，每一部分授权给某个机构管理，授权机构可以将其所管辖的名字空间进一步划分，最后形成树形的层次结构。

我国的域名管理机构是中国互联网络信息中心(China Internet Network Information

Center，简称 CNNIC）。如果想建立网站、申请域名，一般不必向 CNNIC 申请，直接向域名申请网站注册（域名采用注册机制，每个域名都是独一无二的），域名网站再向 CNNIC 备案即可。政府和公益机构（如学校）注册需要在单独的注册管理中心申请。

（4）关于 IPv6

IPv4 本身存在一些先天性的局限性，因而面临着以下问题：

① IP 地址的消耗引起地址空间不足：IP 地址只有 32 位，可用的地址有限，最多接入的主机数不超过 $2^{32}$，全球可用的 IPV4 地址已经于 2011 年 2 月分配完毕。

② IPv4 缺乏对服务质量优先级、安全性的有效支持。

③ lPv4 协议配置复杂，特别是随着个人移动计算机设备上网、网上娱乐服务的增加、多媒体数据流的加入，以及出于安全性等方面的需求，迫切要求新一代 IP 协议的出现。

为此，互联网工程任务组（IETE）开始着手下一代互联网协议的制定工作，IETE 于 1991 年提出了请求说明，1994 年 9 月提出了正式草案，1995 年底确定了 IPng 的协议规范，被称为“IPv6”，1995 年 12 月开始进入 Internet 标准化进程。

相比 IPv4，IPv6 做了很多改进，主要包括：

① 扩大了地址空间；

② 地址自动设定；

③ 提高了路由器的转发效率；

④ 增加了安全认证机制；

⑤ 增强组播以及对流的支持。

微视频

网络与信息安全技术-2



IPv6 地址长度为 128 位，是 IPv4 的 4 倍，理论上可编址 $2^{128}$ 个。

IPv6 有三种格式：首选格式、压缩格式和内嵌格式。

• 首选格式：

21DA：00D3：0000：2F3B：02AA：00FF：FE28：9C5A

• 压缩格式：将地址中不必要的 0 去掉，如：

21DA：D3：0：2F3B：2AA：FF：FE28：9C5A

• 内嵌格式：这是作为过渡机制中的一种方法。IPv6 地址的前面部分使用十六进制表示，而后面部分使用 IPv4 地址，如：

0：0：0：0：0：0：192.168.1.201

或：192.168.1.201

或：ffff：192.168.1.201

现在很多计算机与网络设备都已经开始支持 IPv6 编址了。

**注** 被分配完毕的一些 IP 地址还保留在运营商手上，运营商会根据需要逐步使用这些 IP 地址。据估计，现有的 IPv4 地址还够人们使用几年，五六年后，可能转入 IPv6 时代。IPv6 现在已经是成熟技术，没有直接转换到 IPv6 是基于成本考虑。想象一下，全球如果都直接转换成 IPv6，将 IPv4 设备都直接淘汰掉，会是一笔多么惊人的费用。

### 6.1.4 网络综合布线技术

互动教学 你听说过综合布线吗?

综合布线系统是指按标准的、统一的和简单的结构化方式编制和布置各种建筑物(或建筑群)内各种系统的通信线路,包括网络系统、电话系统、监控系统、电源系统和照明系统等。综合布线系统是一种标准通用的信息传输系统。

综合布线系统是智能化办公室建设数字化信息系统基础设施,是将所有语音、数据等系统进行统一的规划设计的结构化布线系统,为办公提供信息化、智能化的物质介质,支持将来语音、数据、图文、多媒体等综合应用。

没有综合布线系统,人们就无法获取各种信息。综合布线系统是智能建筑、物联网、数字化城市的基础,还是建筑物的基础设施。

图 6-13 综合布线施工场景



图 6-13 所示为综合布线的一些施工场景。进行综合布线需要遵守很多相关规定,最重要的标准是国家标准 GB 50311—2007《综合布线系统工程设计规范》和 GB50312—2007《综合布线系统工程验收规范》。按照 GB 50311 标准规定,综合布线系统工程按照以下七个部分进行分解:

- 工作区子系统
- 水平子系统
- 垂直子系统
- 建筑群子系统
- 设备间子系统
- 进线间子系统
- 管理间子系统

进行工程设计的时候要根据工程规模和需要,可能包含全部或部分 7 个子系统。在进行施工之前,要进行用户需求分析,根据用户需要和真实建筑环境进行详细的方案设计,生成大量的施工用专用图样,这些图样主要包括建筑(群)平面设计详图(图 6-14)、立体设计详图、分层设计详图、走线施工详图等,还要进行信息点统计,然后才能进行真正的施工进程。

注 真正的工程施工图样一般要使用专业的 CAD 软件绘制,非常精确,有图例、说明、比例尺、制图人签字、审核人签字等要素,是工程施工的重要依据(图 6-15、图 6-16)。

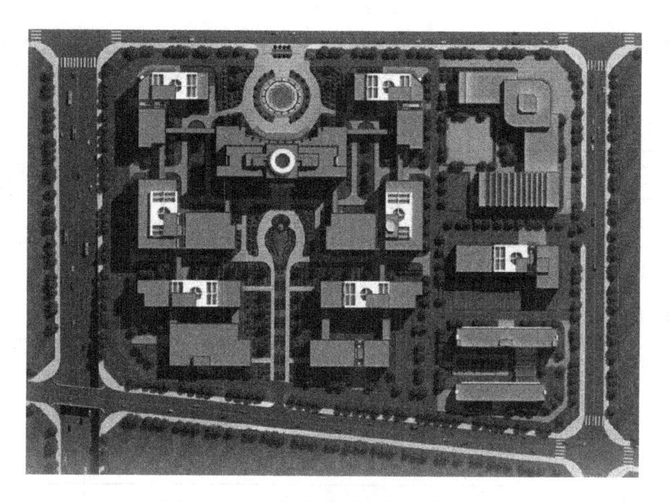

图 6-14　建筑群平面设计效果图

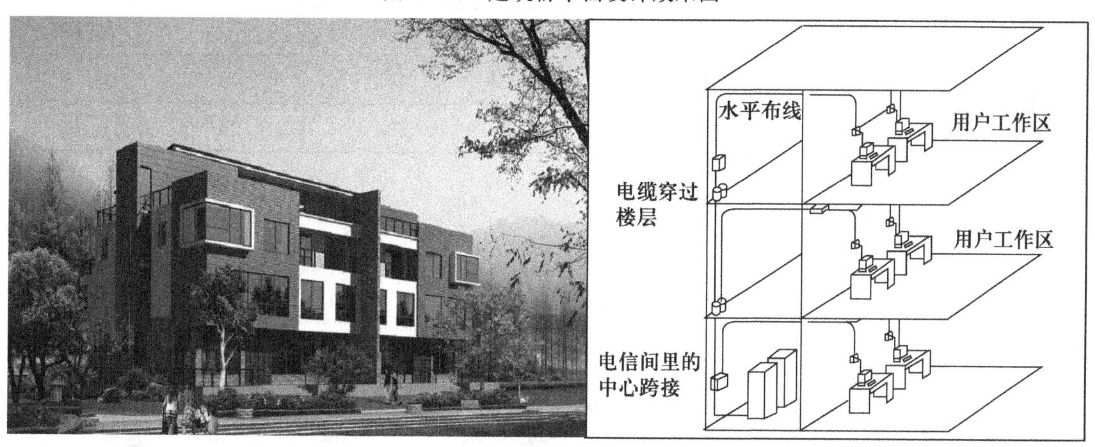


图 6-15　建筑透视图和布线系统结构图



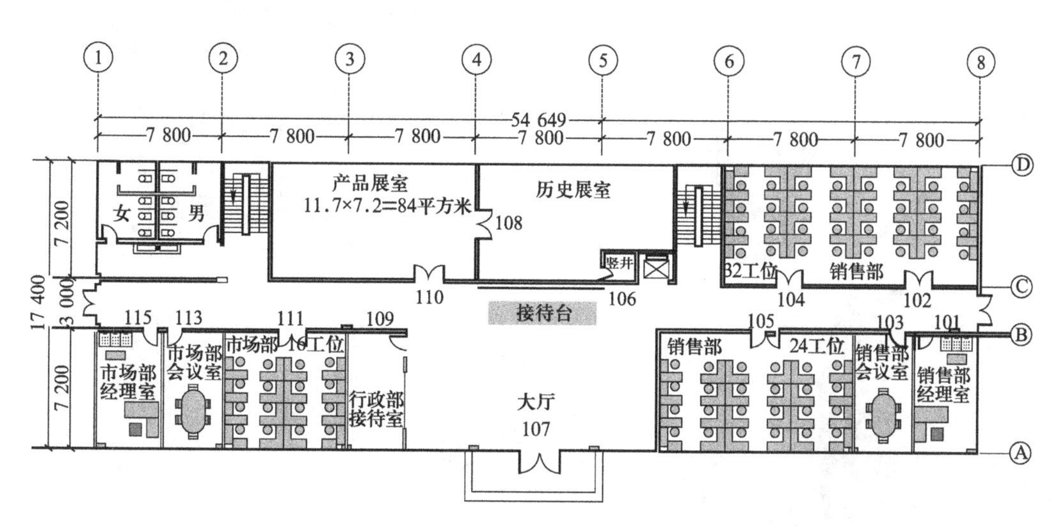


图 6-16　平面走线布局图

除此之外，工程施工也需要大量的工作表，某楼层端口统计表示例见表6-1。

**表6-1 ××楼××层端口对应表**

项目名称：　　　　建筑物名称：××楼　楼层：××层FD1机柜　文件编号：

| 序号 | 信息点编号 | 机柜编号 | 配线架编号 | 配线架端口编号 | 插座底盒编号 | 房间编号 |
|---|---|---|---|---|---|---|
| 1 | FD1-1-1-1Z-11 | FD1 | 1 | 1 | 1 | 11 |
| 2 | FD1-1-2-1Y-11 | FD1 | 1 | 2 | 1 | 11 |
| 3 | FD1-1-3-1Z-12 | FD1 | 1 | 3 | 1 | 12 |
| 4 | FD1-1-4-1Y-12 | FD1 | 1 | 4 | 1 | 12 |
| 5 | FD1-1-5-1Z-13 | FD1 | 1 | 5 | 1 | 13 |
| 6 | FD1-1-6-1Y-13 | FD1 | 1 | 6 | 1 | 13 |
| 7 | FD1-1-7-2Z-13 | FD1 | 1 | 7 | 2 | 13 |
| 8 | FD1-1-8-2Y-13 | FD1 | 1 | 8 | 2 | 13 |
| 9 | FD1-1-9-1Z-14 | FD1 | 1 | 9 | 1 | 14 |
| 10 | FD1-1-10-1Y-14 | FD1 | 1 | 10 | 1 | 14 |

编制人签字：　　　　审核人签字：　　　　审定人签字：

编制单位：×××公司　　　　时间：年　月　日



综合布线进入真正的施工时，需要使用大量的专用器材、专用工具，也需要采用专门的技术进行（图6-17、图6-18）。

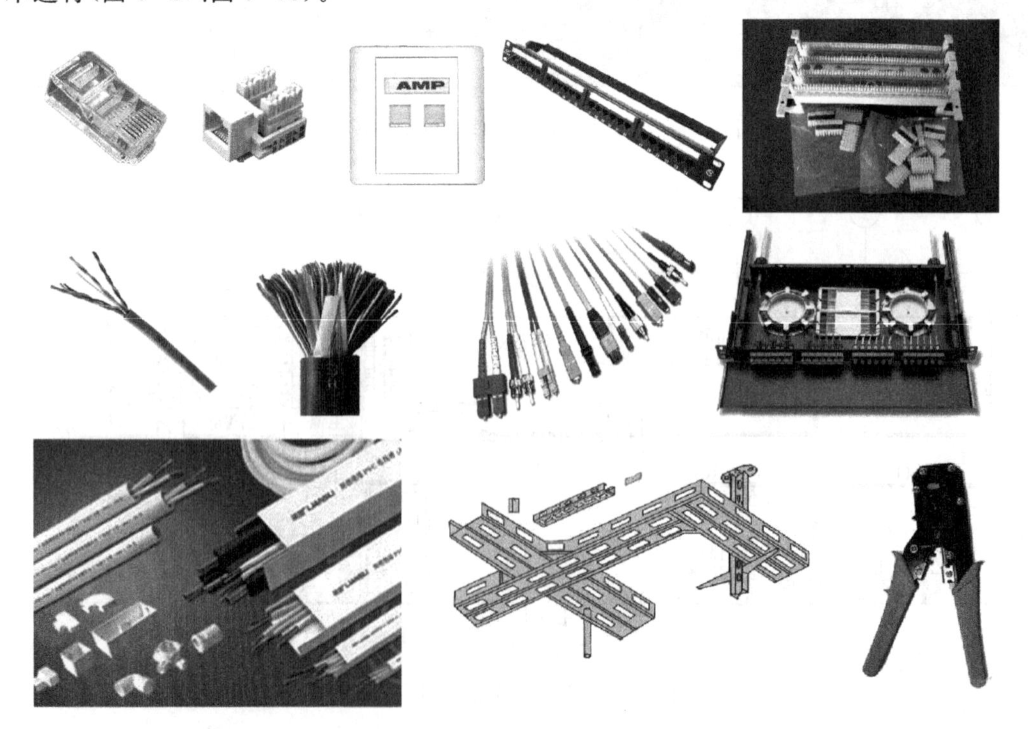

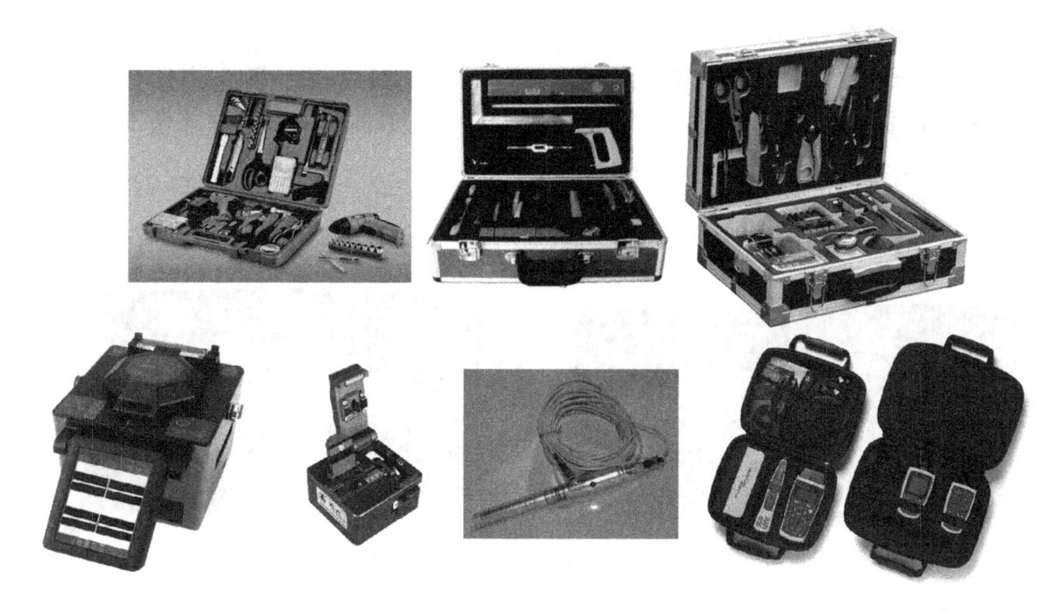

图 6-17　综合布线常用器材与工具

图 6-18　综合布线常用施工技术

为了保证综合布线工程顺利进行，通常需要组建专门的施工队伍，指定项目经理、技术负责人和各相关岗位人员，进行项目协调，统一管理，保证工期和工程质量，遵守施工规范，注意施工安全等。概括起来，综合布线技术是一门综合性要求非常高的实用技术。

### 6.1.5　网络设备管理

在网络系统中，存在大量的各种各样的专用设备，进行这些设备的管理和维护需要大量的具备良好专业技能的工程技术人员。比较典型的网络设备包括交换机（二层、三层）、路由器、服务器、网络终端设备等。

如前所述，服务器、路由器或交换机本质上是有专门作用的特殊计算机，其制造工艺、操作系统类型和软件系统都与人们常用的PC不一样，设备管理技术主要包括相关设备的配置、监控、排错、性能优化等。

网络设备的主要生产厂商有：Cisco、华为、H3C、锐捷。

思科(Cisco)3560交换机与2811路由器组如图6-19所示。

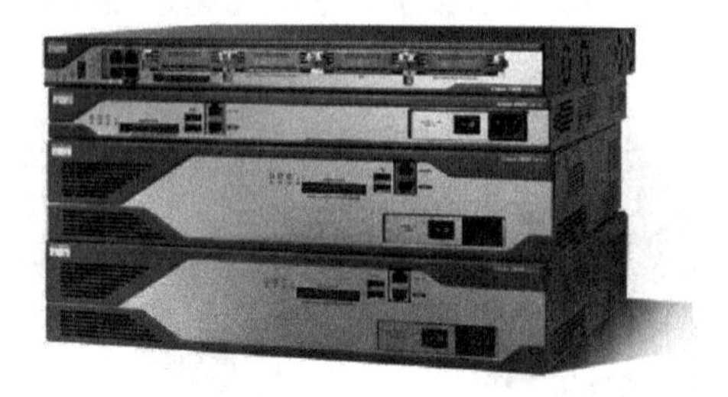

图6-19　思科3560交换机与2811路由器组

下面简要介绍一下这几类设备的典型管理技术。

**1. 交换机管理**



交换机属于网络常用设备，主要起网络接入、VLAN划分、数据转发等作用，按其工作在ISO模型的层次而划分为二层交换机(能实现物理层接入、数据链路层数据帧转发等工作)和三层交换机(除了包含二层交换机的全部功能外，还能实现网络层的常用路由功能)。三层交换机是介于二层交换机和路由器的中间设备，其特点是路由功能不如专用路由器全面，但数据转发速度极快，所以在有些需要简单路由功能而特别强调转发速度的应用环境(比如网络汇聚)，三层交换机就是一个非常合适的设备了。另外，三层交换机在价格方面也比一些高端路由器有优势，所以，二层交换机、三层交换机和路由器各有其合适的应用场合，要根据网络实现的需求而确定设备选型。

专用交换机一般都使用命令方式来进行操作和管理，在交换机内部有专用的操作系统，称为IOS。不同公司的产品，其操作系统不同，命令也各有区别，但网络原理都是一样的。当然，一些大公司(比如思科)的产品会有其他产品所不支持的特色，这也是这些大公司产品的优势所在。

图6-20　console线

交换机(或路由器)其本身不带显示器或键盘，对其进行配置是通过普通计算机实现的。配置有两种模式：本地配置和远程配置；新机器必须进行本地配置，一旦配上远程管理模式之后，交换机就可以通过远程网络进行管理了。本地配置的时候，需要一根专用的配置线(console线，图6-20)与交换机console口相连，然后在计算机上启用通信终端软件(比较常用的是SecureCRT)与交换机相连进行配置即可。

典型交换机配置命令模式示例如下(以思科产品命令格式为例)：

```
Switch >enable                                        //进入特权模式
Switch # config terminal                              //进入全局配置模式
Switch(config)#hostname sw2950                        //交换机命名为 sw2950
sw2950 (config)#vlan 2                                //创建 vlan 2
sw2950 (config-vlan)#name Workgroup2                  //将 vlan 2 命名为 Workgroup2
sw2950 (config-vlan)#exit                             //退出 VLAN 模式
sw2950 (config)#interface range fastEthernet 0/1-12   //快速统一配置 1 至 12 号端口
sw2950 (config-if-range)#switchport access vlan 2     //将所定义的端口划分到 vlan 2 中
sw2950 (config-if-range)#no shut                      //激活所定义的端口
sw2950 (config-if-range)#exit                         //退出端口配置模式
sw2950 (config)#exit                                  //退出全局配置模式
sw2950#show vlan                                      //查看 VLAN 数据库信息
sw2950#show run                                       //查看交换机运行状态详细信息
```



**2. 路由器管理**

路由器是典型的三层设备(可以完成 ISO 网络层及以下的功能)，也是网络中的核心设备，相当于网络中的交通指挥警。路由器的主要功能是数据转发和路由功能，数据转发功能与交换机类似，最核心的功能是路由。所谓路由，是网络中如果两台主机相互通信，存在的网络通路可能不止一条，路由器要帮助数据包确定一条最合适的通信路径。完成路由功能的是路由协议，比较常见的有 RIP、OSPF 等。路由协议的核心是路由算法。路由协议被封装在路由器的操作系统 IOS 中，实际上网络管理员配置时不需要知道路由协议是如何工作的，只要使用合适的命令将其启用并配置正确即可。路由器可以实现跨网(段)连接，通过多个路由器的相互接力，一个更大范围的网络就能够实现互联互通了。路由器的配置命令格式与交换机很相似。

典型路由器配置命令模式示例如下(以思科产品命令格式为例)：

```
R1>en                                                 //进入特权模式
R1#conf t                                             //进入全局配置模式
R1(config)#int f 0/0                                  //进入端口配置模式
R1(config-if)#ip address 10.1.1.1 255.255.255.0       //配置 IP 地址、子网掩码
R1(config-if)#no shut                                 //开启 f 0/0 端口
R1(config-if)#exit                                    //回到全局模式
R1(config)#int f 0/1                                  //进入 f 0/1 端口配置
R1(config-if)#ip address 192.168.1.1 255.255.255.0    //配 IP 地址、子网掩码
R1(config-if)#no shut                                 //端口启用
R1(config-if)#exit                                    //回到全局模式
```

```
R1(config) # router ospf 100              //启用 OSPF 协议
R1(config-router) # network 10.1.1.0 0.0.0.255 area 0
//宣告网络,指定 OSPF 协议网络号和区域号
R1(config-router) # network 192.168.1.0 0.0.0.255 area 1
                                          //宣告网络,指定 OSPF 协议网络号和区域号
R1(config-router) # exit                  //回到全局模式
R1(config) # exit                         //回到特权模式
R1 #  show ip route                       //查看路由表
```

**3. 服务器管理**

人们平时访问的网络资源,其实都是保存在分布于不同物理位置的各种类型的服务器中。如果想搭建一个网站,就需要去建立和管理服务器。专业服务器的硬件工艺与普通 PC 不同,上面所运行的操作系统和相关软件都需要单独设计。

**注** 有些小型网络应用,并不需要购买专用的服务器,而是用普通的高性能 PC 代替,用于系统要求不高的环境中。但要,普通 PC 和专用服务器还是存在很大差异的。

同样的硬件服务器设备,可以根据不同的需要将其搭建成 Web 服务器、FTP 服务器、DNS 服务器或 E-mail 服务器,造成上述区别的是基于硬件之上的软件系统。



服务器中最核心的软件系统是服务器操作系统,比较常用的服务器操作系统有微软公司的 Windows Server、Linux 和 UNIX。Windows Server 秉承了微软公司操作系统的典型特征,大部分的服务器功能配置都可通过鼠标操作窗口完成,如图 6-21 所示。Windows Server 也支持命令模式。UNIX 操作系统通常与服务器捆绑销售,不同公司的服务器有不同的 UNIX 版本。Linux 是一个类 UNIX 操作系统,其操作特性、功能甚至风格都与 UNIX 很相似。Linux 是一个开源的操作系统软件,近些年来发展得很快,影响力与日俱增,是一个非常好的平

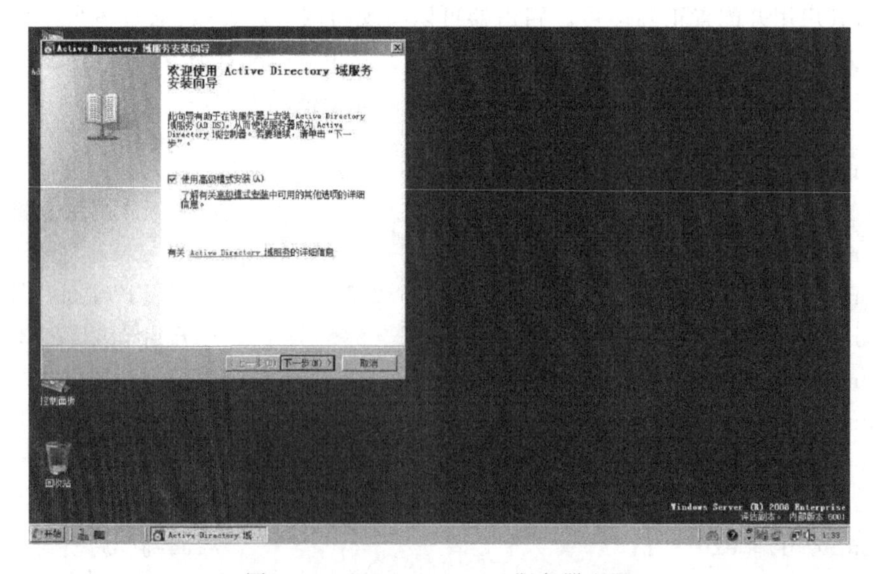


图 6-21 Windows Server 服务器配置

台系统。Linux 和 UNIX 也可以支持使用鼠标操作窗口配置,但最高效的(也是 Linux/UNIX 管理员最喜欢的)配置模式是使用命令来完成(图 6-22),这种模式与交换机或路由器的命令模式很相似。

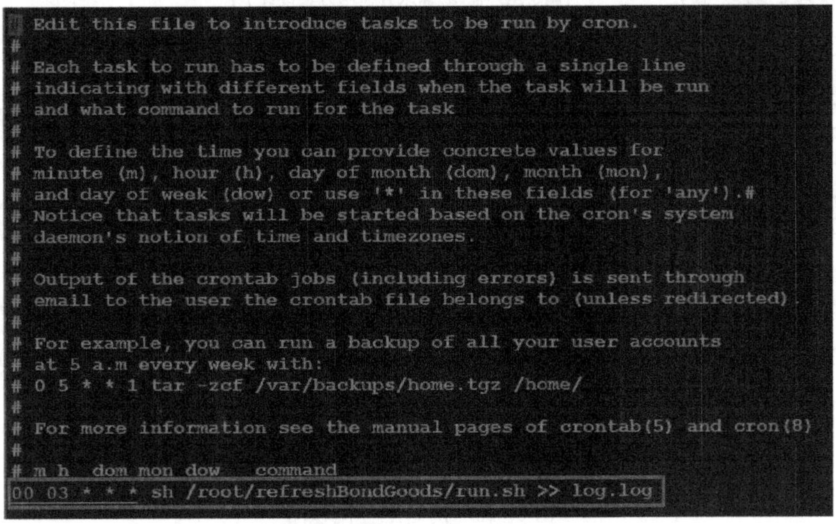

```
# Edit this file to introduce tasks to be run by cron.
#
# Each task to run has to be defined through a single line
# indicating with different fields when the task will be run
# and what command to run for the task
#
# To define the time you can provide concrete values for
# minute (m), hour (h), day of month (dom), month (mon),
# and day of week (dow) or use '*' in these fields (for 'any').#
# Notice that tasks will be started based on the cron's system
# daemon's notion of time and timezones.
#
# Output of the crontab jobs (including errors) is sent through
# email to the user the crontab file belongs to (unless redirected).
#
# For example, you can run a backup of all your user accounts
# at 5 a.m every week with:
# 0 5 * * 1 tar -zcf /var/backups/home.tgz /home/
#
# For more information see the manual pages of crontab(5) and cron(8)
#
# m h  dom mon dow   command
00 03 * * * sh /root/refreshBondGoods/run.sh >> log.log
```

图 6-22　Linux 服务器配置命令界面



### 6.1.6　网络工程

网络工程是为用户解决网络需求而实施的一系列工程行为,网络工程主要包括网络的需求分析、网络拓扑结构的设计、网络设备的选择、布线施工、设备配置与管理、网络系统运行管理与维护等。网络工程的实施是一个比较复杂的过程,需要很好的管理才能达到良好效果。

网络工程项目实施的一般流程包括:

① 项目规划;

② 项目动员;

③ 开局培训;

④ 项目启动;

⑤ 试点(样板)开局;

⑥ 项目实施:各项目组进场,实施综合布线、设备安装,调试,实施完毕,用户培训,转入试运行;

⑦ 工程实施会议;

⑧ 项目验收;

⑨ 工程培训;

⑩ 转入售后。

网络工程流程简要归纳如图 6-23 所示。

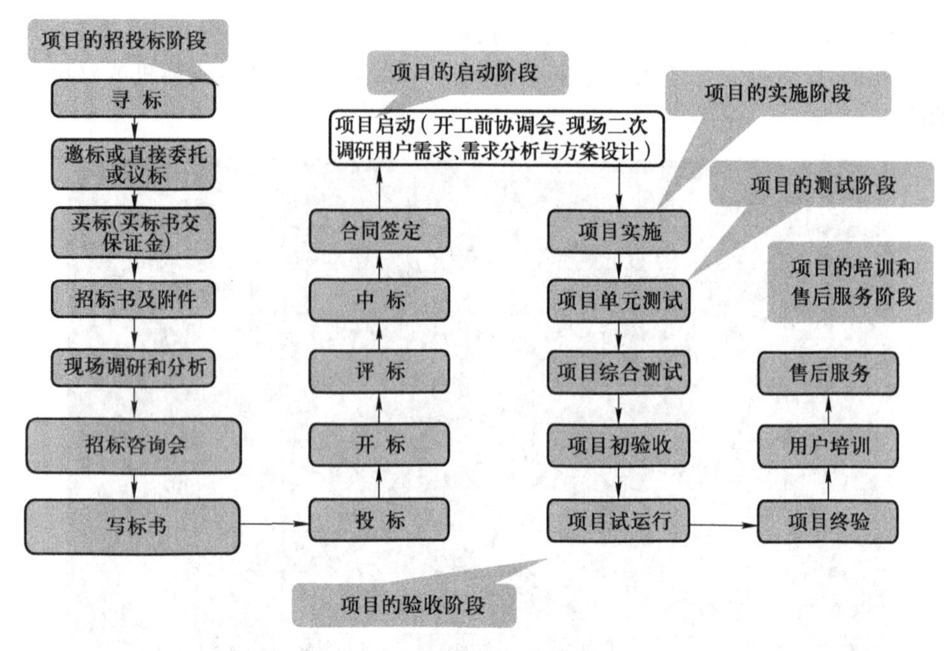


图 6-23　网络工程流程图



## 6.2　移动网络技术

互动教学 你是否经常使用智能手机等移动设备上网？移动网络与普通的计算机网络有哪些不同？各有什么优缺点？

全球移动互联网用户增长迅速并逐步超越固定互联网用户规模，国内移动互联网规模日益增加，据中国互联网络信息中心(China Internet Network Information Center，CNNIC)第46次《中国互联网络发展状况统计报告》，截至2020年6月，我国手机网民规模约达9.32亿，占网民比例达99.2%，如图6-24所示。

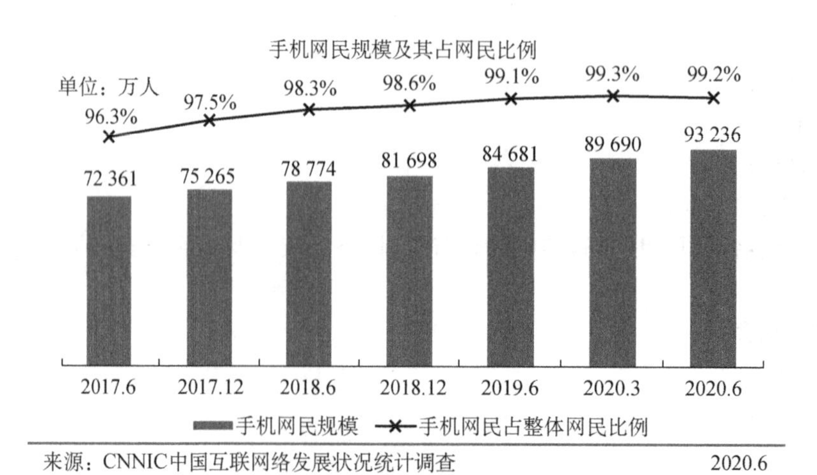


图 6-24　中国手机网民规模及其占网民比例

**注** DCCI 是中国互联网独立的第三方市场监测、受众测量平台，专业数据采集与研究平台，数据具有相对客观性。

如图 6-25 所示，移动互联网已经成为当前全球信息产业竞争的焦点，IT 业界有一定影响力的公司或企业无不纷纷加入，各种产品或理念层出不穷。凡是能抓住移动互联网机遇并提供优秀产品的公司(比如苹果、谷歌、三星)都大获成功；反之，也有一些曾经的行业翘楚没有跟上时代的步伐而日趋没落。可以说移动互联网是互联网的延伸、未来的发展方向。

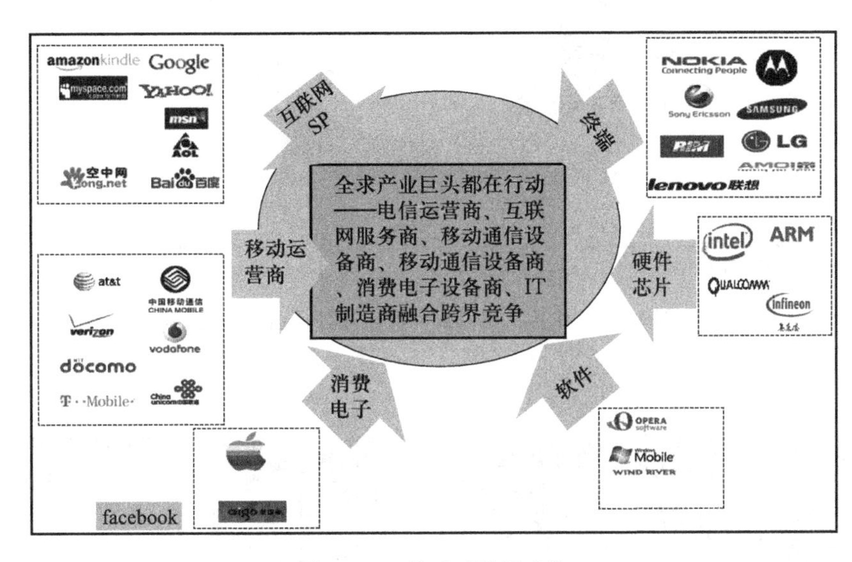


图 6-25　移动互联网态势

移动互联网如果从技术层面进行定义，就是以宽带 IP 为技术核心，可以同时提供语音、数据、多媒体等业务的开放式基础电信网络。如果从终端角度定义，就是用户使用手机、笔记本电脑、平板电脑等移动终端，通过移动网络获取移动通信网络服务和互联网服务。

想要在移动互联网市场获得成功，必须符合四大成功要素中的一项或几项，这四大要素分别是：

① 移动终端：要满足易用性、便携性，与应用紧密结合；

② 移动网络：要确保覆盖范围与速度；

③ 移动平台与应用：要不停地提供基于移动互联网的创新与应用产品；

④ 定价：要通过合理的定价实现多方共赢。

如图 6-26 和图 6-27 所示为移动网络的一些典型应用。中国的移动互联网用户网络应用范围日趋扩大，随着网速的提高、资费的下降，视频应用等也有可能成为未来移动互联网的主流应用。

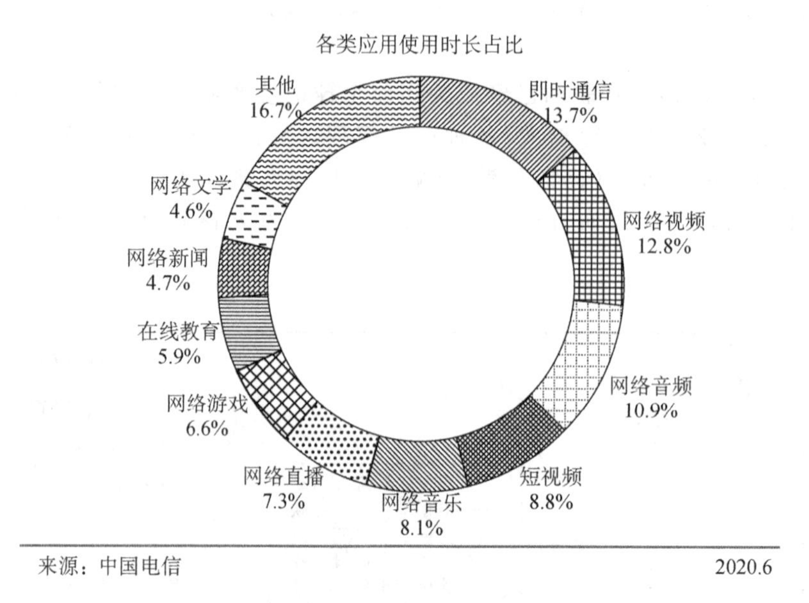


图 6-26　中国手机网民各类应用使用时长占比

图 6-27　移动网络典型应用

## 6.3　信息安全技术

**互动教学** 你是否听说过斯诺登这个人？你有没有被盗号（比如QQ、网游等的账号）的经历？你知道什么是黑客吗？

### 6.3.1　信息安全概述

随着计算机网络技术的发展，网络中传输的信息的安全性和可靠性成为用户所共同关心的问题。人们都希望自己的网络能够更加可靠地运行，不受外来入侵者的干扰和破坏，所以解决好网络的安全性和可靠性，是保证网络正常运行的前提和保障，也是实现计算机系统信息安全非常重要的组成部分。

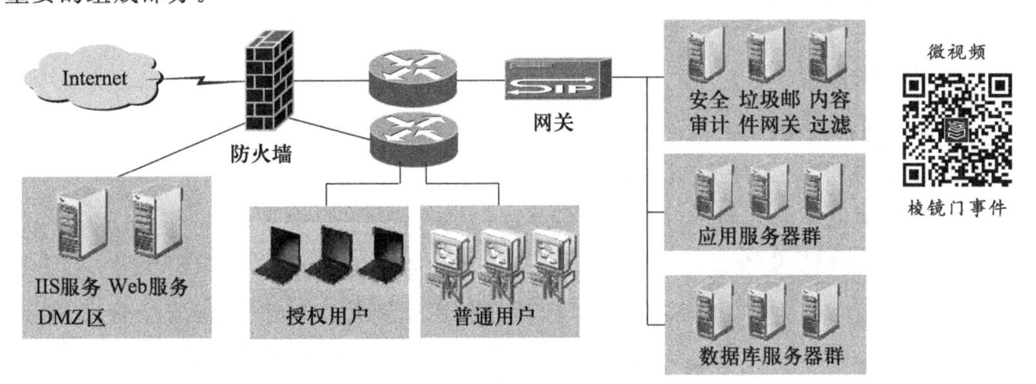


图 6-28　典型计算机网络系统安全规划



网络安全，是指网络系统的硬件、软件及其系统中的数据受到保护，不受偶然或者恶意的攻击而遭到破坏、更改、泄露，系统连续可靠正常地运行，网络服务不会中断。图 6-28 所示为典型计算机网络安全规划。

为了实现数据的保密性、完整性和可用性，可以采用的信息安全技术手段有身份认证技术、数字签名技术以及访问控制技术。

计算机网络系统受到的主要威胁包括黑客攻击、计算机病毒和拒绝服务攻击 3 个方面。

有很多网络安全问题是由于系统漏洞造成的，网络安全漏洞实际上是给不法分子以可乘之机的“通道”。

黑客(入侵者)可以采用多种手段破坏人们的计算机系统，常用的破坏手段有中断、窃取、篡改和假冒。

为了保障信息安全不受侵害，在网络设计和运行中应考虑一些必要的安全措施，以便使网络得以正常运行。网络的安全措施主要从物理安全、访问控制、传输安全和网络安全管理等 4 个方面进行考虑。

**1. 物理安全措施**

物理安全性包括机房的安全、所有网络设备(包括服务器、工作站、通信线路、路由器、交换机、磁盘、打印机等)的安全以及防火、防水、防盗、防雷等。网络物理安全性除了在系统设计中需要考虑之外，还要在网络管理制度中分析物理安全性可能出现的问题及相应的保护措施。

**2. 访问控制措施**

访问控制措施的主要任务是保证网络资源不被非法使用和非常规访问，包括以下 8 个方面：

① 入网访问控制；
② 网络的权限控制；
③ 目录级安全控制；
④ 属性安全控制；
⑤ 网络服务器安全控制；
⑥ 网络检测和锁定控制；
⑦ 网络端口和结点的安全控制；
⑧ 防火墙控制。

**3. 网络通信安全措施**

① 建立物理安全的传输介质；
② 对传输数据进行加密。

**4. 网络安全管理措施**

除了技术措施外，加强网络的安全管理、制订相关配套的规章制度、确定安全管理等级、明确安全管理范围、采取系统维护方法和应急措施等，对网络安全、可靠地运行，将起到很重要的作用。要从可用性、实用性、完整性、可靠性和保密性等方面综合考虑，才能得到有效的安全策略。图 6-29 所示为网络安全管理措施。

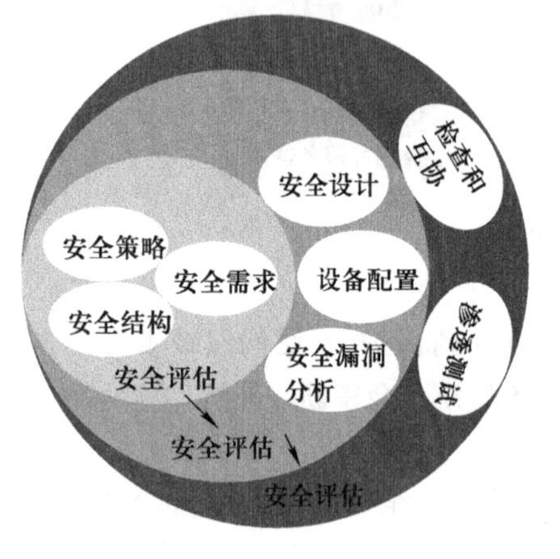


图 6-29　网络安全管理措施



### 6.3.2　加密与认证

数据加密和数字认证是信息安全的核心技术。其中，数据加密是保护数据免遭攻击的一种主要方法；数字认证是解决网络通信过程中双方身份的认可，以防止黑客对信息进行篡改的一种重要技术。数据加密和数字认证的联合使用，是确保信息安全的有效措施。

**1. 数据加密技术**

计算机密码学是研究计算机信息加密、解密及其变换的新兴科学，密码技术是密码学的具体实现，它包括 4 个方面：保密（机密）、消息验证、消息完整和不可否认性。

密码技术包括数据加密和解密两部分。加密是把需要加密的报文按照以密码钥匙（简称密钥）为参数的函数进行转换，产生密码文件；解密是按照密钥参数进行解密，还原成原文件。数据加密和解密过程是在信源发出与进入通信之间进行加密，经过信道传输，到信宿接收时进行解密，以实现数据通信保密（图 6-30）。

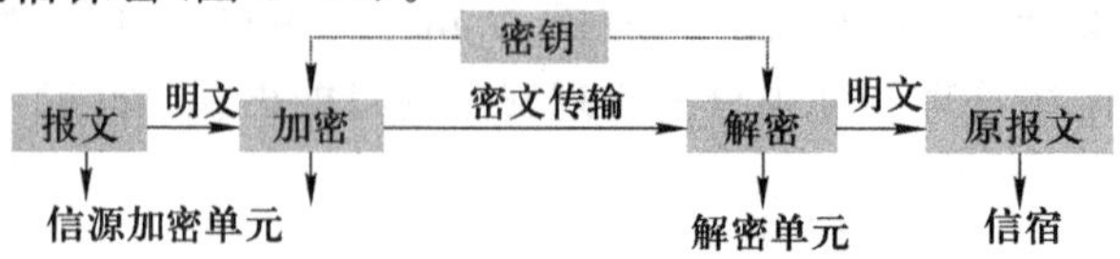


图 6-30　加密解密模型

**2. 数字认证技术**

数字认证是一种安全防护技术，它既可用于对用户身份进行确认和鉴别，也可对信息的真实可靠性进行确认和鉴别，以防止冒充、抵赖、伪造、篡改等问题。数字认证技术包括数字签名、数字时间戳、数字证书和认证中心等。

(1) 数字签名

数字签名是数字认证技术中最常用的认证技术(图 6-31)。在日常工作和生活中，在书面文件上签名有两个作用：一是因为自己的签名难以否认，从而确定了文件已签署这一事实；二是因为签名不易伪冒，从而确定了文件是真实的这一事实。计算机网络中传送的报文所进行的数字签名与上述原理是一致的。

在网络传输中，如果发送方和接收方的加密、解密处理两者的信息一致，则说明发送的信息原文在传送过程中没有被破坏或篡改，从而得到准确的原文。

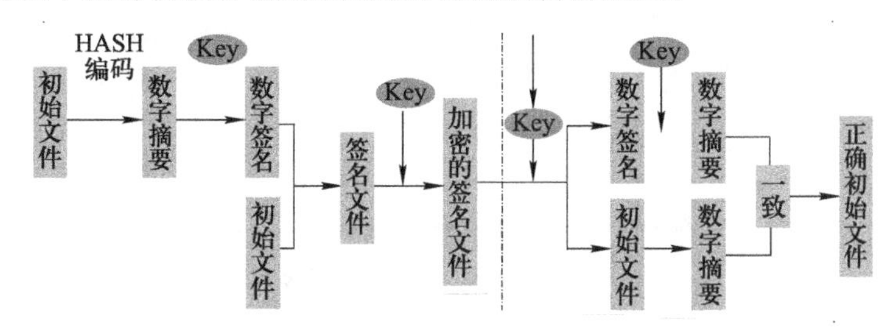


图 6-31　数字签名的验证及文件的传送过程

(2) 数字时间戳(DTS)

某些时候需要对电子文件的日期和时间信息采取安全措施，数字时间戳就是为电子文件发表的时间提供安全保护和证明的。DTS 是网上安全服务项目，由专门的机构提供。数字时间戳是一个加密后形成的凭证文档，它包括三个部分：需要加时间戳的文件的摘要、DTS 机构收到文件的日期和时间、DTA 机构的数字签名。

数字时间戳的产生过程：用户首先将需要加时间戳的文件用 HASH 编码加密形成摘要，然后将这个摘要发送到 DTS 机构，DTS 机构在加入了文件摘要的日期和时间信息后，再对这个文件加密(数字签名)，然后发送给用户。

(3) 数字证书

数字证书很像是密码，是用来证实用户的身份或对网络资源访问的权限等可出示的一个凭证。数字证书包括客户证书、商家证书、网关证书和 CA 系统证书。

**注** 电子商务认证授权机构(Certificate Authority，CA)，也称为电子商务认证中心。CA 也拥有一个证书(内含公钥)和私钥。网上的公众用户通过验证 CA 的签字从而信任 CA，任何人都可以得到 CA 的证书(含公钥)，用以验证它所签发的证书。

(4) 认证中心(CA)

认证中心是承担网上安全电子交易认证服务、签发数字证书并能确认用户身份的服务机构。它的主要任务是受理数字凭证的申请，签发数字证书及对数字证书进行管理。

CA 认证体系由根 CA、品牌 CA、地方 CA 以及持卡人 CA、商家 CA、支付网关 CA 等不同层次构成,上一级 CA 负责下一级 CA 数字证书的申请签发及管理工作。

打开某一个网站(比如淘宝),然后选择“Internet 选项”→“内容”选项卡→“证书”按钮可查看该网站的 CA 证书,从而判断该网站是否为受信站点(图 6-32)。

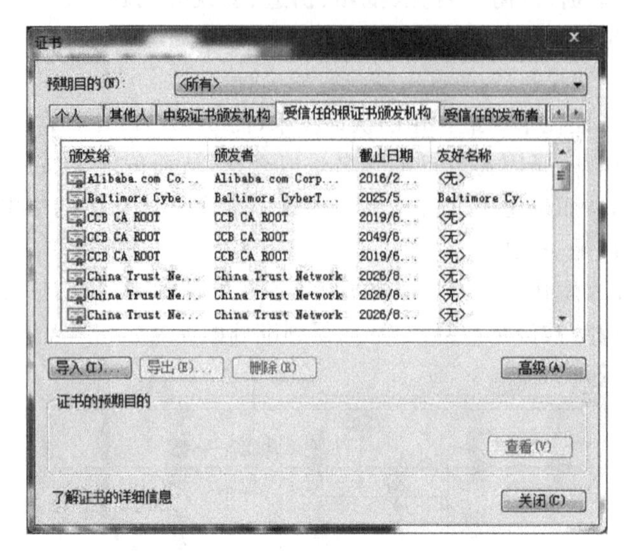


图 6-32 淘宝网的证书列表



### 6.3.3 防火墙技术

为了防止病毒和黑客攻击,可在局域网网络和 Internet 之间插入一个中介系统,竖起一道用来阻断来自外部的威胁和入侵的安全屏障,这个屏障就是“防火墙”(Firewall)。

防火墙由软件和硬件设备组合而成,工作在内部网和外部网之间、专用网与公共网之间的界面上(图 6-33)。

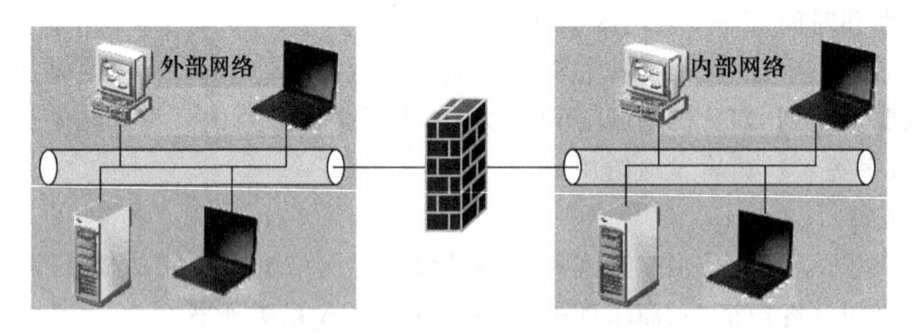


图 6-33 防火墙逻辑结构示意图

防火墙的主要作用有 4 点:

① 作为网络安全的屏障;

② 强化网络安全策略;

③ 对网络进行监控审计;

④ 防止内部信息的外泄。

防火墙根据其工作原理可以分成 4 种类型：特殊设计的硬件防火墙、数据包过滤防火墙（图 6-34）、电路层网关和应用级网关。安全性能高的防火墙系统需要组合运用多种类型防火墙，构筑多道防火墙工事。

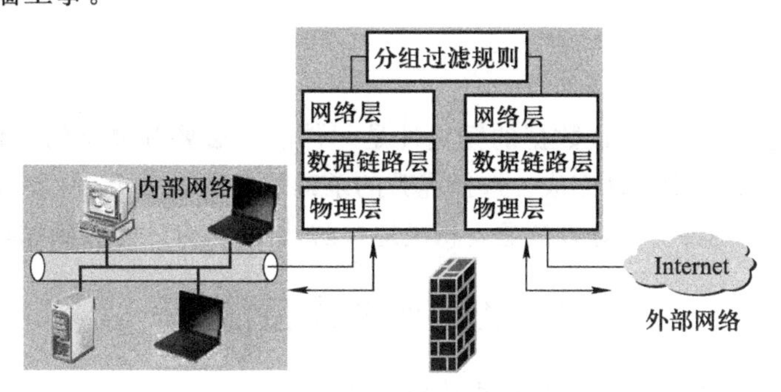


图 6-34　数据包过滤防火墙工作原理

### 6.3.4　VPN 技术

虚拟专用网络（Virtual Private Network ，VPN）技术，是通过公用网络建立的临时、安全的连接方式，是一条穿越混乱的公用网络的安全、稳定的隧道，能在不安全的公用网络上建立一个安全的专用通信网络，使家庭办公、移动用户或其他用户主机可以很方便地访问企业服务器，用户就像通过专线连接一样，而感觉不到公网的存在（图 6-35）。



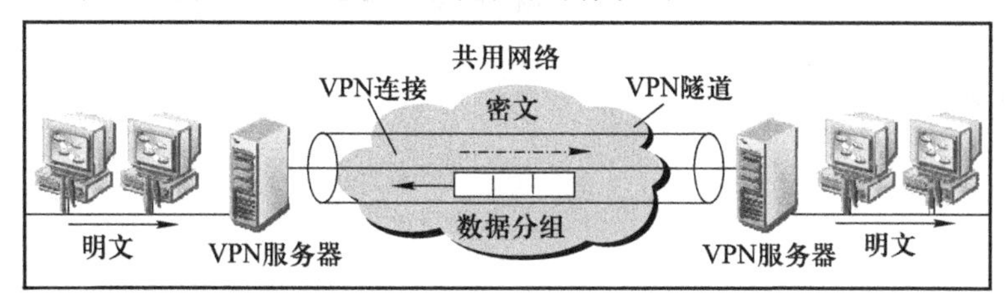


图 6-35　VPN 技术原理

VPN 的最大优点是无须租用电信部门的专用线路，而由本地 ISP 所提供的 VPN 服务所替代，因此，人们越来越关注基于 Internet 的 VPN 技术及其应用。

### 6.3.5　病毒防治

网络的迅速发展和广泛应用给病毒提供了更快捷方便的传播途径。网络带来了两种不同的安全威胁：一种威胁来自文件下载，这些下载的文件中可能存在病毒；另一种威胁是电子邮件。

网络使用的简易性和开放性使得这种威胁越来越严重，网络病毒的防治技术显得非常重要。

一旦计算机网络中的共享资源染上病毒，网络各结点间信息的频繁传输将把病毒感染到共享的所有机器上，从而形成多种共享资源的交叉感染。

网络病毒具有以下特点：

① 感染方式多；

② 感染速度快；

③ 清除难度大；

④ 破坏性强；

⑤ 激发形式多样。

可靠、有效地清除病毒并保证数据的完整性是一件非常必要和复杂的工作。网络环境的病毒查杀可以使用网络版杀毒软件完成。选择优秀的杀毒软件非常重要，但是，杀毒软件绝不是万能的，对付网络环境下病毒的最好方法是要积极地预防，防杀结合才能收到比较好的效果。

## 6.4 相关职业岗位能力

本部分知识可为下列职业人员提供岗位能力支持：

- 网络工程项目管理工程师
- 计算机网络技术工程师
- 网络系统运维管理工程师
- 网络信息安全管理工程师
- 综合布线工程师
- 移动网络应用工程师

互动练习

第 6 章自测题



## 6.5 课后体会

### 学生总结

年　月　日

# 第7章　数字媒体技术

**本章课前准备**

结合自己日常应用，总结数字媒体的表现形式与应用范围
探讨数字媒体的编辑技术

**本章教学目标**

了解媒体的类型与传播机制
了解数字媒体的特性与表现形式
知道数字媒体的加工流程与典型技术

**本章教学要点**

数字媒体的表现形式与加工技术

**本章教学建议**

讨论、示例、讲述、演示相结合

微视频

数字媒体技术-1

随着计算机技术、通信技术的发展，人类获得信息的途径越来越多，信息的表现形式越来越丰富，信息的获得也越来越方便、快捷。人们对媒体这个名词越来越熟悉。媒体(Medium)，有时也被称为媒介或媒质。媒体是信息交流和传播的载体，媒体的数字化，使得媒体的创作、编辑、传播都变得极其丰富和快速。

## 7.1　数字媒体及特性

**互动教学** 电视、电影、网页、图片、视频、动画、游戏是不是都是数字化的媒体？你经常应用这些媒体形式么？

数字媒体是现在媒体表现领域应用最多、表现手段最丰富的形式。广义媒体有哪些特征，数字化的媒体又有哪些与众不同的特点？下面简要了解一下。

### 7.1.1　广义媒体的特征

广义媒体包括下面两层含义：

(1) 传递信息的载体称为媒介，如文字、符号、图形、编码等。

(2) 存储信息的实体称为介质，如纸、磁带、光盘、磁盘、半导体存储器等。

按照国际电信联盟的分类，媒体划分为以下几种：

① 感觉媒体，是指能够直接作用于人的感觉器官，使人产生直接感觉(视觉、听觉、嗅觉、味觉、触觉)的媒体，如语言、音乐、各种图像、图形、动画、文本等。

② 表示媒体，是指为了传送感觉媒体而人为研究出来的媒体，借助这一媒体可以更加有效

地储存感觉媒体,或将感觉媒体从一个地方传送到远处另外一个地方的媒体,如语言编码、电报码、条形码、静止和活动图像编码及文本编码等。

③ 显示媒体,是显示感觉媒体的设备,显示媒体又分为两类,一类是输入显示媒体,如话筒、摄像机、光笔及键盘等,另一种为输出显示媒体,如扬声器、显示器及打印机等,指用于通信中,使电信号和感觉媒体间互相转换用的媒体。

④ 存储媒体,用于存储表示媒体,也即存放感觉数字化后的代码的媒体称为存储媒体,如磁盘、光盘、磁带、纸张等。简而言之,是指用于存放某种媒体的载体。

⑤ 传输媒体,传输媒体是指传输信号的物理载体,如同轴电缆、光纤、双绞线及电磁波等都是传输媒体。

现代媒体多数为综合性媒体,主要特性有:

① 多样性:主要表现为信息媒体的多样化。可以借助视觉、听觉和触觉等多种感觉形式实现信息的产生和交流。

② 集成性:主要表现为多种媒体信息(文字、图形、图像、语音、视频等信息)的集成,就是将各种信息媒体按照一定的数据模型和组织结构集成为一个有机的整体来传情达意。

③ 信息使用方便:可以按照自己的需要来使用信息,获取图、文、声等信息表现形式。

④ 信息接收方便:只要具备健全的感觉器官,就可以接受各类信息。



注 现代人几乎被海一样的媒体所淹没,每天各种各样的信息扑面而来,学会利用媒体是现代年轻人必须要掌握的技能。

### 7.1.2 数字媒体及特性

通过计算机存储、处理和传播的信息媒体为数字媒体(Digital Media)。数字媒体具有数字化特征和媒体特征。

数字媒体最终以二进制数的形式记录、处理、传播和获取。这些媒体包括数字化的文字、图形、图像、声音、视频和动画及其编码等逻辑媒体和储存、传输、显示逻辑媒体的物理媒体。

图 7-1 被数字媒体改变的现代人

数字媒体使人们能以原来不可能的方式交流、生活、工作,现代人的生活实实在在地被数字媒体改变了(图 7-1)。

与传统媒体表现形式相比,数字媒体的主要特性在于:数字化、交互性、趣味性、集成性、技术与艺术的融合。

数字媒体可利用数字电视、网络技术等,通过互联网、宽带局域网、无线通信网和卫星等渠道,以电视、计算机和手机为终端,向用户提供视频、音频、语音数据服务、连线游戏、远程教育等集成信息和娱乐服务。

### 7.1.3 数字媒体的研究领域

数字媒体产业的发展在某种程度上体现了一个国家在信息服务、传统产业升级换代及前沿信息技术研究和集成创新方面的实力和产业水平。数字媒体在世界各地得到了政府的高度重视，各国家和地区纷纷制订了支持数字媒体发展的相关政策和发展规划。

随着计算机技术、网络技术和数字通信技术的飞速发展，信息数据的数量猛增，传统的广播、电视、电影技术正快速向数字化方向发展，数字音频、数字视频、数字电影与日益普及的计算机动画、虚拟实现等构成了新一代的数字传播媒体——数字媒体。

互联网和数字技术的快速发展，使得人们获取信息、浏览信息以及反馈信息的方式都在发生相当大的变化，数字媒体新趋势将在未来一段时间内成为不容忽视的重大经济驱动力。数字媒体产业价值链的延伸，是在3C(Computer，Communication，Comsumptive Electoronics，计算机、通信、消费电子)融合的基础上，传媒业、通信业和广电业相互渗透所形成的新的产业形态。

数字媒体涉及的技术范围广泛，技术新颖，研究内容深远，是多种学科和多种技术交叉的领域。主要技术包括以下内容：

① 数字媒体表示与操作，包括数字声音及处理、数字图像及处理、数字视频及处理、数字动画技术等。

② 数字媒体压缩，包括压缩编码、专用压缩码(声音、图像、视频)技术等。

③ 数字媒体储存与管理，包括光盘存储(CD技术、DVD技术等)、媒体数据管理、数字媒体版权保护等。

④ 数字媒体传输，包括流媒体技术、P2P技术等。



数字媒体有着广泛的应用和开发领域，包括教育培训、电子商务、信息发布、游戏娱乐、电子出版、创意设计、虚拟现实等。

注　人们几乎天天与这样的数字媒体打交道，但普通用户几乎从不用去想它们是如何而来，又是如何工作的。是否能够为别人提供技术服务，是专业人士与普通用户的重要区别。

## 7.2　典型数字媒体技术

互动教学　你知道动画是怎么制作的，游戏是怎么开发的，网络在线视频又是怎么实现的吗？

### 7.2.1　文字处理技术

文字处理是最传统的媒体表现形式，很多国家都有自己的文字，但使用计算机进行处理时，将无一例外地转化成二进制字节码。基本的转换流程为：首先使用输入法将键位码转换成不同语言(文字)的国标码(简体汉字比较常见的为GB2312—1980标准)，再将国标码转换成计算机的机器内码，机器内码对应文字的字库(简体汉字常见的宋体、楷体、隶书等)，最终将文字以图形的形式显示出来。

对于普通用户来说，最关心的实际上就是如何更快速地录入文字。汉字的录入有多种技术，主要以不同的输入法来体现(图7-2)。

输入法就是利用键盘，根据一定的编码规则来输入汉字的一种方法。

英文字母只有26个，它们对应着键盘上的26个字母，对于英文而言是不存在什么输入法的。汉字的字数有几万个，它们和键盘上的按键是没有任何对应关系的。为了向计算机输入汉字，必须将汉字拆成更小的部件，并将这些部件与键盘上的键产生某种联系，才能通过键盘按照某种规律输入汉字，这就是汉字编码。

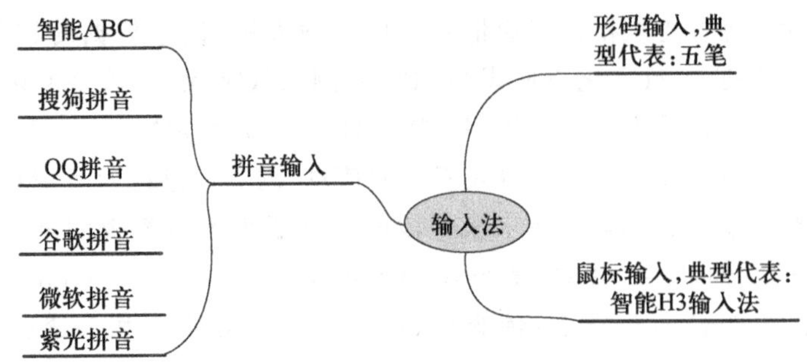


图 7-2　几种典型的输入法

### 1. 音码输入法

音码输入法是按照拼音规定来进行汉字输入的，不需要特殊记忆，符合人的思维习惯，只要会拼音就可以输入汉字。但拼音输入法也有缺点：一是同音字太多，重码率高，输入效率低；二是对用户的发音要求较高；三是难以处理生字。

常见的音码汉字输入法有：全拼双音、双拼双音、智能 ABC、微软拼音等，我国台湾省的注音、忘型、自然、汉音、罗马拼音等，我国香港地区的汉语拼音、粤语拼音等。



音码输入方法不适合专业的打字员，而非常适合普通的电脑操作者，尤其是随着一批智能产品和优秀软件的相继问世，中文输入跨进了“以词输入为主导”的境界，重码选择已不再成为音码的主要障碍。新的拼音输入法在模糊音处理、自动造词、兼容性等方面都有很大提高，搜狗拼音输入法、谷歌拼音输入法等输入法还支持整句输入，使拼音输入速度大幅度提高。

音码输入法在手机等设备上也是很常用的输入法。

### 2. 形码输入法

形码是按汉字的字形（笔画、部首）来进行编码的。汉字是由许多相对独立的基本部分组成的，形码是一种将字根或笔画规定为基本的输入编码，再由这些编码组合成汉字的输入方法。

最常用的形码有五笔字型，我国台湾省的仓颉、大易、行列、呒虾米、华象直觉，我国香港地区的纵横、快码等。形码的最大优点是重码少，不受方言干扰，只要经过一段时间的训练，输入中文的效率会大大提高。有些专业打字员就是用形码进行汉字录入的，而且适用于普通话发音不准的南方用户。形码的缺点包括需要记忆的东西较多，长时间不用会忘掉，与人的正常思维习惯不一致等。

图 7-3　手写板输入

### 3. 手写录入法

手写输入法是一种笔式环境下的手写中文识别输入法，符合人用笔写字的习惯，只要在手写板上按平常的习惯写字，计算机就能将其识别显示出来（图 7-3）。

手写输入法需要配套的硬件手写板，在配套的手写板上用笔（可以是任何类型的硬笔）来书写录入汉字，不仅方便、快捷，而且错字率也比较低。用鼠标在指定区域内也可以写出字来,只是要求鼠标操作非常熟练。

手写笔种类非常多,有汉王笔、紫光笔、慧笔、文通笔、蒙恬笔、如意笔、中国超级笔、金银笔、首写笔、随手笔、海文笔等。

**4. 语音录入**

语音录入,是将声音通过话筒转换成文字的一种输入方法。语音录入系统典型代表有 IBM 推出的 ViaVoice、中国的讯飞输入法(图 7-4)等。

语音录入虽然使用起来很方便,但错字率比较高,特别是一些未经训练的专业名词以及生僻字。现在一些智能手机也支持语音录入功能,但准确率还不是很理想。

图 7-4　讯飞输入法

### 7.2.2　数字音频技术

声音有三个基本物理特征:频率、振幅和波形,对应到人耳的主观感觉是音调、响度和音色。传统的声音处理设备包括机械留声机、磁带录音机等(图 7-5),进行声音采集、播放与效果处理方面用到的设备有话筒、音箱和调音台(图 7-6)。

图 7-5　留声机和磁带录音机

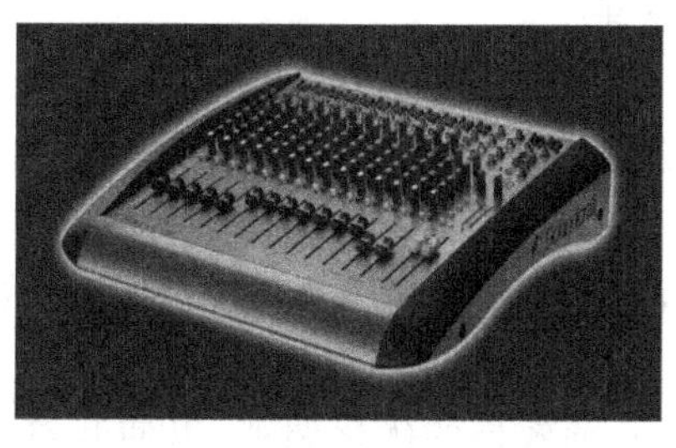
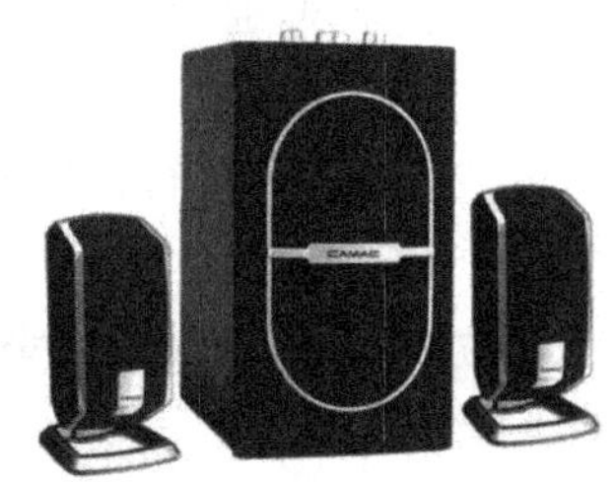

图 7-6　话筒、调音台和音箱

数字音频是指用一连串二进制数据来保存声音信号,这种声音信号在存储和电路传输及处理过程中,不再是连续的信号,而是离散的信号。要获得数字化音频的信号,一般有两种途径:第一种途径是将现场声源的模拟信号或已存储的模拟声音信号通过某种方式转化成数字音频;第二种途径是在数字化设备中创作出数字音频,比如电子作曲(MIDI)。

音频数字化一般有三个阶段,即:采样、量化、编码。

音频数字化过程的具体步骤如下:

第一步,将话筒转化过来的模拟电信号以某一频率进行离散化的样本采集(图 7-7);

第二步,将采集到的样本电压或电流值进行等级量化处理;

第三步,将等级值变换成对应的二进制表示值(0 和 1),并进行存储,这个过程是编码。

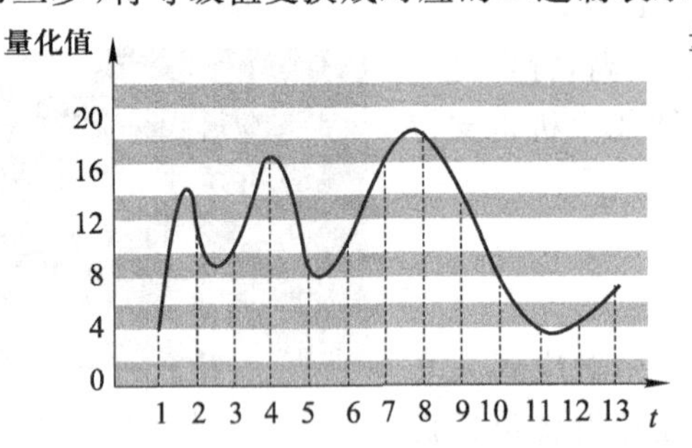


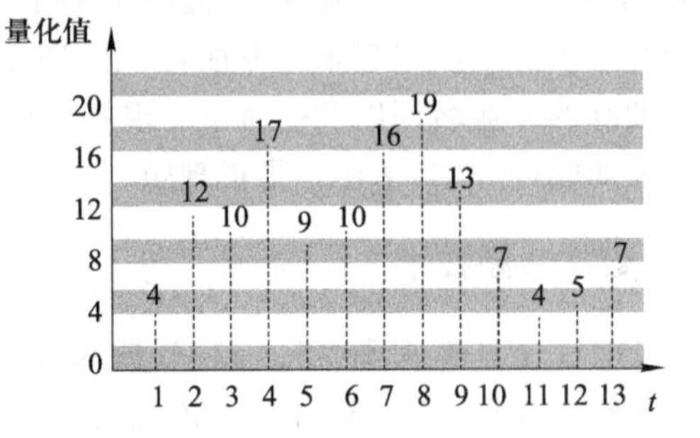


图 7-7　音频数字化过程

通过这三个环节,连续的模拟音频信号即可转换成离散的数字信号——二进制的 0 和 1。



不同的编码方式对应计算机中不同的文件格式,反映在计算机中就是文件的后缀名不同。数字音频的常见格式有:WAV 格式、MID 格式、MP3 格式、WMA 格式 、MP4 格式、QuickTime 格式、DVDAudio 格式、MD 格式、RA 格式、VoC 格式、AU 格式。

音频经过数字化之后,就可以进行编辑处理了。完整的音频数字编辑处理过程包括 6 个方面:

(1) 数字录音

通过数字方式,将自然界中的声源或者在其他介质中的模拟声音,通过"采样—量化—编码"的方式变成计算机或其他数字音频设备中能够识别的数字声音。

(2) 数字音乐创作

通过相关的数字媒体音频创作工具(如计算机和 Midi 键盘、Midi 吉他、智能手机等),直接生成创作数字音频,通常是数字音乐。

(3) 声音剪辑

对数字音频素材进行裁剪或者复制。

(4) 声音合成

也称为混音,是指根据需要,把多个声音素材叠加在一起,生成混合效果。

(5) 特效

对原始的数字音频素材进行听觉效果的优化调整,以使其符合需要。例如增加混响时间使声音更加圆润,增加回声效果、改变频率、增加淡入淡出效果或者形成倒序声音效果,可使效果更加丰富。

(6) 文件操作

是指对整个音频文件进行的操作,而非改变其音色、音效。例如,保存 WAV 文件,生成 MP3 文件,转换声音文件指标和文件格式,或者对数字音频文件进行播放、网络发布、光盘刻录等操作。

进行数字音频处理时，人们可以依赖专业数字音频设备来完成各种音频编辑操作，也可以用普通的多媒体计算机和相应的软件技术来完成相应的技术处理(图 7-8)。在某些时候，还可以将专业设备和计算机结合起来，用计算机和软件控制专业设备，或者二者协同工作，共同进行数字音频编辑。

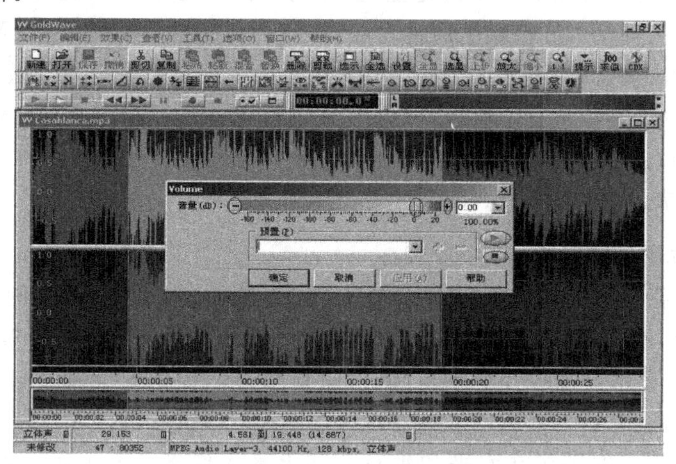


图 7-8　音频处理软件 GoldWave

微视频

数字媒体技术-2

经过数字化处理的音频广泛应用于数字广播、音乐制作、影视游戏配乐、个人和家庭娱乐等。

### 7.2.3　数字图像技术

通过计算机、手机等显示出来的数字图像给人们带来了美好的感受，现在的数字图像越来越清晰，也越来越漂亮了，但是数字图像是如何处理的呢？下面就对数字图像进行介绍。

#### 1. 图像颜色模型

图像颜色的模型，即颜色的表示模型，通常称为颜色模型，被用来描述人们能感知的和处理的颜色。在实际应用中，对颜色的表示方法有很多种。每一个颜色模型对应一个不同的说明和度量颜色的坐标系。在颜色模型中，所有被定义的颜色形成了坐标系的彩色空间。每一种颜色表示颜色坐标系中的一个点，可以使用数值来衡量。坐标系不同，同一种颜色在不同颜色模型中所对应的数值就不同。因此对彩色图像的信息进行数字化和具体的颜色模型有关。常见的颜色模型包括 RGB(红色、蓝色、绿色)、CMYK(青色、洋红、黄色、黑色)、HSB(色相、饱和度、亮度)、YUV、CIE、Lab 等。一般来说，显示器采用 RGB 颜色模型(图 7-9)，印刷时用 CMYK 颜色模型，彩色电视信号数字化采用 YUV 颜色模型。为了便于色彩处理和识别，视觉系统又常采用 HSB 颜色模型。

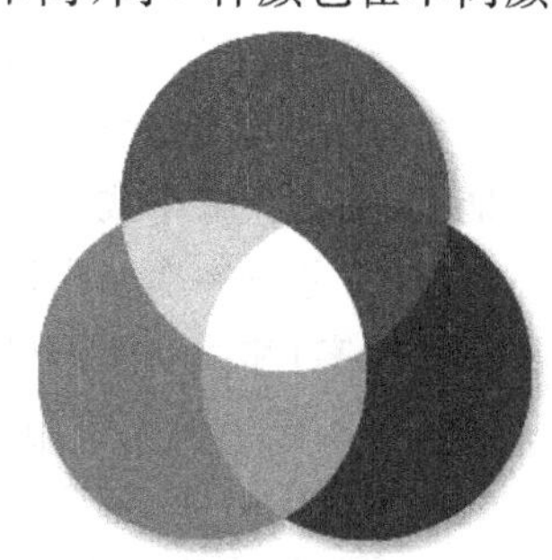

图 7-9　RGB 颜色模型

颜色模型是用来描述人们能感知的和处理的颜色。RGB 颜色模型是颜色最基本的表示模型，也是计算机系统彩色显示器采用的颜色模型。其中 R、G、B 分别代表红(Red)、绿(Green)、蓝(Blue)三色。

CMYK 颜色模型以打印在纸上的油墨的光线吸收特性为基础。当白光照射到半透明的的油墨上时,色谱中的一部分被吸收,而另一部分被反射回眼睛。哪些光波反射到眼睛中,决定了人们能感知的颜色。CMYK 颜色模型中也定义了颜料的三种基本颜色——青色(Cyan)、洋红(Magenta)和黄色(Yellow)。从理论上说,任何一种颜色都可以用这三种基本颜料按一定比例混合得到。这三种基本颜料颜色通常写成 CMY。因此相应模型称为 CMY 模型。由于所有打印油墨都包含一些杂质,因此这三种油墨实际上生成土灰色。必须与墨色(K)油墨合成才能生成真正的黑色(为避免与蓝色混淆,黑色用 K 而非 B 表示),所以 CMY 又写成 CMYK。

HSB 模型建立在人类对颜色的感觉基础之上。H 表示色调(Hue,也称色相),S 表示饱和度(Saturation),B 表示亮度(Brightness)。

**2. 图像的基本属性和种类**

显示分辨率是指显示屏上水平和垂直方向上的像素点的最大个数。例如,显示分辨率为 640×480 表示显示屏垂直方向显示 480 像素,水平方向显示 640 像素,整个显示屏共含有 307 200个显像点。显示设备的分辨率越高,屏幕能够显示的像素就越多,因此能够显示的图像也就越大、越精细。

图像分辨率是指一幅图像在水平和垂直方向上最大像素点的个数。若图像像素点距固定,图像分辨率越大则图像越大;若图像大小一样,图像的分辨率越大,则组成该图的图像像素越多,图像看起来就越细致、逼真。



扫描分辨率是指用扫描仪扫描图像的扫描精度,通常用每英寸多少点(Dots Per Inch, DPI)表示。扫描分辨率越高,得到的图像就越大,像素就越多。

打印分辨率是指图像打印时每英寸可识别点的点数,也使用 DPI 为衡量单位。打印分辨率越大,在打印纸张大小不变的情况下,打印的图像将越精细。

颜色深度是指一幅图像中最多使用的颜色数,用来度量在图像中有多少颜色信息来显示或打印像素。较大的颜色深度意味着数字图像具有更多的可用颜色和更精确的颜色表示。

真彩色(True Color)是指图像颜色与显示设备显示的颜色一致,即组成一幅彩色图像的每个像素值的 R、G、B 三个基色分量都直接决定显示设备的基色强度,这样产生的彩色被称为真彩色。

按照图像在计算机中显示时不同的生成方式,可以将图像分为矢量图(形)和点位图(像)。矢量图是用一系列计算机指令来表示一幅图,如点、线、曲线、圆、矩形等。这种方法实际上是用数学方法来描述一幅图,然后变成许多的数学表达式,再编程,用计算机语言来表达。

矢量图有许多优点,由于矢量图可以通过公式计算获得,所以矢量图文件体积一般较小。矢量图在放大、缩小或旋转时不会产生失真。矢量图与分辨率无关,可以将它缩放到任意大小,以任意分辨率在输出设备上打印出来,都不会影响清晰度。因此,矢量图是文字(尤其是小字和超大字)和线条图形(比如徽标)的最佳选择。然而,对于一幅复杂的彩色照片(如一幅真实世界的彩照),就很难用数学公式来描述,因此矢量图最大的缺点就是难以表现色彩层次丰富的逼真图像效果,遇到这种情况往往就要采用位图表示。

位图图像常用的文件格式有:TIFF 格式、BMP 格式、JPEG 格式、GIF 格式、PSD 格式。

矢量图形的文件格式主要有:CDR 格式(是 CorelDRAW 中的一种矢量图形文件格式)、

DWG 格式(AutoCAD 中使用的一种图形文件格式)、DXF 格式(也是 AutoCAD 中的图形文件格式,它以 ASCII 码方式存储图形,在表现图形的大小方面非常精确,可被 CorelDRAW、3ds Max 等大型软件调用编辑)、EPS 格式(是用 PostScript 语言描述的一种 ASCII 图形文件格式,在 PostScript 图形打印机上能打印出高品质的图形图像,最高能表示 32 位图形图像)、AI 格式(AdobeIllustrator 软件的文件存储格式)。

位图和矢量图如图 7-10 所示。

(a) 位图

(b) 矢量图

图 7-10 位图和矢量图



**3. 数字图像的获取技术**

位图通常用扫描仪、摄像机、照相机、拍照手机、光盘及视频信号数字卡一类设备来获得;获取位图图像的三种常用方法为:通过数字转换设备采集,如扫描仪或视频采集卡;用数字化设备摄入,如数码相机、数字摄像机、手机;从数字图库中收集,光盘、网络、硬盘等。

矢量图形不能通过外部设备获得,是通过计算机的绘图软件生成的。

**4. 数字图像的创意设计和编辑技术**

图像处理只对已有的数字图像进行再编辑和处理。图像处理的软件很多,常用的有 Photoshop、Fireworks、CorelDRAW、Windows 的画图软件等。

(1) Photoshop 是 Adobe 公司推出的一款功能非常强大、适用范围广泛的平面图像处理软件。目前 Photoshop 是众多平面设计师进行平面设计,图形、图像处理的首选软件。

(2) Fireworks 最初由 Macromedia 公司开发,后来随着 Macromedia 公司被 Adobe 收购,现也属于 Adobe 旗下产品。它是设计和制作专业化网页图形的网页制作软件之一,和 Flash、Dreamweaver 并称为网页制作三剑客,是制作精美网页不可或缺的利器。

(3) 3. Windows 画图程序 是 Windows 操作系统中所附的绘图软件,利用它可以绘制简笔画、水彩画、插图或复杂的艺术图案等。

(4) CorelDRAW 是由世界顶尖软件公司加拿大 Corel 公司开发的图形图像软件。其非凡的设计能力使它广泛地应用于商标设计、标志制作、模型绘制、插图描画、排版及分色输出等领域。

**5. 关于图像处理**

根据应用的需要，图像处理可能很简单，如把一幅图像裁剪为合适的尺寸，或在一幅图像上叠加文字等；图像处理也可能很复杂，如把多个图像素材剪接、合并到一幅图像中并加上特殊的艺术效果。

一般的图像处理流程包括以下七个步骤：确定图像主题及构图、确定成品图的尺寸大小及画面基调、获取基本的数字图像素材、对素材进行处理、图片上叠加说明或绘制图形、整体效果调整、图像输出。

图像处理分为全局处理和局部处理，全局处理是能够改变整个图片效果的处理。局部处理是允许对图片局部进行细小的变更，而不需要选择或遮蔽区域。一般情况下，典型的全局处理技术包括亮度/对比度调整、色彩平衡调整、滤镜调整、蒙版遮蔽选择。典型的局部处理技术包括克隆、橡皮图章、涂抹、橡皮擦。

数字图像技术在数字媒体中有极其广泛的应用。

### 7.2.4 数字影视技术

**1. 基本概念**



在当前的媒体形式中，最受欢迎、最能长时间吸引眼球的莫过于视频。无论是在电视机上看到的电视节目，还是在电影屏幕上看到的电影大片(图 7-11)，以及在计算机、手机上看到的动态图像，都属于此范畴。

图 7-11 电影《变形金刚》

当前的视频媒体制作和传输越来越多地依赖数字技术的支撑，据统计，在近几年上映的电影中，80%以上都采用了数字特效技术。

数字视频是由一系列二进制数字组成的编码信号，它比模拟信号更精确，而且不容易受到干扰。视频信号数字化后，对数字视频的加工处理只涉及对数字视频数据在计算机硬盘中的排列的反映。播放、剪辑数字视频只是控制着计算机硬盘的磁头读数是 1 还是 0，而不涉及实际的信号本身。这就意味着不管对数字信号做多少次处理和控制，画面质量几乎是不会下降的，可以多次复制而不失真。

可以运用多种编辑工具(软件)对数字视频进行编辑加工,对数字视频的处理方式也是多种多样的,可以制作许多特技效果。将视频融入计算机化的制作环境,改变了以往视频处理的方式,也便于视频处理的个人化、家庭化。

数字视频常见的属性有视频分辨率、图像深度、帧率、压缩质量。

数字视频的获取渠道主要包括从现成的数字视频库中截取、利用计算机软件制作视频、用数字摄像机直接摄录和将非数字视频数字化(例如使用视频采集卡,如图 7-12 所示)。

图 7-12　视频采集卡



**2. 数字视频编辑技术**

数字编辑除了对影视画面的截取和顺序组接外,还包括对画面的美化、声音的处理等多方面。视频编辑包括两个层面的的含义:其一是传统意义上的简单的画面拼接,其二是技术含量较高的后期节目包装——影视特效制作。

可以依托视频编辑软件(图 7-13)把各种不同的素材片段组接、编辑、处理并最后生成一个文件。操作时使用菜单命令、鼠标或键盘命令及子窗口中的各种控制按钮和对话选项,配合完成。在操作中可对中间或最后的视频内容进行部分或全部的预览,以检查编辑处理效果。

图 7-13　视频编辑软件 Adobe Premiere

数字视频编辑的基本步骤包括：

① 准备素材文件；

② 进行素材的剪切；

③ 进行画面的粗略编辑；

④ 添加画面过渡效果；

⑤ 添加字幕；

⑥ 处理声音效果；

⑦ 生成视频文件。

**3. 数字视频特效制作**

影视后期也叫做影视特效，主要工作就是制作影视作品中的特效镜头和画面效果。利用数字视频特效制作技术可实现拍摄很难达到的视觉效果。后期特效处理通过跟随、抠像、校色、合成等操作分开各层的影像，在影像上加特殊效果，比如爆炸、飞翔等。

影视后期制作包括三个大的方面：一是组接镜头，也就是剪辑；二是特效的制作，如镜头的特殊转场效果、淡入淡出及圈出圈入等，现在还包括动画及 3D 特殊效果的使用；三是在立体声进入电影以后，产生的后期声音制作。

如同数字图像技术一样，数字视频技术的应用场景也是极其广泛的，而且在数字媒体信息中的比重还在逐渐增加。

### 7.2.5 数字动画技术

**1. 基本概念**

动画是通过连续播放一系列画面，给视觉造成动态变化的错觉，能够展现事物的发展过程和动态。

从制作技术和手段看，动画可以分为以手工绘制为主的传统动画和以计算机为工具的数字动画；从空间视觉效果上看，又可以分为二维动画和三维动画(图 7-14)。

图 7-14　二维手绘动画和三维数字动画

传统动画的制作过程是一个复杂而烦琐的过程，其关键步骤包含六个方面：

① 编导确定动画剧本及分镜头脚本；

② 美术动画设计人员设计出动画人物形象；

③ 美术动画设计人员绘制、编排出分镜头画面脚本；

④ 动画绘制人员进行绘制；

⑤ 摄影师根据摄影表和绘制的画面进行拍摄；

⑥ 剪辑配音。

一部传统的长篇动画的生产需要很多人员，是一项非常复杂的集体劳动。

计算机动画又称为数字动画，是指在制作过程中用计算机来辅助或者代替传统制作颜料、画笔和制模工具的一种动画制作方法及最终成果。

**2. 二维动画**

数字二维动画与传统二维动画有许多相似之处：

① 平面上的运动。二维动画是在平面上表现运动事物的运动和发展，尽管它有动态的变化，但其镜头画面的视点是单一的，数字二维动画也是如此。

② 共同的技术基础——“分层”技术。运动的物体和静止的背景分别绘制在不同的透明层上（传统动画是胶片，计算机动画是图层），然后再进行合成。

③ 共同的创意来源。人的创意是任何技术都无法取代的，这是动画制作的基点。

数字二维动画是对传统二维动画的一个重大改进。用计算机来描线，上色方便，操作简单，成本低廉，省时省力。从技术上说，工艺环节减少，无须胶片拍摄和冲印就能预演结果，及时发现问题并在计算机上修改，既方便又节约时间。更重要的是，数字动画成果形式和应用平台更加多元化。

计算机辅助二维动画，其产品有电视连续剧、电影、动画商业广告、公益广告（图 7-15）、科教演示等。该类计算机动画的制作流程和具体步骤与传统手绘动画类似，也就是说在制作过程、步骤、制作人员的分工上，完全遵循传统手绘动画的步骤和规律，稍有区别的就是计算机动画大部分工作都是通过计算机完成的。

图 7-15　二维动画——公益广告《爱的表达式》

在二维动画中，计算机的作用包括：输入和编辑关键帧；计算和生成中间帧，定义和显示运动路径；交互式给画面上色；产生一些特技效果；实现画面与声音同步；控制运动系列的记录等。二维动画处理的关键是动画生成处理，而使用二维动画处理软件可以采用自动或半自动的中间画面生成处理，大大提高了工作效率和质量。从制作者的角度来说，软件的性能和适用性决定了产品的成本和成败。

常用的计算机二维动画设计软件有：

(1) Softimage|TooNZ

Softimage|TooNZ 被誉为世界上最优秀的动画制作软件系统，它可以运行于 SGI 超级工

作站的 IRIX 平台和 PC 的 Windows 平台上，广泛应用于动画系列片、音乐片、教育片、商业广告等的动画制作。

(2) RETAS STUDIO

RETAS STUDIO 是日本 Celsys 株式会社开发的一套应用于普通 PC 和苹果机的专业二维动画制作系统，广泛应用于电影、电视、游戏等多种领域。

(3) USAnimation

USAnimation 被誉为二维动画软件中最实用的创作工具，可以轻松地组合二维动画和三维图像。

(4) ANIMO

ANIMO 是英国 CambridgeAnimation 公司开发的运行于 SGIO2 工作站和 Windows 平台上的二维卡通动画制作系统。

**3. 三维动画**

三维动画是最受大家喜爱的动画类型，也是现在发展最快的技术种类(图 7-16)。与二维动画相比，三维动画除了能展示上下、左右的运动效果外，还能展现前后(纵深)运动和视点改变的效果，增加了立体感和空间感，更符合现实世界的状况。数字三维动画又无疑是三维动画中的佼佼者，因为数字技术可以创作出世界上根本没有的视觉效果。

图 7-16　三维动画电影——《功夫熊猫》

数字三维动画，简称 3D 动画，是近年来随着计算机软、硬件技术的发展而产生的新兴动画制作技术及其成果的代名词。数字三维动画是通过三维动画软件在计算机中建立一个虚拟的世界，并通过计算机的运算将虚拟世界还原成视觉画面。在此过程中，设计师要在这个虚拟的三维世界中按照要表现的对象的形状尺寸建立模型及场景；再根据要求设定模型的运动轨迹、虚拟摄像机的运动和其他动画参数；然后按要求为模型贴上特定的材质，并打上灯光；最后就可以让计算机自动运算，生成最终的画面。这一过程中用到的方法和技术手段统称为数字三维动画技术，或者计算机三维动画技术。

数字三维动画技术具有虚拟和模仿现实的精确性、真实性和无限的可操作性等特性，被广泛运用于医学、教育、军事、娱乐等诸多领域，尤其是影视和游戏等方面。

实现一个完整的三维动画作品制作至少要经过三步：造型、动画和绘图。造型是利用三维软件在计算机上创造三维形体，称为建模。如制作三维的人物、动物、建筑、景物等造型，即设计物体的形状。动画就是使各种造型运动起来，获得运动的画面和效果。绘图包括贴图和光线控制，相当于二维动画制作过程中的上色过程，造型确定了物体的形状，质地确定了物体表面的形态，贴图则是确定物体的表面。

虽然数字三维动画发展历史不长，但动画师和程序人员一起开发出了大量的三维动画软件。比较知名的三维动画制作软件有：

(1) Softimage3D

Softimage3D 是有专业动画设计能力的三维动画制作工具，它的功能完全涵盖了整个动画制作过程。典型作品是《泰坦尼克号》。

(2) 3ds Max

3ds Max 是一款应用于 PC 平台的三维动画软件，由 Autodesk 公司出品。它具有优良的多线程运算能力、对多处理器的并行运算的支持、丰富的建模和动画能力、出色的材质编辑系统。典型作品是《X 战警Ⅱ》。

(3) Maya

Maya 也是由 Autodesk 公司出品的高端三维动画制作软件(图 7-17)，在三维动画业界的影响力与日俱增，已经渗透到电影、广播电视、公司演示、游戏可视化等领域，且成为三维动画软件中的佼佼者。《星球大战》、《指环王》、《蜘蛛侠》、《哈里波特》、《木乃伊归来 》、《精灵鼠小弟》、《马达加斯加》以及《金刚》等都出自 Maya 之手。至于其他领域的应用更是不胜枚举。



微视频

流浪地球与特效制作

图 7-17　三维动画制作软件 Maya

### 7.2.6　游戏设计技术

#### 1. 概述

电子游戏(图 7-18)是近些年比较流行的娱乐方式，它将娱乐性、竞技性、仿真性、互动性等融为一体，并将动人的故事情节、丰富的视听效果、高度的可参与性，以及冒险、神秘、悬念等娱乐要素结合在一起，为玩家提供了一个虚拟的娱乐环境。

从电子游戏诞生之日开始，经过不断的发展和完善，游戏越来越新奇，种类也越来越繁多。到目前为止，游戏可以分为角色扮演类（Role-Playing Game，RPG）、益智类（Puzzle Game）、视频类（Video Game）、模拟类（Simulation Game）、策略类（Strategy Game）、动作过关类（Action Game）、射击类（Shooting Game）、冒险类、格斗类、赛车类、体育类、桌面类等。

图 7-18 《魔兽世界》游戏



**2. 游戏设计的基本原理**

游戏设计的开发过程，可以说包含了计算机软件开发技术、电影技术、动画技术、语言文学艺术等多种创作形式，是集成度非常高的电子产品。典型游戏开发流程如图 7-19 所示。

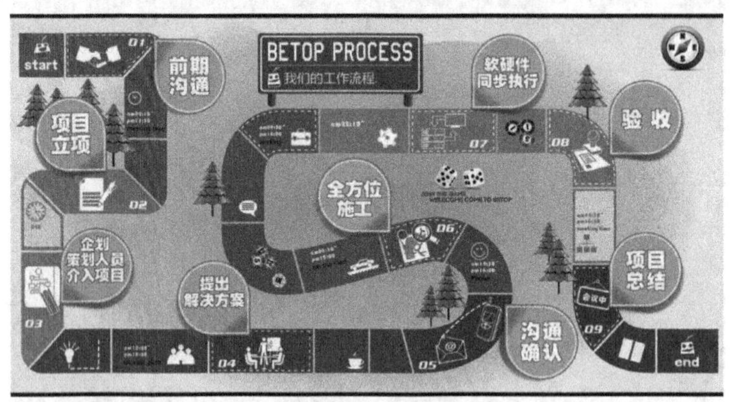


图 7-19 典型游戏开发流程图

游戏文档包括：概念文档，涉及市场定位和需求说明等；设计文档，包括设计目的、人物及达到的目标等；技术文档，包括如何实现和测试游戏等。

概念文档主要对游戏设计的相关方面进行详述，包括市场定位、预算和开发期限、技术应用、艺术风格、游戏开发的辅助成员和游戏的一些概括描述。

设计文档的目的是充分描写和详述游戏的操控方法，用来说明游戏各个不同部分需要怎样运行。设计文档的实质是对游戏机制的逐一说明：在游戏环境中游戏者能做什么、怎样做以及如何产生激发兴趣的游戏体验。设计文档包括游戏故事的主要内容和游戏者在游戏中所遇到的不同关卡或环境的逐一说明，同时也列举了游戏环境中对游戏者产生影响的不同角色、装备和事物。

设计文档并不从技术角度花费时间来描述游戏的技术方面。平台、系统要求、代码结构、人工智能算法等都是技术文档中的内容，因此要避免出现在设计文档中。设计文档应该描述游戏将怎样运行，而不是说明功能将怎样实现。

流程图是设计文档中的重要部分(图 7-20)，有两个基本用途：追踪玩家游戏外菜单选择路径，如玩家使用它们开始一个新的游戏或继续一个已保存的游戏；用于描绘玩家在游戏中的游历范围，尤其适用于关卡游戏。

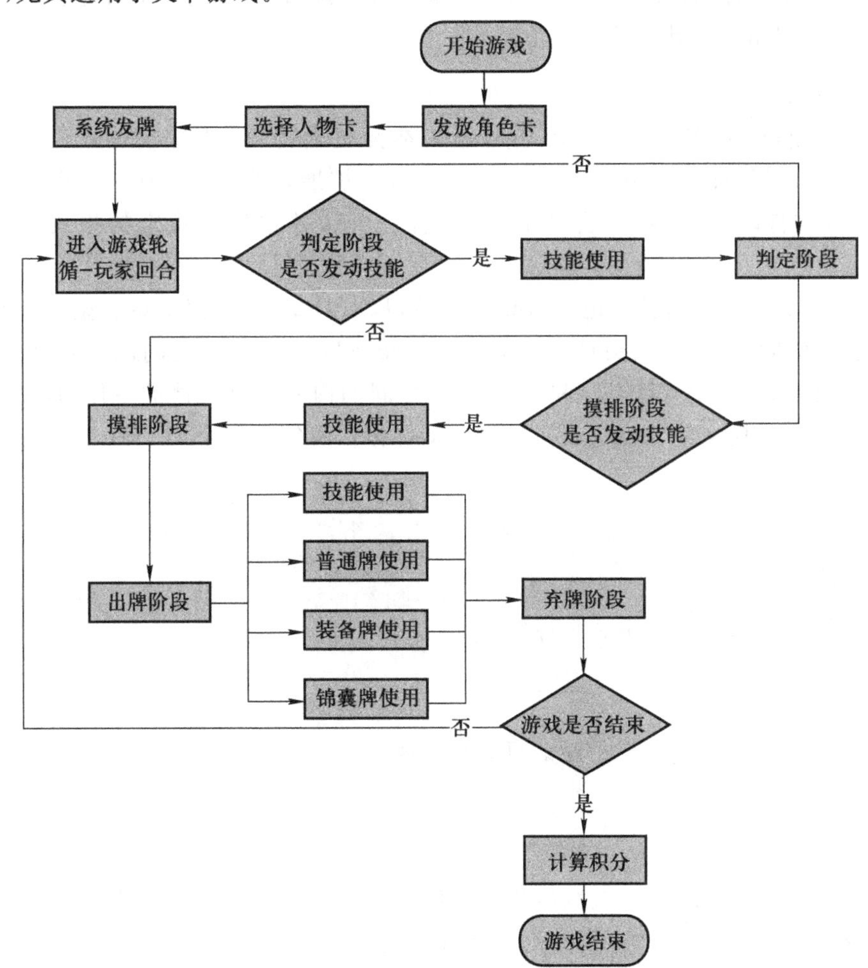


图 7-20　典型手机游戏《三国杀》操作流程图

技术设计文档是设计文档的姐妹篇。设计文档阐述游戏怎样运行，而技术设计文档讨论怎样实现这些功能。技术设计文档有时称为技术说明，它通常由游戏的主设计师来编写，编辑组将其作为一个参考因素。在技术设计文档中，要对代码结构进行编辑和分析。编程人员可以求助它，来了解他们应怎样应用一个特定的程序。文档中可以包含有全部代码结构、代码的主要类型、使用结构的描述、AI 怎样发挥作用的描述等。

### 7.2.7 网页开发技术

网页也属于数字媒体的一种，一般称为超文本文件。网页可分为动态网页和静态网页。静态网页一般是指没有后台数据库、不含程序和不可交互的网页，编辑的时候是什么样，显示的时候就是什么样，不会有所改变。反之，有后台数据库的、可交互的就是动态网页。静态网页相对而言更新起来比较麻烦，适用于一般更新较少的展示型网站。有些网站根据需要可能会采用静态网页和动态网页相结合的方法来开发。

网站开发也是一种综合性的技术应用，以编写网页为例，一个网页中可能会包含 HTML 语言、脚本语言、Web 程序代码等多种元素。

**1. HTML 语言**

HTML(Hypertext Markup Language，超文本标记语言)是通过嵌入式代码或标记来表明文本格式的国际标准。用它编写的文件(文档)扩展名为 .htm 或 .html，当使用浏览器来浏览这些文件时，浏览器将自动解释标记的含义，并按标记指定的格式展示其中的内容。

一般来说，HTML 文档以标记<html>开始，以</html>标记结束。整个文档可分为文档头和文档体两部分。文档头是位于标记<head>与</head>之间的内容，它被浏览器解释为窗口的标题。标记<body>和</body>之间的内容就是文档的主体，也就是浏览网页所看见的内容，包括文字、图片、表格、表单、多媒体信息等。一个 HTML 文档的一般结构形式如下：

```
<html>
<head>
<title>第一个网页</title>
</head>
<body>
这是 html 文档的主体部分，也就是网页的内容。
</body>
</html>
```

HTML 标记由左尖括号“<”、标签名称和右尖括号“>”组成，而且通常是成对出现的，分为开始标记和结束标记。除了在结束标记名称前面加一个斜杠符号“/”之外，开始标记名称和结束标记名称都是相同的。如<html></html>、<head></head>等。在开始标记的标记名称后面和右尖括号之间还可以插入若干属性值，HTML 标记的一般格式可以表现为：

```
<标记名属性 1="属性值 1"属性 2="属性值 2"属性 3="属性值 3"…>
内容
</标记名>
```

HTML 标记是不区分大小写的，如<head>、<HEAD>与<Head>都有同样的意义。

HTML 的标记包括基本标记、文字标记、链接标记、图片标记、表格标记等。图 7-21 所示为新浪网站首页及其 HTML 源文件。

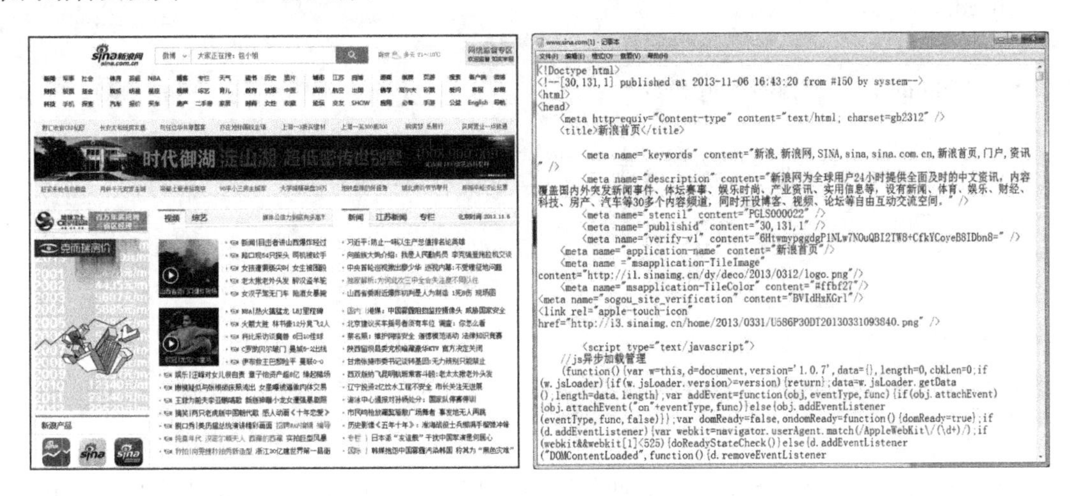

图 7-21　新浪首页与其 HTML 源文件

**2. 脚本语言**

脚本语言(Script Language)是为了缩短传统的编写—编译—链接—运行(Edit-Compile-Link-Run)过程而创建的计算机编程语言。脚本语言通常使用解释机制来执行，具有开发快速、易学易用、部署容易、同现有技术集成、动态执行等特性，嵌入网页上的脚本语言可以实现网页的动态、交互效果，降低访问网络服务器的通信次数，提高系统响应性能。



常见的网页脚本语言包括 JavaScript(最初是由 Netscape 公司开发)、VBScript、Perl、PHP、Python、Ruby 等。JSP、ASP、PHP 等也可划入编程脚本语言的范畴，但这几种语言与上述的脚本语言还是存在本质区别的，比如 JavaScript 仅仅是展示数据而已，而 JSP(Java Server Pages，最初由 Sun 公司开发)是比较接近编程语言的，能够完全地实现交互处理数据。

下面以 JavaScript 为例，简要介绍脚本语言的特点与使用方法。

JavaScript 是适应动态网页制作的需要而诞生的一种编程语言，如今越来越广泛地应用于 Internet 网页制作上。

在 HTML 基础上，使用 JavaScript 可以开发交互式 Web 网页。JavaScript 的出现使得网页和用户之间实现了一种实时的、动态的、交互的关系，使网页包含更多活跃的元素和更加精彩的内容。运行用 JavaScript 编写的程序需要能支持 JavaScript 语言的浏览器，现在几乎所有的浏览器都支持 JavaScript。JavaScript 短小精悍，而且是在客户机上执行的，大大提高了网页的浏览速度和交互能力。

JavaScript 加入网页一般有两种方法。

- 在 HTML 中嵌入 JavaScript

这是最常用的方法，大部分含有 JavaScript 的网页都采用这种方法，如下的 HTML 文档(javascript.htm)中就嵌入了 JavaScript 代码。

```
<html>
<head>
<title>JavaScript 示例</title>
<scriptlanguage="JavaScript">
<! --
document. write("这是 JavaScript 采用直接嵌入的方法!");
//JavaScript 结束
-->
</script>
</head>
</html>
```

• 引用方式

如果已经存在一个 JavaScript 源文件(以 .js 为扩展名),则可以采用这种引用的方式,以提高程序代码的利用率。其基本格式如下:

```
<scriptlanguage="JavaScript"src=url></script>
```



其中的 url 就是程序文件的地址。同样,这样的语句可以放在 HTML 文档头部或主体的任何部分。如果要实现前面例子的效果,可以首先创建一个 JavaScript 源代码文件"Script. js",其内容只有如下一行:

```
document. write("这是 JavaScript! 采用引用的方法!");
```

**3. 网站的规划与设计**

网站设计特别讲究其编排结构和布局。多页面站点页面的编排设计,要求把页面之间的联系反映出来,特别要处理好页面之间和页面内的秩序与内容的关系。为了让网站达到最佳的浏览和视觉表现效果,应反复推敲其整体结构的合理性,让用户有一个舒服的浏览体验。

虽然网站主页的设计不等同于平面设计,但它们有许多相似之处,都是通过文字、图形的空间组合,表达出和谐与美。色彩是网站艺术表现的要素之一,在网页设计中,网页设计师应根据和谐、均衡和重点突出等原则,将不同的色彩进行组合、搭配来构成美丽的页面。根据色彩对人们心理的影响,合理地加以运用。

网页设计过程中,为了将丰富的意义和多样的形式组织成统一的页面结构,形式语言必须符合页面的内容,体现内容的丰富意义。灵活运用对比与调和、对称与平衡、节奏与韵律及留白等手段,通过空间、文字、图形之间的相互关系建立整体的均衡状态,产生和谐的美感。如对称原则在页面设计中有时会使页面显得呆板,但如果加入一些富有动感的文字、图案,或采用夸张的手法来表现内容,往往会达到比较好的效果。点、线、面作为视觉语言中的基本元素,巧妙地互相穿插、互相衬托、互相补充,构成最佳的页面效果,充分表达完美的设计意境。

此外,在网站设计理念中,要格外注意网站导航清晰,导航设计使用超文本链接或图片链接,使人们能够在网站上自由前进或后退,而不需要使用浏览器的前进或后退功能。导航栏能够让人们在浏览时容易地到达不同的页面，是网页元素非常重要的部分，所以导航栏一定要清晰、醒目。

网站设计应建立在目标明确的基础上，完成网站的总体设计方案，对网站的整体风格和特色做出定位，根据定位再规划网站的组织结构。

网络站点应针对所服务对象（机构或个人）的不同而采用不同的形式。根据服务对象的不同，有些站点只需提供简洁文本信息，有些则应采用多媒体表现方法，提供华丽的图像、闪烁的灯光、复杂的页面设置，甚至可以提供音频和视频。一个好的网络站点把图形表现手法和有效的组织与通信结合起来。为了做到主题鲜明突出、要点明确，将按照需求，以简单明确的语言和画面体现站点的主题，调动一切手段充分表现网站的个性和情趣，展示网站的特点。比如说企业网站，可以使用醒目的标题或文字来突出产品与服务。由此可见，网站设计的定位是任何网站制作的落脚点，是任何一个好的网站的开始。

网页是网站构成的基本元素。网页的精彩与否的因素是什么呢？色彩的搭配、文字的变化、图片的处理等，这些当然是不可忽视的因素，除了这些，还有一个非常重要的因素——网页布局。

网页布局就是以最适合浏览的方式，将文字、图片和动画按照一定美学法则，遵循一定的视觉规律，放在网页的不同地方，除传达信息外，还能给人美的享受，引起用户的共鸣。版面布局也有一个创意的问题，运用怎样的创意、设计、搭配，网页才能新颖独特、才能吸引人？这都是在进行网页的布局时要考虑的问题。



网页布局大致可以分为“国”字形、拐角形、标题正文型、左右框架型、上下框架型、综合框架型、封面型等。图 7-22 和图 7-23 所示分别为典型企业网站和典型餐饮网站的页面布局。

图 7-22　典型企业网站——联想公司网站

图 7-23　典型餐饮网站——必胜客网站



### 7.2.8　流媒体技术

流媒体技术主要用于在线视频、IPTV 等领域，其主要特征为使用高压缩比的数据压缩技术，结合 P2P、断点续传、云服务等相关技术，实现在线实时、高清、快速的视频下载与播放。

**1. 数据压缩技术**

数字媒体包括文本、声音、动画、图形、图像及视频等多种媒体信息，经过数字化处理后其数据量是非常大的，如果不进行数据压缩，计算机系统就无法对它进行存储、交换和传输。

(1) 图像信号压缩必要性

一幅大小为 480×360(像素)的黑白图像，每像素用 8 b 表示，其大小为多少呢？“480×360(像素)”的意思是图像的横向有 480 个像素点，纵向有 360 个像素点，“每像素用 8 b 表示”的意思是，每一个像素点的值，对于黑白图像来说就是每一个像素点的灰度值，在计算机存储器中用 8 b 表示。那么，已知的图像就有 480×360 个点，有一个点就要占用一个 8 位，则该图像的存储空间大小为

$$480\times360\times8\ \text{b}=1\ 382\ 400\ \text{b}=168.75\ \text{KB}$$

同样，一幅大小为 480×360 的彩色图像，每像素用 8 b 表示，其大小应为黑白图像的 3 倍，因为彩色图像的像素不仅有亮度值，而且有两个色差值。则此彩色图像的存储空间大小为

$$480\times360\times8\ \text{b}\times3=4\ 147\ 200\ \text{b}\approx0.49\ \text{MB}$$

上述彩色图像如果按 NTSC 制，每秒钟传送 30 帧，其每秒的数据量为

$$0.49 \times 30\ \text{MB} = 14.7\ \text{MB}$$

那么，一个 650 MB 的硬盘可以存储的视频为：650 MB/(14.7 MB/s)≈44.21 s

可见视频、图像所需的存储空间之大。

(2) 数字音频信号压缩必要性

一段采样频率为 44.1 kHz、采样精度为 16 b 样本、双通道立体声的数字音频，其 1 秒钟的音频数据量为

$$44.1 \times 10\ \text{b} \times 16 \times 2 \approx 1.41\ \text{Mb}$$

可见，一个 650 MB 的硬盘可以存储约 1 h 的音乐，如此大的数据量，单纯靠扩大存储容量、增加通信线路的传输速率是不现实的，因此必须进行数据压缩。

另外需要注意的是，图像、音频和视频这些媒体具有很大的压缩潜力。因为在多媒体数据中，存在着大量的冗余信息。它们为数据压缩技术的应用提供了可能的条件。多媒体数据在表示的过程中存在着大量的信息冗余。如果把这些冗余数据去除，那么就可以使原始多媒体数据极大地减小，从而解决多媒体数据海量的问题。因此在多媒体系统中采用数据压缩技术是非常必要的，它是多媒体技术中一项十分关键的技术。

(3) 数字媒体压缩标准

数字音频编/解码方式中目前应用较为广泛的一种是 MP3，它是运动图像专家组(MPEG)在 1992 年制定的具有 1.5Mb/s 数据传输率的数字存储媒体运动图像及其伴音 MPEG - 1 的标准草案中音频编码的 Layer3。MP3 最大特点是能以较小的比特率、较大的压缩比达到近乎完美的 CD 音质，制作简单，交流方便。



MP3 压缩编码是一个国际性全开放的编码方案，其编码算法流程大致分为时频映射(包括子带滤波器组和 MDCT)、心理声学模型、量化编码(包括比特和比例因子分配和霍夫曼编码)等三大功能模块，计算十分复杂。

Joint Picture Expert Group(联合图像专家组，JEPG)是国际标准组织(ISO)和国际电工委员会(IEC)联合组成的一个从事静态数字图像压缩编码标准制定的委员会。它制定的第一套国际静态图像压缩标准：ISO/IEC10918—1 号标准“多灰度连续色调静态图像压缩编码”俗称为 JPEG，以其优异的性能，一直被 Internet、数码相机等很多领域广泛采用。

运动图像专家组(Moving Picture Expert Group，MPEG)是由国际标准化组织 ISO 和国际电工委员会 IEC 联合成立的，负责开发电视图像数据和声音数据的编码、解码及其同步标准。这个专家组开发的标准称为 MPEG 标准。现在视频标准方面比较新的是 MPEG - 4。MPEG - 4格式的主要用途在于网上流、光盘、语音传送(视频电话)以及电视广播。

**2. 流媒体传输技术**

“流媒体”不同于传统的多媒体，它的主要特点是运用可变带宽技术，以“流”(Stream)的形式进行数字媒体的传送，使人们在 28～1 200 kb/s 的带宽环境下可以在线欣赏到连续不断的高品质的音频和视频节目(图 7 - 24)。在互联网大发展的时代，流媒体技术的产生和发展必然会给人们的日常生活和工作带来深远的影响。

目前在网络上传输音频和视频等多媒体信息主要有下载和流式传输两种方式。流媒体技术的出现，使得在宽带互联网中传播多媒体信息成为比较容易的事情。当采用流式传输时，音

频、视频或动画等多媒体文件不必像采用下载方式那样等到整个文件全部下载完毕再开始播放，而是只需经过几秒或几十秒的启动延时即可进行播放。当音频、视频或动画等多媒体文件在用户的计算机上播放时，文件的剩余部分将会在后台从服务器上继续下载。

所谓流媒体，是指采用流式传输方式的一种媒体格式。流媒体的数据流随时传送随时播放，只是在开始时有些延迟。流媒体技术是网络音频、视频技术发展到一定阶段的产物，是一种解决多媒体播放时带宽问题的“软技术”。实现流式传输有两种方法：顺序流式传输和实时流式传输。

对多媒体文件边下载边播放的流媒体传输方式具有以下突出的优点：

缩短等待时间，节省存储空间，可以实现实时传输和实时播放。流媒体可以实现对现场音频和视频的实时传输和播放，适用于网络直播、视频会议等应用。

图 7-24　在线流媒体视频播放



## 7.3　数字媒体发展趋势

数字媒体技术包括数字音频、数字视频、互联网及其他用来生成、阐述和分发数字内容的所有技术，现在数字媒体发展比较快的几大重点领域有：高清晰度电视和数字电影、网络游戏、数字动画、网络出版。

数字媒体服务是以视频、音频、动画内容和信息服务为主体，研究数字媒体内容处理关键技术，实现内容的集成与分发，从而支持具有版权保护的、基于各类消费终端的多种消费模式，为公众提供综合、互动的内容服务。

比较热点的技术类型有：

- 内容聚合，以 Web2.0 的 RSS 为代表。
- 虚拟现实(Virtual Reality，VR)，又称灵境技术。
- 基于内容的媒体检索技术。

媒体产业的数字化为盗版与侵权使用带来了便利，版权问题正成为制约媒体产业发展的瓶颈之一。解决盗版问题，需要依靠技术、行业协定及国家法规协同解决。

## 7.4　相关职业岗位能力

本部分知识可为下列职业人员提供岗位能力支持：

互动练习

第 7 章自测题

- 平面设计师
- 音频处理工程师
- 图像处理工程师
- 动漫设计师

- 软件(游戏)开发工程师
- 网站开发工程师

## 7.5　课后体会

### 学生总结

年　月　日

# 第 8 章　新技术及应用

**本章课前准备**

查找相关资料，了解云计算、物联网、大数据技术的相关应用

**本章教学目标**

了解计算机产业发展的新趋势

掌握云计算、物联网、大数据等技术的体系架构

**本章教学要点**

云计算的关键技术和发展趋势

**本章教学建议**

讨论、启发与讲述、演示相结合

微视频

新技术及应用-1

虚拟化和云计算、物联网技术、大数据处理可以说是当前计算机领域最热门的技术类型了，相关的产业、概念与应用情景层出不穷，有一些技术可能改变我们未来的生活模式。对于这些新的技术热点，行内从业人员必须要保持关注和跟踪。

## 8.1　云　计　算

互动教学　什么是云计算？云计算有什么特点？

### 8.1.1　云计算概述

云计算(Cloud Computing)是一种通过网络统一组织和灵活调用各种信息资源，实现大规模计算的信息处理方式。云计算利用分布式计算和虚拟资源管理等技术，通过网络将分散的资源(包括计算与存储、应用运行平台、软件等)集中起来形成共享的资源池，并以动态按需和可度量的方式向用户提供服务。用户可以使用各种形式的终端(如 PC、平板电脑、智能手机甚至智能电视等)通过网络获取资源服务。

“云”是对云计算服务模式和技术实现的形象比喻。“云”由大量组成“云”的基础单元(云元，Cloud Unit)组成。“云”的基础单元之间由网络相连，汇聚为庞大的资源池。云计算将网络上分布的计算、存储、服务构件、网络软件等资源集中起来，基于资源虚拟化的方式，为用户提供方便快捷的服务，它可以实现计算与存储的分布式与并行处理。如果把“云”视为一个虚拟化的存储与计算资源池，那么云计算则是这个资源池基于网络平台为用户提供的数据存储和网络计算服务。互联网是最大的一片“云”，其上的各种计算机资源共同组成了若干个庞大的数据中心及计算中心。

云计算的物理实体是数据中心，由“云”的基础单元(云元)和“云”操作系统，以及连接云元

的数据中心网络等组成。按照云计算服务提供的资源所在的层次，可以分为 IaaS（基础设施即服务）、PaaS（平台即服务）和 SaaS（软件即服务）等。云计算又可分为面向机构内部提供服务的私有云、面向公众使用的公共云以及二者相结合的混合云等。

云计算并不是一个简单的技术名词，并不仅仅意味着一项技术或一系列技术的组合。它指的是 IT 基础设施的交付和使用模式，即通过网络以按需求、易扩展的方式获得所需的资源（硬件、平台、软件）。提供资源的网络被称为“云”。从更广泛的意义上来看，云计算是指服务的交付和使用模式，这种服务可以是 IT 基础设施（硬件、平台、软件），也可以是任意其他的服务。无论是狭义还是广义，云计算所秉承的核心理念是“按需服务”，就像人们使用水、电、天然气等资源的方式一样。这也是云计算对于人类社会发展的意义所在。

### 8.1.2　云计算的产业体系

云计算产业由云计算服务业、云计算制造业、基础设施服务业等组成。

**1. 云计算服务业**

云计算通过互联网提供软件与服务，并由网络浏览器界面来实现。用户加入云计算不需要安装服务器或任何客户端软件，可在任何时间、任何地点、任何设备（前提是接入互联网）上通过浏览器随时随地访问，云计算的典型服务模式有三类：软件即服务（Software as a Service，SaaS）、平台即服务（Platform as a Service，PaaS）和基础设施即服务（Infrastructure as a Service，IaaS），如图 8－1 所示。

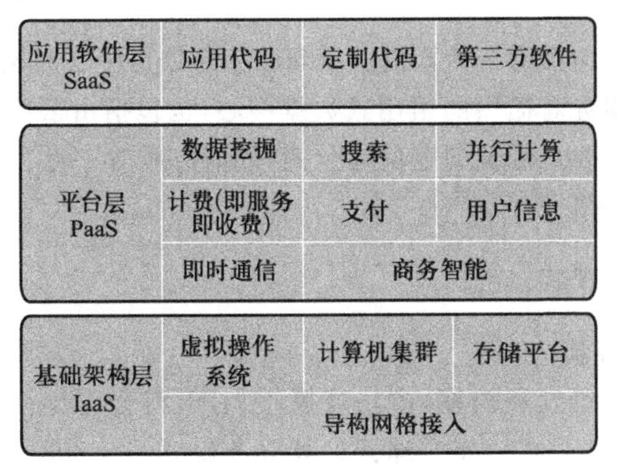


图 8－1　云计算的服务模式

SaaS 是指用户通过标准的 Web 浏览器来使用 Internet 上的软件。从用户角度来说，这意味着前期无需在服务器或软件许可证授权上进行投资；从供应商角度来看，与常规的软件服务模式相比，维护一个应用软件的成本要相对低廉。SaaS 供应商通常是按照客户所租用的软件模块来进行收费的，因此用户可以根据需求订购软件应用服务，而且 SaaS 的供应商会负责系统的部署、升级和维护。SaaS 在人力资源管理软件上的应用较为普遍。Salesforce. com 以销售和管理 SaaS 而闻名，是企业应用软件领域中最为知名的供应商。SaaS 主要服务提供商有 Salesforce、GigaVox、谷歌等公司。

PaaS 是指云计算服务商提供应用服务引擎，如互联网应用程序接口（API）或运行平台，用户基于服务引擎构建该类服务。PaaS是基于SaaS发展起来的，它将软件研发的平台作为一种服务，以SaaS的模式提交给用户，可以加快SaaS的发展，尤其是加快SaaS应用的开发速度。从用户角度来说，这意味着他们无须自行建立开发平台，也不会在不同平台的兼容性方面遇到困扰；从供应商的角度来说，可以进行产品多元化和产品定制化。PaaS主要服务提供商有微软、谷歌等公司。

IaaS是指云计算服务商提供虚拟的硬件资源，如虚拟的主机、存储、网络等资源，用户无须购买服务器、网络设备和存储设备，只需通过网络租赁即可搭建自己的应用系统。IaaS定位于底层，向用户提供可快速部署、按需分配、按需付费的高安全与高可靠的计算能力以及存储能力的租用服务，并可为应用提供开放的云基础设施服务接口，用户可以根据业务需求灵活定制、租用相应的基础设施资源。IBM凭借其在IT基础设施及中间件领域的强势，建立云计算中心，为企业提供基础设施的租用服务。IaaS主要服务提供商还有亚马逊、Rackspace、Dropbox等公司。

#### 2. 云计算制造业

云计算制造业涵盖云计算相关的硬件、软件和系统集成领域。软件厂商包括基础软件、中间软件和应用软件的提供商，主要提供云计算操作系统和云计算解决方案，知名企业如VMware、红帽子、微软等；硬件厂商包含网络设备、终端设备、存储设备、元器件、服务器等的制造商，如思科、惠普、英特尔等。一般来说，云计算软硬件制造商通过并购或合作等方式成为新的云计算系统集成商的角色，如IBM、惠普等，同时传统系统集成商在这一领域也占有一席之地。



#### 3. 基础设施服务业

基础设施服务业主要包括为云计算提供承载服务的数据中心和网络。数据中心既包括由电信运营商与数据中心服务商提供的租用式数据中心，也包括由云服务提供商自建的数据中心。网络提供商目前仍主要是传统的电信运营商，同时谷歌等一些国外云服务提供商也已经开始自建全球性的传输网络。

### 8.1.3 云计算产业发展现状

#### 1. 全球云计算发展现状

全球云计算产业虽处于发展初期，市场规模不大，但将会引导传统产业向社会化服务转型，未来发展空间十分广阔。2011年全球云计算服务规模约为900亿美元，美国云服务市场规模约占全球60%，远高于欧洲(24.7%)和日本(10%)等国家和地区。云计算服务市场规模总量目前仅占全球市场总量的1/40，但增长迅猛，未来几年年均增长率预计将超过20%。全球云计算服务市场规模到2015年将达到1768亿美元，发展空间十分广阔。

近年来，大型IT企业面向云计算制订战略并调整内部组织机构，以适应未来的发展方向。早在2008年，包括思科、惠普、戴尔、EMC等在内的主要国际IT企业就已经成立了专门的部门推动云计算技术和市场进展，并相继发布了云计算战略。近年来，IT巨头在云计算领域的并购行为尤为频繁，希望借收购补足其产品短板，提高其云解决方案和云服务能力，如IBM收购Platform、戴尔收购Force10、微软收购Opalis、Verizon收购Terremark等。另一方面，处于各垂直领域的企业也在寻求通过联盟或合作的方式形成新的产业集团，以实现取长补短，如由思科、EMC、VMware组成的“VCE联盟”，由法电、思科、EMC、VMware

组成的“Flexible 4 Business 联盟”。

国际上部分云服务企业已经形成了提供大规模全球化云计算服务的能力，并主导云计算的技术发展方向。谷歌的 PaaS 服务——谷歌应用引擎(Google App Engine)用户数已经超过 1 000 万，在线办公套件 Google Apps 的企业用户也突破了 400 万家；亚马逊的云服务(AWS)已经在全球 190 多个国家和地区展开，拥有包括《纽约时报》、纳斯达克证券交易所等 40 多万个商业客户；新兴云服务企业 Salesforce 全球付费用户数已超过 10 万，在全球 CRM 市场的份额从 2006 年的 8%增加至 2011 年的 46%；Dropbox 等一批云计算领域新兴服务商近几年以超过 30%的年度增幅快速发展。云计算制造领域的软件核心技术，如分布式体系架构、虚拟资源管理等，主要被谷歌、亚马逊等企业所掌握，它们同时通过 Hadoop 等云计算开源项目影响着云计算技术的发展方向。

**2. 我国云计算发展现状**

我国作为云计算产业的后起之秀，近年来的市场规模呈爆发式增长。截至 2020 年，全球经济出现大幅萎缩，全球云计算市场增速明显下滑，2020 年以 IaaS、PaaS 和 SaaS 为代表的全球云计算市场规模为 2 083 亿美元，增速放缓至 13.1%，这是近年来全球增速首次放缓。虽然 2020 年全球云计算增速放缓，但中国云计算市场却逆势上扬，2020 年中国云计算市场规模达 2 091 亿元，较 2019 年增加了 757 亿元，同比增长 56.75%。

从细分市场来看，2020 年中国公有云市场增长明显，2020 年中国公有云市场规模达 1 277 亿元，较 2019 年增加了 588 亿元；私有云市场规模达 814 亿元，较 2019 年增加了 169 亿元。2020 年中国公有云市场规模占云计算市场总规模的 61.07%，占比非常大；私有云市场规模占云计算市场总规模的 38.93%，占比较小。市场趋势方面，大量的企业上云扩大了云网融合需求，边缘计算需求潜力巨大，企业用云程度加深引发了一些新的问题，云优化成为了企业最关注的云管理服务。



中国云计算市场重点企业主要有阿里云、天翼云、腾讯云、华为云、移动云、百度云等。2020 年阿里云、天翼云、腾讯云、华为云、移动云占据中国公有云 laaS 市场份额的 76.3%，企业市场占有率非常高；2020 年阿里云占中国公有云 laaS 市场份额的 35.6%，占比最大；天翼云占中国公有云 laaS 市场份额的 13.3%；腾讯云占中国公有云 laaS 市场份额的 10.5%；华为云占中国公有云 laaS 市场份额的 9.7%；移动云占中国公有云 laaS 市场份额的 7.2%。公有云 PaaS 方面，阿里云、腾讯云、百度云、华为云仍位于市场前列。

### 8.1.4　云计算的技术架构

目前，国际上的云计算架构尚无统一的标准，也无统一的方案，如谷歌、IBM、亚马逊、Salesforce 等公司所推出的云计算因公司的背景、面向服务方向不同而各有所异。图 8-2 所示为 IBM 公司推出的云计算架构。

综合分析不同厂家提出的云计算架构，可以认为在云计算技术架构中，由数据中心基础设施层与资源层组成的云计算“基础设施”和由资源控制层功能构成的云计算“操作系统”，是目前云计算相关技术的核心和发展重点。

云计算“基础设施”是承载在数据中心之上的，以高速网络(目前主要是以太网)连接各种物理资源(服务器、存储设备、网络设备等)和虚拟资源(虚拟机、虚拟存储空间等)。云计算基础设施的主要构成元素基本上都不是云计算所特有的，但云计算的特殊需求为这些传统的设施、产品和技术带来了新的发展机遇。如数据中心的高密度、绿色化和模块化，服务器的定制化、节能化和虚拟化等。

云计算"操作系统"是对资源池中的资源进行调度和分配的软件系统。云计算"操作系统"的主要目标是对云计算"基础设施"中的资源(计算、存储和网络等)进行统一管理，构建具备高度可扩展性，并能够自由分割的资源池；同时向云计算服务层提供各种粒度的计算、存储等能力。

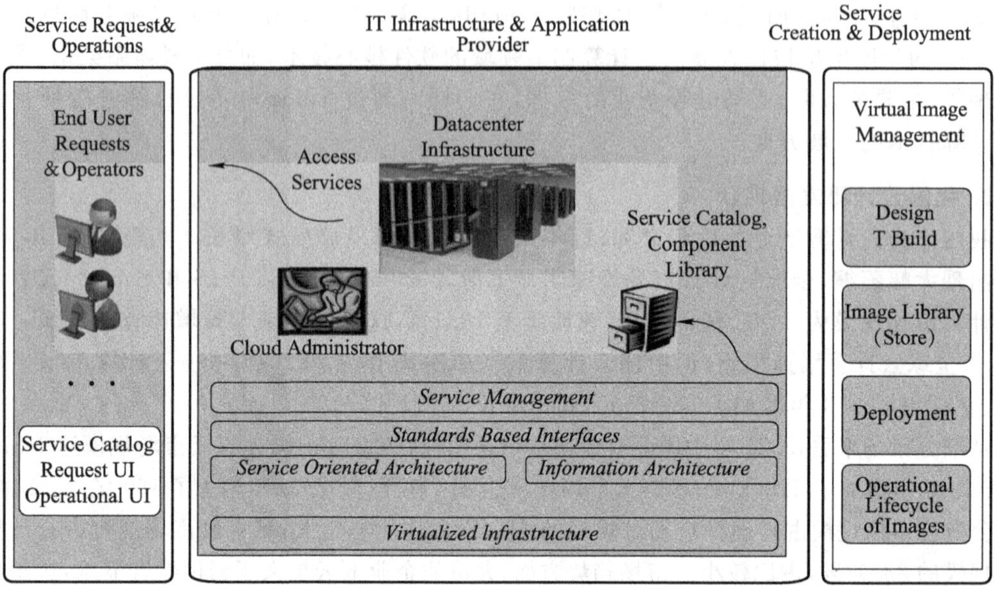

Service Request& Operations
End User Requests & Operators
...
Service Catalog Request UI Operational UI
IT Infrastructure & Application Provider
Access Services
Datacenter Infrastructure
Service Catalog, Component Library
Cloud Administrator
Service Management
Standards Based Interfaces
Service Oriented Architecture
Information Architecture
Virtualized Infrastructure
Service Creation & Deployment
Virtual Image Management
Design T Build
Image Library (Store)
Deployment
Operational Lifecycle of Images

图 8-2 IBM 公司的云计算架构



总结起来，云计算在技术及实现方面有以下三个特点：一是用系统可靠性代替云元的可靠性，降低了对高性能硬件的依赖，如使用分布式的廉价 X86 服务器代替高性能的计算单元和昂贵的磁盘阵列，同时利用管理软件实现虚拟机、数据的热迁移解决 X86 服务器可靠性差的问题；二是用系统规模的扩展降低对单机能力升级的需求，当业务需求增长时通过向资源池中加入新计算、存储结点的方式来提高系统性能，而不是升级系统硬件，降低了硬件性能升级的需求；三是以资源的虚拟化提高系统的资源利用率，如使用主机虚拟化、存储虚拟化等技术，实现系统资源的高效复用。

同时，云计算核心技术呈现开源化的趋势，以 Hadoop、OpenStack、Xen 等为代表的众多开源软件已经成为云计算平台的实现基础。

### 8.1.5 云计算的关键技术

云计算是随着服务器技术、虚拟化技术、分布式存储技术、宽带互联网技术和自动化管理技术的发展而产生的。从技术层面上讲，云计算基本功能的实现取决于两个关键的因素，一个是数据的存储能力，另一个是分布式的计算能力。因此，云计算中的"云"可以再细分为"存储云"和"计算云"，也即"云计算＝存储云＋计算云"。

### 1. 服务器技术

服务器是云计算系统中的基础结点。为了实现云计算的低成本目标，云计算系统中多采用X86服务器，并通过虚拟化提高对服务器资源的利用率。

目前X86服务器的虚拟化技术比较成熟。虚拟化主要有裸金属虚拟化和寄居虚拟化两种方式，其中裸金属虚拟化在性能、资源占用等方面具有综合优势，是目前应用最为广泛的一种虚拟化方式。VMware的ESX、微软的Hyper-V和思杰的XenServer是目前比较主流的虚拟化软件，其中VMware的市场份额最大。虚拟化逐步成为服务器操作系统的一项“标准配置”，Linux标准内核包含KVM虚拟化模块，微软Windows Server 2008也自带Hyper-V。同时，X86虚拟化技术的开源趋势越来越明显，开源Xen以及KVM等开源虚拟化技术得到了IBM等服务器厂商的支持，应用得越来越广。

自2005年以来，以英特尔、AMD等为代表的主流处理器芯片厂商开始推出支持硬件辅助虚拟化的CPU(英特尔的VT-x、AMD的AMD-V)以及芯片组产品，在原有X86指令集的基础上增加了支持虚拟化的指令，提高了虚拟机软件的运行效率。但在CPU虚拟化问题得到较好解决的同时，大量的虚拟机将会给服务器的I/O性能(主要是网络I/O)带来很大压力，网卡I/O虚拟化已成为重要的发展趋势。

虽然X86架构的服务器是目前云计算解决方案中的主流，但出于对节能的强烈需求，采用ARM、MIPS等RISC架构的低功耗服务器可能在未来崭露头角。



从服务器整体设计的角度来看，大型互联网企业等云计算服务商已经不满足于采购服务器厂商规格化的产品，转而进行服务器的大量定制，定制化趋势十分明显。如谷歌采用带有内置电池组的服务器，以取消低效的UPS系统；一些互联网公司在数据缓存服务器中采用SSD硬盘或PCI-E Flash卡以提高I/O性能等。

### 2. 虚拟化技术

虚拟化技术(Virtualization)是伴随着计算机技术的产生而出现的，在计算机技术的发展历程中一直扮演着重要的角色。从20世纪50年代虚拟化概念的提出，到20世纪60年代IBM公司在大型机上实现虚拟化的商用，从操作系统的虚拟内存到Java语言虚拟机，再到目前基于X86体系结构的服务器虚拟化技术的蓬勃发展，都为虚拟化技术增添了丰富的内涵。

虚拟化技术是云计算的基石，特别是服务器虚拟化技术的出现极大地促进了云计算数据中心的发展。目前，数据中心往往托管了数以万计的X86服务器，出于安全、可靠和性能的考虑，这些服务器基本只运行一个应用服务，导致服务器利用率低下。由于服务器具有很强的硬件能力，如果在一台服务器上虚拟出多个虚拟服务器，每个虚拟服务器运行不同的服务，这样就可以提高服务器的利用率，减少服务器数量，降低运营成本。

服务器虚拟化技术可以将服务器物理资源抽象成逻辑资源，让一台服务器变成几台甚至上百台相互隔离的虚拟服务器，或者让几台服务器变成一台服务器来用，云计算将不再受限于物理上的界限，而是让CPU、内存、磁盘、I/O等硬件变成可以动态管理的“资源池”，从而提高资源的利用率，简化系统管理，实现服务器资源的整合，如图8-3所示。

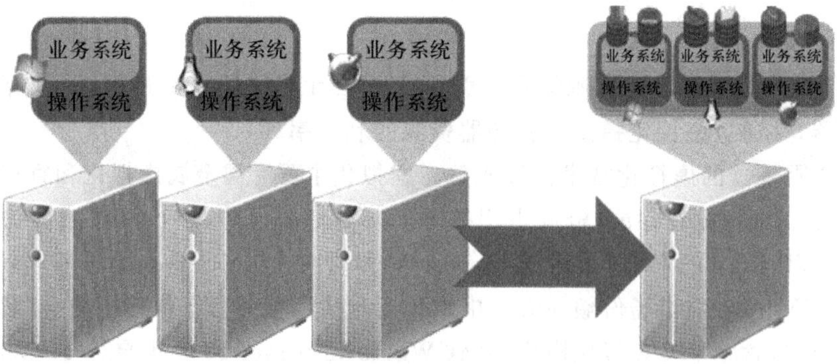

图 8-3　服务器虚拟化技术

### 3. 分布式任务和数据管理技术

云计算对分布式任务和数据管理的需求主要来源于业界对“大数据”的处理需求。分布式任务管理技术要实现在底层大规模资源上进行分布式的海量计算，并对大量结构化与非结构化的数据进行存储与管理。目前的分布式任务管理技术主要包括分布式计算、分布式文件系统和非结构化分布式数据库技术等。



云计算中的分布式计算技术是对网格、集群计算技术的继承与发展，以谷歌 MapReduce 为典型代表，其基本思想是将一个大规模的处理任务分解为同质化的较小的处理任务，并分散在不同的计算结点中完成，之后对结果进行汇总，得到最终的处理结果，其处理流程如图 8-4 所示。

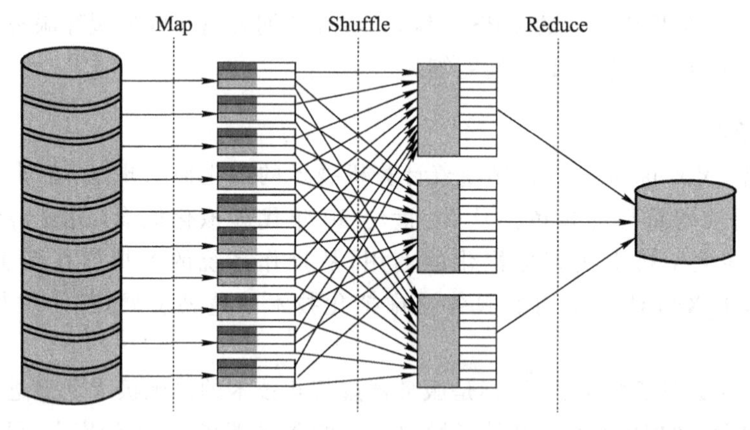


图 8-4　MapReduce 计算框架

分布式文件系统以谷歌 GFS 为典型代表，其基本思想是将数据分为同样大小(GFS 中为 64 MB)的文件块，分散地存储在不同的服务器之中，由一个元数据服务器来进行统一管理，并为用户提供数据读写的块地址。与传统的磁盘阵列等存储方式相比，分布式文件系统的优点在于：一是支持用户对数据的并发读写，提高了 I/O 的能力；二是可以利用高顽存技术，实现对数据的低成本容错保护；三是可以实现存储系统的弹性扩展。GFS 的体系架构如图 8-5所示。

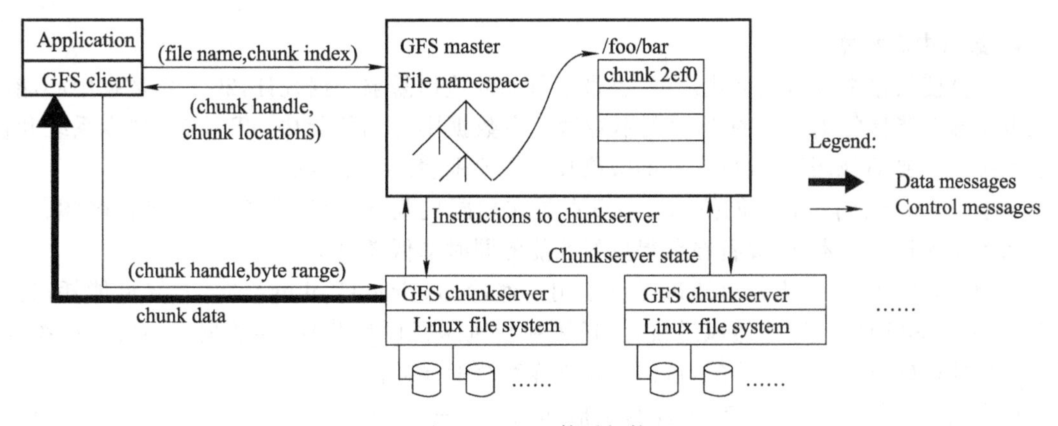


图 8-5 GFS 体系架构

在互联网应用中，为处理大量文本、图像、声音和视频等非结构化数据，出现了众多的非结构化数据库（统称 NOSQL 数据库），如谷歌的 BigTable、Apache 基金会的 Cassandra 和 CouchDB、Hadoop 项目中的 HBase 等。这些非结构化数据库基本都采用了与 GFS 类似的分布式架构，具有高可扩展性，支持分布式存储的特征，且均采用开源方式发布，提高了非结构化数据库技术的扩散速度。非结构化数据库已经在国际大型互联网公司中大量使用。



分布式任务和数据管理技术的开源化趋势十分明显，其中最具代表性的是由雅虎创立、目前由 Apache 基金会支持的 Hadoop 项目。Hadoop 项目实现了谷歌 MapReduce、GFS 和 BigTable 的核心功能，是目前业界所广泛采用的分布式计算系统架构，IBM、Facebook、Rackspace 等知名企业都在利用 Hadoop 开发分布式计算集群系统。Hadoop 的最底部是 Hadoop Distributed File System，它存储 Hadoop 集群中所有存储结点上的文件。HDFS（对于本文）的上一层是 MapReduce 引擎，该引擎由 JobTrackers 和 TaskTrackers 组成。Hadoop 的体系架构如图 8-6 所示。

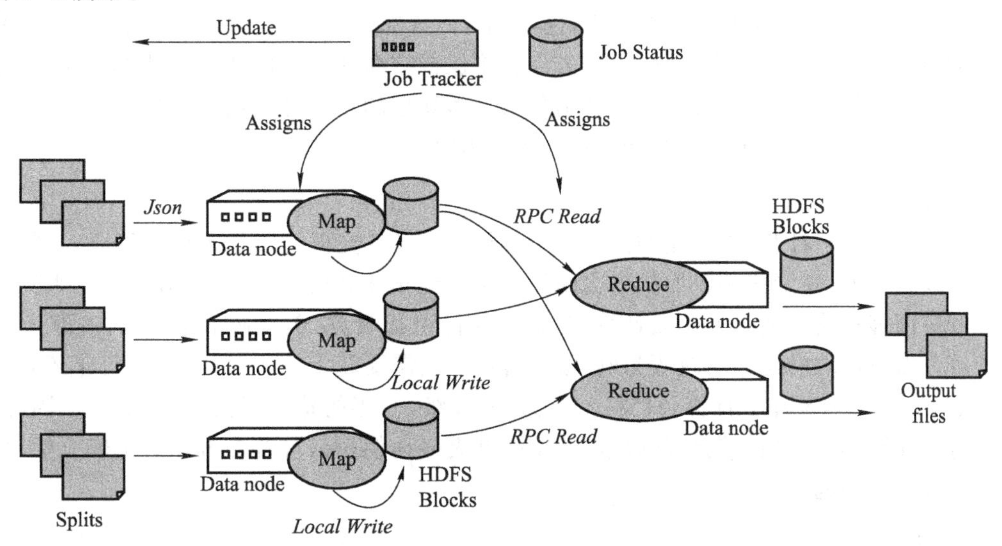


图 8-6 Hadoop 体系架构

**4. 数据中心技术**

云计算使数据中心向大型化发展，也带来节能的迫切需求。据统计，2010 年数据中心能耗已经占全球总能耗的 1.3%，绿色化刻不容缓。在数据中心的能耗中，IT 设备、制冷系统和供配电系统占主要部分，因此数据中心的节能技术主要围绕这三个方面。

对于 IT 设备而言，其节能技术发展重点是在相同负载下，通过虚拟化、处理器降频、自动休眠和关闭内核等技术，使设备在获得更好性能的同时降低耗电量。

对制冷系统来说，一方面可通过尽量采用自然冷却(Free Cooling)的方式降低能耗；另一方面，可通过热管理技术(冷热风道设计、送风和会风路径设计等)改善数据中心气流组织，实现制冷量的精确供给和按需分配，从而节省制冷系统的能耗。

对供配电系统来说，主要节能技术包括选用高效率的、模块化的 UPS 电源；进行合理的 IT 设备与供电设备布局，减少供电线路损耗；采用高压直流提高供电可靠性和电源使用率、降低电量损耗并增强系统可维护性。

### 8.1.6 云计算的发展趋势

目前，越来越多的 IT 厂家认同了云计算的发展模式。据有关研究机构预测，2013 年云服务的市场规模将达到 1 500 亿美元，云计算服务开支将占整个 IT 开支增长幅度的近三分之一。全球每年投资于数据中心技术设施与服务的金额超过 3 500 亿美元(估计值)，超过 70% 的 IT 投资用于维护现有 IT 设施，只有 30% 或更少用于新技术，云计算解决方案将大大降低维护成本；到 2015 年，大约将有 850 亿美元用于数据中心虚拟化和私有云技术。



随着云计算技术的逐步成熟，云计算将逐渐获得企业用户的认同，在未来几年保持较快的增长速度。可以预期在现有的 SaaS、PaaS 和 IaaS 基础上还将不断产生新的云计算商业模式。技术创新将使得云计算更安全、更可靠、更高效。

云计算以统一化的 IT 基础资源为用户提供个性化的服务，可以说是标准化与差异化的完美结合。云计算的出现，表明当前互联网遇到了新的发展契机。尽管还存在着这样那样的不完善，但是在互联网、IT 和电信巨头的共同推动下，云计算仍然显现出较为乐观的前景。从研究机构的市场预测也可以看出未来几年，云计算将保持较高的增长速度，市场规模不断扩大。

云计算的发展有赖于政府的支持，特别是从总体规划的科学性和财力支持力度来看，政府主导将成为云计算未来发展的重要趋势和主要动力之一。

**1. 美国**

奥巴马政府将云计算、虚拟化和开源列为节约政府 IT 支出的三项重要手段之一，特别任命了联邦政府 CIO，负责协调政府机构之间信息科技运作并高度关注云计算的发展，大力推动云计算和应用虚拟化。通过采用云计算和 SaaS 软件租赁服务，美国政府节约了 66 亿美元的财政预算。以美国政府网站的改版为例，按照传统做法需要花上 6 个月时间，且每年还要花上 250 万美元预算。若改用云计算，只要一天就完成升级，一年的费用只需 80 万美元。因此，美国政府将云计算作为一项长期性的政策，希望能够更多地使用云计算服务以解决安全性、性能和成本等方面的问题。

**2. 日本**

日本政府在云计算方面也不甘落后。在 2009 年 4 月总务省公布的“数字日本创新计划”

中就提出建立一个大规模的云计算基础设施，以支持所有政府运作所需的资讯科技系统。新的基础设施将在2015年完工，目标是将政府的所有IT系统都部署到云平台之上，以提高运营效率和降低成本。

**3. 中国**

在节能减排、两化融合成为中国社会经济发展的关键词以来，中国各级政府高度重视云计算，为其发展注入了强大的动力。目前，中国的云计算市场在政府行业的发展速度已超过企业。以无锡云计算中心为开端，包括南京、杭州、佛山等地在内的地方政府都正在兴建政府云计算中心。广东省在“云计算”市场的表现最为积极。在最近广东省政府与IBM“智慧城市”合作项目的签约中，云计算被排在双方合作的首位；佛山、东莞等地已经建立起国家级的云计算中心，成为地方政府为企业解困减负的主要手段。国内的云计算基础设施建设也在加快。同时，大型云计算中心的建设也有利于减少能源消耗，符合资源节约型社会与环境友好型社会的发展要求。

随着国家对云计算重要作用的认识不断提高，云计算的研究和应用的投入力度将进一步加大。而且，政府部门正在积极采取行动进行标准制定工作并协调云计算产业链上、下游各个企业的关系，促进云计算产生后互联网产业的良性健康发展。中国的云计算发展正在加速，将越走越好。



## 8.2 物 联 网

互动教学 什么是物联网？物联网有哪些典型应用场景？试举例简要说明。

### 8.2.1 物联网技术概述

物联网(Internet of Things，IOT)的概念最早于1999年由美国麻省理工学院提出，早期的物联网是指依托射频识别(Radio Frequency Identification，RFID)技术和设备，按约定的通信协议与互联网相结合，使物品信息实现智能化识别和管理，实现物品信息互连而形成的网络。随着技术和应用的发展，物联网内涵不断扩展。现代意义的物联网可以实现对物的感知识别控制、网络化互连和智能处理有机统一，从而形成高智能决策。

物联网是通信网和互联网的拓展应用和网络延伸，它利用感知技术与智能装置对物理世界进行感知识别，通过网络传输互连，进行计算、处理和知识挖掘，实现人与物、物与物信息交互和无缝链接，达到对物理世界实时控制、精确管理和科学决策的目的。

### 8.2.2 物联网的产业体系

物联网相关产业是指实现物联网功能所必需的相关产业集合，从产业结构上主要包括物联网制造业和物联网服务业两大范畴，如图8-7所示。

物联网制造业以感知端设备制造业为主，又可细分为传感器产业、RFID产业以及智能仪器仪表产业。感知端设备的高智能化与嵌入式系统息息相关，设备的高精密化离不开集成电路、嵌入式系统、微纳器件、新材料、微能源等基础产业支撑。部分计算机设备、网络通信设备也是物联网制造业的组成部分。

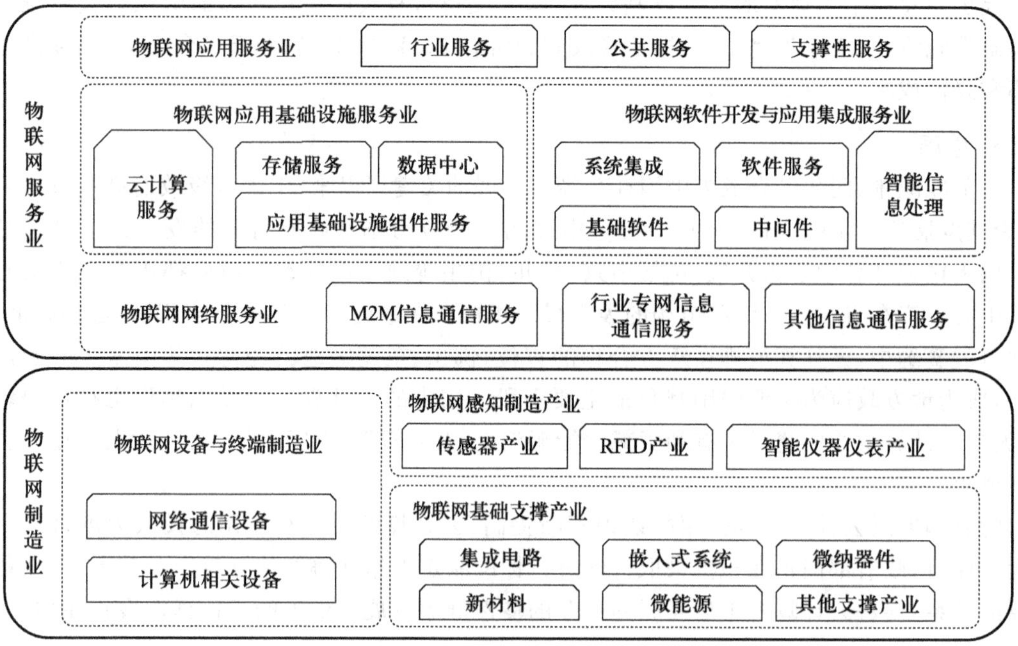

物联网服务业
物联网应用服务业
行业服务
公共服务
支撑性服务
物联网应用基础设施服务业
云计算服务
存储服务
数据中心
应用基础设施组件服务
物联网软件开发与应用集成服务业
系统集成
软件服务
智能信息处理
基础软件
中间件
物联网网络服务业
M2M信息通信服务
行业专网信息通信服务
其他信息通信服务
物联网制造业
物联网设备与终端制造业
网络通信设备
计算机相关设备
物联网感知制造产业
传感器产业
RFID产业
智能仪器仪表产业
物联网基础支撑产业
集成电路
嵌入式系统
微纳器件
新材料
微能源
其他支撑产业



图 8-7　物联网的产业体系

物联网服务业主要包括物联网网络服务业、物联网应用基础设施服务业、物联网软件开发与应用集成服务业以及物联网应用服务业四大类，其中物联网网络服务又可细分为机器对机器通信服务、行业专网通信服务以及其他网络通信服务，物联网应用基础设施服务主要包括云计算服务、存储服务等，物联网软件开发与应用集成服务又可细分为基础软件服务、中间件服务、应用软件服务、智能信息处理服务以及系统集成服务，物联网应用服务又可分为行业服务、公共服务和支撑性服务。

物联网产业的发展不是对已有信息产业的重新统计划分，而是通过应用带动形成新市场、新业态，整体上可分三种情形：

（1）物联网应用对已有产业的提升，主要体现在产品的升级换代。如传感器、RFID、仪器仪表发展已数十年，由于物联网应用使之向智能化、网络化升级，从而实现产品功能、应用范围和市场规模的巨大扩展，传感器产业与 RFID 产业成为物联网感知终端制造业的核心。

（2）物联网应用对已有产业的横向市场拓展，主要体现在领域延伸和量的扩张。如服务器、软件、嵌入式系统、云计算等由于物联网应用扩展了新的市场需求，形成了新的增长点。仪器仪表产业、嵌入式系统产业、云计算产业、软件与集成服务业，不仅与物联网相关，也是其他产业的重要组成部分，物联网成为这些产业发展新的风向标。

（3）由于物联网应用创造和衍生出的独特市场和服务，如传感器网络设备、M2M 通信设备及服务、物联网应用服务等均是物联网发展后才形成的新兴业态，为物联网所独有。物联网产业当前浮现的只是其初级形态，市场尚未大规模启动。

### 8.2.3　物联网产业发展现状

#### 1. 全球物联网发展现状

全球物联网产业体系都在建立和完善之中。产业整体处于初创阶段，具备了一些分散孤立的初级产业形态，尚未形成大规模发展。如物联网核心产业中，2009 年传感器全球规模在 600 亿美元左右，RFID 不到 60 亿美元，M2M 服务 43 亿美元，真正意义上的社会化商业化物联网服务尚处起步阶段。物联网相关支撑产业（如嵌入式系统、软件等）本身均有万亿级美元规模，但并非来自于当前意义的物联网发展，因物联网发展而形成的新增市场还非常小。

由于物联网寄生并依附于现有产业，因此现有产业发达的国家，其物联网产业也具有领先优势。美国、欧盟、日韩等发达国家基础设施好，工业化程度高，传感器、RFID 等微电子设备制造业先进，信息产业发达，因此在物联网产业发展中仍居一定领先地位。

从发达国家对物联网的战略布局来看，基本不是着眼于当前和短期的产业发展，而是面向更长远的科技突破、生产力改进和生产方式变革。

#### 2. 我国物联网发展现状

我国物联网应用总体上处于发展初期，许多领域积极开展了物联网的应用探索与试点，但在应用水平上与发达国家仍有一定差距。目前已开展了一系列试点和示范项目，在电网、交通、物流、智能家居、节能环保、工业自动控制、医疗卫生、精细农牧业、金融服务业、公共安全等领域取得了初步进展。

在工业领域，物联网可以应用于供应链管理、生产过程工艺优化、设备监控管理以及能耗控制等各个环节，目前在钢铁、石化、汽车制造业有一定应用，此外在矿井安全领域的应用也在试点当中。

在农业领域，物联网尚未形成规模应用，但在农作物灌溉、生产环境监测（收集温度、湿度、风力、大气、降雨量，有关土地的湿度、氮浓缩量和土壤 pH）以及农产品流通和追溯方面物联网技术已有试点应用。

在金融服务领域，在“金卡工程”、二代身份证等政府项目推动下，我国已成为继美国、英国之后的全球第三大 RFID 应用市场，但应用水平相对较低。正在起步的电子不停车收费（ETC）、电子 ID 以及移动支付等新型应用将带动金融服务领域的物联网应用朝着纵深方向发展。

在电网领域，2009 年国家电网公布了智能电网发展计划，智能变电站、配网自动化、智能用电、智能调度、风光储等示范工程先后启动。

在物流领域，RFID 全球定位、无线传感等物联网关键技术在物流各个环节都有所应用，但受制于物流企业信息化和管理水平，与国外差距较大。在医疗卫生领域，我国已经启动了血液管理、医疗废物电子监控、远程医疗等应用的试点工作，但尚处于起步阶段。在节能环保领域，在生态环境监测方面进行了小规模试验示范，距离规模应用仍有待时日。

### 8.2.4　物联网的技术架构

物联网网络架构由感知层、网络层和应用层组成，如图 8-8 所示。

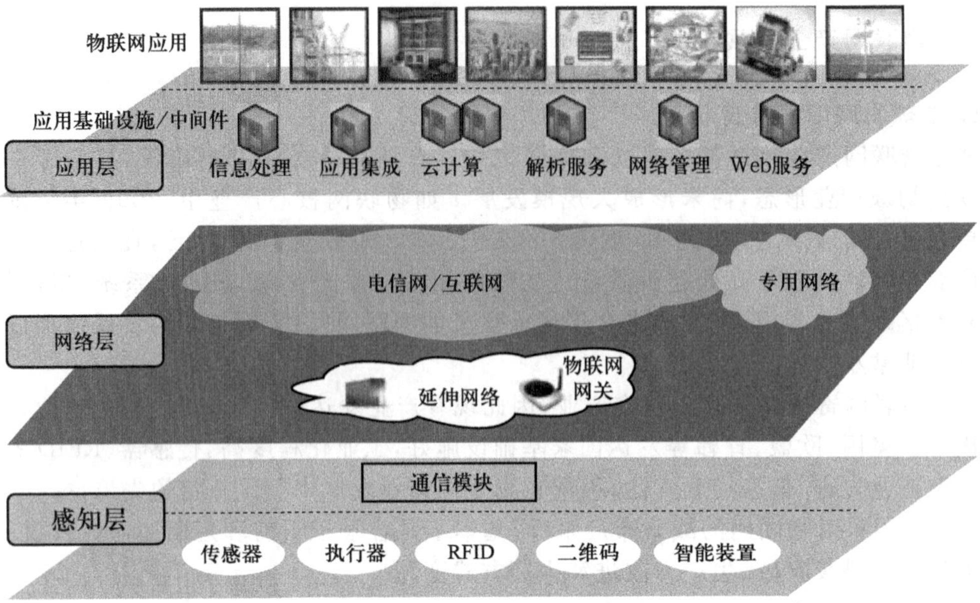

图 8-8　物联网的网络架构



感知层实现对物理世界的智能感知识别、信息采集处理和自动控制，并通过通信模块将物理实体连接到网络层和应用层。网络层主要实现信息的传递、路由和控制，包括延伸网、接入网和核心网，网络层可依托公众电信网和互联网，也可以依托行业专用通信网络。应用层包括应用基础设施/中间件和各种物联网应用。应用基础设施/中间件为物联网应用提供信息处理、计算等通用基础服务设施、能力及资源调用接口，以此为基础实现物联网在众多领域的各种应用。

### 8.2.5　物联网的关键技术

物联网涉及感知、控制、网络通信、微电子、计算机、软件、嵌入式系统、微机电等技术领域，因此物联网涵盖的关键技术也非常多。物联网的技术体系可以划分为感知关键技术、网络通信关键技术、应用关键技术、共性技术和支撑技术，具体如图 8-9 所示。

**1. 感知、网络通信和应用关键技术**

传感和识别技术是物联网感知物理世界获取信息和实现物体控制的首要环节。传感器将物理世界中的物理量、化学量、生物量转化成可供处理的数字信号。识别技术实现对物联网中物体标识和位置信息的获取。

网络通信技术主要实现物联网数据信息和控制信息的双向传递、路由和控制，重点包括低速近距离无线通信技术、低功耗路由、自组织通信、无线接入 M2M 通信增强、IP 承载技术、网络传送技术、异构网络融合接入技术以及认知无线电技术。

海量信息智能处理综合运用高性能计算、人工智能、数据库和模糊计算等技术，对收集的感知数据进行通用处理，重点涉及数据存储、并行计算、数据挖掘、平台服务、信息呈现等。

面向服务的体系架构(Service-Oriented Architecture，SOA)是一种松耦合的软件组件技

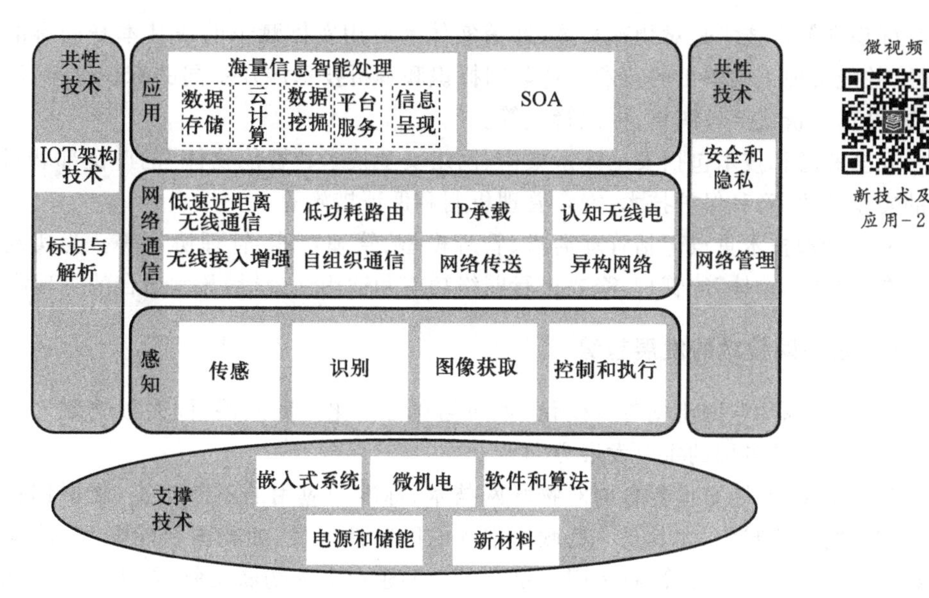


微视频

新技术及应用－2

图 8－9　物联网的关键技术



术，它将应用程序的不同功能模块化，并通过标准化的接口和调用方式联系起来，实现快速可重用的系统开发和部署。SOA 可提高物联网架构的扩展性，提升应用开发效率，充分整合和复用信息资源。

**2. 支撑技术**

物联网支撑技术包括嵌入式系统、微机电系统（Micro Electro Mechanical Systems，MEMS）、软件和算法、电源和储能、新材料技术等。

微机电系统可实现对传感器、执行器、处理器、通信模块、电源系统等的高度集成，是支撑传感器结点微型化、智能化的重要技术。

嵌入式系统是满足物联网对设备功能、可靠性、成本、体积、功耗等的综合要求，可以按照不同应用定制裁剪的嵌入式计算机技术，是实现物体智能的重要基础。

软件和算法是实现物联网功能、决定物联网行为的主要技术，重点包括各种物联网计算系统的感知信息处理、交互与优化软件与算法、物联网计算系统体系结构与软件平台研发等。

电源和储能是物联网关键支撑技术之一，包括电池技术、能量储存、能量捕获、恶劣情况下的发电、能量循环、新能源等技术。

新材料技术主要是指应用于传感器的敏感元件实现的技术。传感器敏感材料包括湿敏材料、气敏材料、热敏材料、压敏材料、光敏材料等。新敏感材料的应用可以使传感器的灵敏度、尺寸、精度、稳定性等特性获得改善。

**3. 共性技术**

物联网共性技术涉及网络的不同层面，主要包括架构技术、标识和解析、安全和隐私、网络管理技术等。

物联网架构技术目前处于概念发展阶段。物联网需具有统一的架构、清晰的分层、支持不同系统的互操作性，适应不同类型的物理网络，适应物联网的业务特性。

标识和解析技术是对物理实体、通信实体和应用实体赋予的或其本身固有的一个或一组属性,并能实现正确解析的技术。物联网标识和解析技术涉及不同的标识体系、不同体系的互操作、全球解析或区域解析、标识管理等。

安全和隐私技术包括安全体系架构、网络安全技术、“智能物体”的广泛部署对社会生活带来的安全威胁、隐私保护技术、安全管理机制和保证措施等。

网络管理技术重点包括管理需求、管理模型、管理功能、管理协议等。为实现对物联网广泛部署的“智能物体”的管理,需要进行网络功能和适用性分析,开发适合的管理协议。

### 8.2.6 物联网技术的发展趋势

未来,全球物联网将朝着规模化、协同化和智能化方向发展,同时以物联网应用带动物联网产业将是全球各国的主要发展方向。

规模化发展:随着世界各国对物联网技术、标准和应用的不断推进,物联网在各行业领域中的规模将逐步扩大,尤其是一些政府推动的国家性项目,如美国智能电网、日本 i-Japan、韩国物联网先导应用工程等,将吸引大批有实力的企业进入物联网领域,大大推进物联网应用进程,为扩大物联网产业规模产生巨大作用。

协同化发展:随着产业和标准的不断完善,物联网将朝协同化方向发展,形成不同物体间、不同企业间、不同行业乃至不同地区或国家间的物联网信息的互联互通互操作,应用模式从闭环走向开环,最终形成可服务于不同行业和领域的全球化物联网应用体系。



智能化发展:物联网将从目前简单的物体识别和信息采集,走向真正意义上的物联网,实时感知、网络交互和应用平台可控可用,实现信息在真实世界和虚拟空间之间的智能化流动。

总之,物联网的发展仍处于起步阶段,物联网产业支撑力度不足,行业需求需要引导,距离成熟应用还需要多年的培育和扶持,发展还需要政府通过政策加以引导和扶持,因此未来几年将结合我国的优势产业,确定重点发展物联网应用的行业领域,尤其是电力、交通、物流等战略性基础设施以及能够大幅度促进经济发展的重点领域,将成为物联网规模发展的主要应用领域。

## 8.3 大数据处理

微视频

人工智能大事件

互动教学 什么是大数据?大数据技术在现实生活中有哪些应用?

### 8.3.1 大数据技术概述

随着信息技术特别是信息通信技术的发展,互联网、社交网络、物联网、移动互联网、云计算等相继进入人们的日常工作和生活中,全球数据信息量呈指数式爆炸增长之势。根据国际数据公司 IDC 发布的研究报告,2011 年全球创建和复制的数据总量为 1.8 ZB(约 1.8 万亿 GB),预计全球数据量大约每两年翻一番,到 2020 年全球将达到 35 ZB 的数据信息量。

“大数据”一词首次被提出是在 2011 年有关机构发布的研究报告《大数据:创新、竞争和生产力的下一个新领域》之中,这份报告研究了数据和文档的状态,同时讲解了处理这些数据的潜在价值。

此后,全球 IT 巨头纷纷把长期部署的海量数据设备、数据分析、商务智能等硬件、软件与服务以“大数据”这一概念推向战略前沿。实际上,近两年来,IBM、甲骨文、EMC、SAP 等国际 IT 巨头已经花费超过 15 亿美元用于收购相关数据管理和分析厂商，以实现大数据领域的技术整合。

### 8.3.2 大数据的定义

大数据本身是一个比较抽象的概念，单从字面来看，它表示数据规模的庞大。但是仅仅数量上的庞大显然无法看出大数据这一概念和以往的“海量数据”(Massive Data)、“超大规模数据”(Very Large Data)等概念之间有何区别。学术界对于大数据尚未有一个公认的定义，不同的定义基本是从大数据的特征出发，通过这些特征的阐述和归纳，试图给出其定义。在这些定义中，比较有代表性的是 3V 定义，即认为大数据需满足 3 个特点：海量化(Volume)、多样化(Variety)和快速化(Velocity)，如图 8-10 所示。除此之外，还有提出 4V 定义的，即尝试在 3V 的基础上增加一个新的特性。关于第四个 V 的说法并不统一，调查机构 IDC 认为大数据还应当具有价值性(Value)，大数据的价值往往呈现出稀疏的特点。而 IBM 认为大数据必然具有真实性(Veracity)。维基百科对大数据的定义则简单明了：大数据是指利用常用软件工具捕获、管理和处理数据所耗时间超过可容忍时间的数据集。

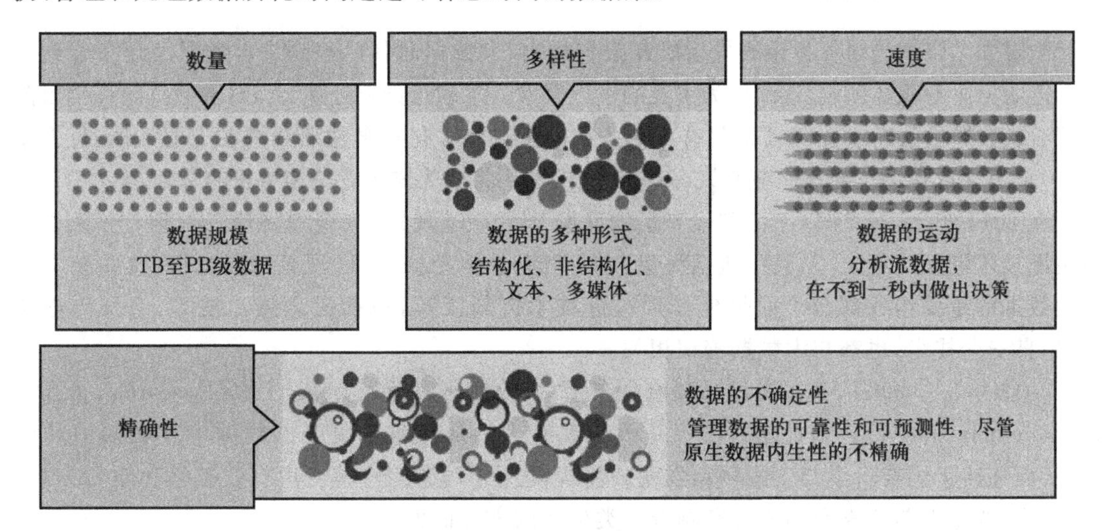


图 8-10 大数据的主要特征



总之，大数据是指需要通过快速获取、处理、分析以从中提取有价值的海量、多样化的交易数据、交互数据与传感数据。

#### 1. 海量化

大数据首先是数据量大。全球数据量正以前所未有的速度增长，遍布世界各个角落的传感器、移动设备、在线交易和社交网络每天都要生成上百万兆字节的数据，据估计，全球可统计的数据存储量在 2011 年约为 1.8 ZB，2012 年达到约 2.7 ZB，2015 年将超过 8 ZB。数据容量增长的速度大大超过了硬件技术的发展速度，以至于引发了数据存储和处理的危机。

#### 2. 多样化

大数据的数据类型非常多。海量数据的危机并不单纯是数据量的爆炸性增长，它还牵涉到数据类型的不断增加。原来的数据都可以用二维表结构存储在数据库中，如常用的 Excel

软件所处理的数据，称为结构化数据。但是现在更多互联网多媒体应用的出现，使图片、声音和视频等非结构化数据占很大比重。统计显示，结构化数据增长率大概是 32%，而非结构化数据增长则是 63%，目前全世界非结构化数据已占数据总量的 80%以上。随着非结构化数据的比重越来越大，显示出其中蕴含着的不可小觑的商业价值和经济社会价值，对传统的数据分析处理算法和软件提出了挑战。

**3. 快速化**

这是人们对大数据处理速度提出的要求。随着经济全球化趋势形成，生产要素成本不断上升，企业面临的竞争环境越来越严酷。在此情况下，能够及时把握市场动态，迅速对产业、市场、经济、消费者需求等各方面情况做出深入洞察，并能快速制订出合理准确的生产、运营、营销策略，就成为企业提高竞争力的关键。而对大数据的快速处理分析，将为企业实时洞察市场变化、迅速做出响应、把握市场先机提供决策支持。

### 8.3.3 大数据产业发展现状

全球知名咨询公司麦肯锡的最新研究报告指出，大数据时代已经到来。数据已经渗透到每一个行业和业务职能领域，逐渐成为重要的生产因素。谷歌每天要处理 20 PB 的数据。淘宝目前每天活跃数据量已经超过 50 TB，共有 4 亿条产品讯息和 2 亿多名注册用户在上面活动，每天超过 4 000 万人次访问。对于企业来说，海量数据的运用将成为未来竞争和增长的基础。



在 2011 年 12 月 8 日，工信部发布了物联网“十二五”规划，该规划将信息处理技术列为 4 项关键技术创新工程之一，其中包括海量数据存储、数据挖掘、图像视频智能分析，这些技术都是大数据的重要组成部分。而另外 3 项关键技术创新工程，包括信息感知技术、信息传输技术、信息安全技术，也都与大数据密切相关。

2012 年 3 月 29 日，美国奥巴马政府公布了“大数据研发计划”（Big Data Research and Development Initiative）。该计划的目标是改进现有人们从海量和复杂的数据中获取知识的能力，从而加速美国在科学与工程领域发明的步伐，增强国家安全，转变现有的教学和学习方式。大数据产业正以前所未有的速度影响着人类生活的方方面面。

**1. 零售行业**

零售行业需要及时响应客户需求，实现精准营销。由于零售行业同类产品的差异小、可替代性强的特点，零售企业销售收入的提高离不开出色的购物体验和客户服务。零售企业需要销售有特色的本地化商品并增加流行款式和生命周期短的产品，需要运用最先进的计算机和各种通信技术对变化中的消费需求迅速做出反应。

零售行业需要增强产品流转率，实现快速营销和精准营销，这就要求零售企业对消费者消费行为、天气等进行大数据分析。在选择上架产品时，零售企业为确保提供式样新颖的商品，需要对消费者的消费行为以及趋势进行分析；在制定定价、广告等策略时，需要进行节假日、天气等大数据分析；在稳定收入源时，需要对消费群体进行大数据分析，零售企业可以利用电话、Web、电子邮件等所有联络渠道的客户的数据进行分析，并结合客户的购物习惯，提供一致的个性化购物体验，以提高客户忠诚度。同时，从微博等社交媒体中挖掘实时数据，再将它们同实际销售信息进行整合，能够为企业提供真正意义上的智能，了解市场发展趋势、理解客户的消费行为并为将来制定更加有针对性的策略。

此外，零售企业还可以对运营管理的各个环节进行大数据分析。通过条码技术、标签技术、全息扫描技术、RF技术等大数据分析，零售企业集中管理供应、物流、存货等业务，可以实现企业内外供应链管理的高效协同，从而帮助零售企业强化终端业务的管控，提高对市场的反应速度。利用RFID标签来追踪产品销量信息，能够让企业更好地管理库存，优化产品线并分析销售峰值周期。

**2. 互联网行业**

互联网行业主要特征之一是各种类型的信息和数据都呈现爆炸式地增长。这些信息和数据包括不同数据类型，例如：结构化数据、半结构化数据和非结构化数据。据统计，全球每个月发布10亿条Twitter信息和300亿条Facebook信息。全球90%的数据都是在过去两年中生成的。在未来几年，数字信息会呈现更加惊人增长，预计到2020年信息和数据总量将增长44倍。

互联网已经从以前的单纯网页浏览信息，发展到现在搜索信息和网络社交。用户行为和网络中的社会群体变得更加多样化、复杂化。用户之间可能根据社会关系、兴趣爱好等组成不同的Web社会群体。

互联网行业需要利用大数据分析来提升用户体验，增加用户黏性。用户体验和用户黏性对于互联网公司来说是至关重要的测评指标。特别是门户网站、电子商务网站、社交网站、论坛等不仅仅是靠流量赚钱的网站，用户的黏性对于他们来说是关系网站生存大计的事情。面对当今快速增长的海量互联网数据和复杂的网络社群关系，如何从中提取有价值信息，建立用户模型，针对不同用户提供针对性产品，以此来提高用户体验，增加用户黏性，是当前互联网行业面对的主要挑战之一。

**3. 电信行业**

近些年由于无线上网和智能手机的推广，导致电信行业数据量呈现爆炸性增长。从全球移动网络中语音和数据流量的状况来看，2009年末，数据流量超过了语音流量，到2011年数据流量已经超过语音流量的两倍。2010年全球移动数据流量比2009年增长159%，达到每月237 PB。根据有关机构研究预测，到2015年全球移动数据流量将比2010年上升26倍。

在移动数据流量快速增长的同时，电信运营商并没有从传送大量的上层应用内容中获得更多收益，面临收入增速放缓的困境。例如：近3年来，AT&T的移动用户数增长了24%，移动数据流量却暴增1 161%。要真正扭转这一局面，运营商必须转变过去简单粗放的网络经营方式，构建“智能管道”已刻不容缓。电信业需要面对暴增的数据流量，研究如何从中发现潜在的信息应用需求，获取更大的商业价值，从而增加管道的价值和收入，进一步抓住未来广阔的信息化市场，摆脱被边缘化和底层化的危机。

### 8.3.4　大数据的关键技术

大数据价值的完整体现需要多种技术的协同。文件系统提供底层存储能力的支持，为了便于数据管理，需要在文件系统之上建立数据库系统。通过索引等的构建，对外提供高效的数据查询等常用功能。最终通过数据分析技术从数据库中的大数据提取出有益的知识。大数据的关键技术包括：

**1. 可用于大数据分析的关键技术**

可用于大数据分析的关键技术源于统计学和计算机科学等多个学科，包括关联规则挖掘、分类、数据聚类、数据融合和集成、数据挖掘、集成学习、遗传算法、机器学习、自然语言处理、神经网络、神经分析、模式识别、预测模型、回归、情绪分析、信号处理、空间分析、统计、监督式学习、无监督式学习、模拟、时间序列分析、时间序列预测模型、可视化技术等。

**2. 用于处理大数据的关键技术**

用于整合、处理、管理和分析大数据的关键技术主要包括 BigTable、商业智能、云计算、Cassandra、数据仓库、数据集市、分布式系统、Dynamo、GFS、Hadoop、HBase、MapReduce、Mashup、元数据、非关系型数据库、关系型数据库、R 语言、结构化数据、非结构化数据、半结构化数据等。

**3. 大数据可视化技术**

可视化技术是大数据应用的重点之一，目前主要包括标签云、Clustergram、历史流、空间信息流等技术和应用。

### 8.3.5 大数据处理的发展趋势



**1. 数据资产化，信息部门从“成本中心”转向“利润中心”**

在大数据时代，数据渗透各个行业，渐渐成为企业战略资产。研究估计，2010 年全球企业使用超过 7 EB 的增量磁盘来存储数据。有些公司的数据相对于其他公司更多，使他们拥有更多获取数据潜在价值的可能，例如银行、证券、保险等金融领域。除了数据量不同外，不同数据类型也有很大差异。例如金融行业的数字数据、文本数据，多媒体行业的音频、视频数据。企业所拥有数据的规模、活性，以及收集、运用数据的能力，将决定企业的核心竞争力。掌控数据就可以支配市场，意味着巨大的投资回报，企业的 IT 部门将从“成本中心”转变为“利润中心”，而数据将成为企业的核心资产。

**2. 决策智能化，企业战略从“业务驱动”转向“数据驱动”**

智能化决策是企业未来发展方向。过去很多企业对自身经营发展的分析只停留在数据和信息的简单汇总层面，缺乏对客户、业务、营销、竞争等方面的深入分析。如果决策者只能凭着主观与经验对市场的估测进行决策，将导致价值定位不准，存在很大风险。在大数据时代，企业通过收集和分析大量内部和外部的数据，获取有价值的信息。通过挖掘这些信息，企业可以预测市场需求，进行智能化决策分析。有研究显示，在美国公司，数据智能化提高 10%，产品和服务质量就可以提高 14.6%。

## 8.4 相关职业岗位能力

本部分知识可为下列职业人员提供岗位能力支持：

- 系统运维工程师
- 虚拟化与云系统部署工程师

- 物联网应用工程师
- 大数据处理工程师

## 8.5 课后体会

互动练习

第 8 章自测题

### 学生总结

年 月 日

# 第 9 章　计算机相关职业

**本章课前准备**

查找相关资料，了解典型 IT 企业的职业岗位和职业要求

对照这些岗位和要求，自己对专业学习做一个规划

**本章教学目标**

使学生掌握职业规范与职业道德体系相关知识

能理解相关职业岗位的含义

了解相关岗位的职业能力要求

**本章教学要点**

典型 IT 行业的相关职业岗位及岗位能力要求

**本章教学建议**

调研、讨论、讲述、演示相结合

微视频

计算机相关职业-1

计算机及相关行业是一个工种非常多的产业类型，每个从业人员在其中都会从事某项职业。刚入门的从业人员会面临一些困惑：我学的是什么专业？我将来会从事哪项职业？我的职业对专业素养有哪些要求？具体的职业工作场景是什么样的？本章将以典型的 IT 职业为例，对上述问题进行解答。

## 9.1　职业规范与职业道德

**互动教学** 请你列举出一些职业及相关规范要求。

职业是指由于社会分工而形成的具有特定专业和专门职责，并以所得收入作为主要生活来源的工作。职业是在人类社会出现分工之后产生的一种社会历史现象。职业的特点在社会生活中主要表现在三个方面：一是职业职责，即每一种职业人员都有一定的社会责任，必须承担一定的社会任务，为社会做出应有的贡献；二是职业权利，即每一种职业人员都有一定的职业业务权力，就是说，只有从事这种职业的人才有这种权利，而在此职业之外的人不具有这种权利；三是职业利益，即每种职业人员都能从职业工作中取得工资、奖金和荣誉等利益。一般来说，任何一种职业都是职业职责、职业权利和职业利益的统一体。职业既是人们谋生的手段，又是人们与社会进行交往的一种渠道。人们在交往中必然涉及各方面的利益，于是如何调节职业交往中的矛盾问题就摆在了人们的面前，这就需要用道德来调节。

毕业生走上工作岗位，除了具备一定的专业知识之外，敬业和道德是必备的，体现在职场上的就是职业素养和职业道德，体现在生活中的就是个人素质或者道德修养。职业素养与职业道德是职业内在的规范和要求，是在职业过程中表现出来的综合品质。

### 9.1.1 职业素养

职业素养是指从业者在工作过程中需要遵守的行为规范。个体行为的综合构成了自身的职业素养,职业素养是内涵,个体行为是职业素养的外在表象。

#### 1. 职业素养在工作中的地位

职业素养是职业内在的规范和要求。很多企业界人士认为,职业素养至少包含两个重要因素:敬业精神及工作的态度。敬业精神就是在工作中将自己视作公司的一部分,不管做什么工作一定要做到最好,发挥出实力,对于一些细小的错误,一定要及时地更正。敬业不仅仅是吃苦耐劳,更重要的是"用心"去做好公司分配的每一份工作。工作态度是职业素养的核心,好的工作态度,比如负责、积极、自信、建设性、欣赏、乐于助人等,是决定成败的关键因素。

总结比尔·盖茨(图 9-1)、李嘉诚等著名人物的成功经验,分析所看到的众多职场人士的成功与失败,可以得到了一个宝贵的理念:一个人,能力和专业知识固然重要,但是,在职场上要成功,不仅在于他的能力与专业知识,而更重要的在于他所具有的职业素养。缺少这些关键的素养,一个人将一生庸庸碌碌,与成功无缘。拥有这些素养,会少走很多弯路,以最快的速度通向成功。目前,很多企业已经把职业素养作为员工招聘的重要指标。有一定规模的专业公司在招聘新人时,基本都要综合考查毕业生的 5 个方面:专业素质、职业素养、协作能力、心理素质和身体素质。职业素养可以通过个体在工作中的行为来表现,而这些行为以个体的知识、技能、价值观、态度、意志等为基础。良好的职业素养是企业必需的,是个人事业成功的基础,是大学生进入企业的"金钥匙"。

图 9-1 比尔·盖茨

#### 2. 大学生职业素养的构成

"素质冰山"理论认为,个体的素质就像水中漂浮的一座冰山,水上部分的知识、技能仅仅代表表层的特征,不能区分绩效优劣;水下部分的动机、特质、态度、责任心才是决定人的行为的关键因素,可鉴别绩效优秀者和一般者。大学生的职业素养也可以看成是一座冰山:冰山浮在水面以上的只有整体的 1/8,它代表大学生的形象、资质、知识、职业行为和职业技能等方面,是人们看得见的、显性的职业素养,这些可以通过各种学历证书、职业证书来证明,或者通过专业考试来验证。而冰山隐藏在水面以下的部分占整体的7/8,它代表大学生的职业意识、职业道德、职业作风和职业态度等方面,是人们看不见的、隐性的职业素养。显性职业素养和隐性职业素养共同构成了所应具备的全部职业素养。由此可见,大部分的职业素养是人们看不见的,但正是这7/8的隐性职业素养决定、支撑着外在的显性职业素养,显性职业素养是隐性职业素养的外在表现。因此,大学生职业素养的培养应该着眼于整座"冰山",并以培养显性职业素养为基础,重点培养隐性职业素养。

当然,这个培养过程不是学校、学生、企业哪一方能够单独完成的,而应该由三方共同协作,实现"三方共赢"。

**3. 大学生职业素养的自我培养**

作为职业素养培养主体的大学生,在大学期间应该学会自我培养。

首先,要培养职业意识。雷恩·吉尔森说:"一个人花在影响自己未来命运的工作选择上的精力,竟比花在购买穿了一年就会扔掉的衣服上的心思要少得多,这是一件多么奇怪的事情,尤其是当他未来的幸福和富足要全部依赖于这份工作时。"很多高中毕业生在跨进大学校门之时就认为已经完成了学习任务,可以在大学里尽情地"享受"了,这正是他们在就业时感到压力的根源。清华大学的樊富珉教授认为,中国有69%~80%的大学生对未来职业没有规划,就业时容易感到压力。一项在校大学生心理健康状况调查显示,75%的大学生认为压力主要来源于社会就业;50%的大学生对于自己毕业后的发展前途感到迷茫,没有目标;41.7%的大学生表示目前没考虑太多;8.3%的人对自己的未来有明确的目标并且充满信心。



培养职业意识就是要对自己的未来有规划。因此,大学期间,每个大学生应明确:我是一个什么样的人?我将来想做什么?我能做什么?环境能支持我做什么?着重解决一个问题,就是认识自己的个性特征,包括自己的气质、性格和能力,以及自己的个性倾向,包括兴趣、动机、需要、价值观等。据此来确定自己的个性是否与理想的职业相符;对自己的优势和不足有一个比较客观的认识,结合环境,如市场需要、社会资源等,确定自己的发展方向和行业选择范围,明确职业发展目标。

其次,配合学校的培养任务,完成知识、技能等显性职业素养的培养。职业行为和职业技能等显性职业素养比较容易通过教育和培训获得。学校的教学及各专业的培养方案是针对社会需要和专业需要所制订的,旨在使学生获得系统化的基础知识及专业知识,加强学生对专业的认知和知识的运用,并使学生获得学习能力、培养学习习惯。因此,大学生应该积极配合学校的培养计划,认真完成学习任务,尽可能利用学校的教育资源(包括教师、图书馆等)获得知识和技能,作为将来职业需要的储备。

再次,有意识地培养职业道德、职业态度、职业作风等方面的隐性素养。隐性职业素养是大学生职业素养的核心内容。核心职业素养体现在很多方面,如独立性、责任心、敬业精神、团队意识、职业操守等。事实表明,很多大学生在这些方面存在不足。有调查发现,缺乏独立性、抢风头、不愿下基层吃苦等表现容易断送大学生的前程。如某专业咨询公司所进行的一次招聘中,一位来自上海某名牌大学的女生在中文笔试和外语口试中都很优秀,但被最后一轮面试淘汰。面试官回顾此事时说:"我最后不经意地问她,你可能被安排在大客户经理助理的岗位,但你的户口能否进深圳还需再争取,你愿意么?"结果,她犹豫片刻回答说:"先回去和父母商量再决定。"缺乏独立性使她失掉了工作机会。而喜欢抢风头的人被认为没有团队合作精神,用人单位也不喜欢。如今，很多大学生生长在“6＋1”的独生子女家庭，因此在独立性、承担责任、与人分享等方面都不够好，相反他们爱出风头、容易受伤。因此，大学生应该有意识地在学校的学习和生活中主动培养独立性、学会分享、感恩、勇于承担责任，不要把错误和责任都归咎于他人，要先检讨自己，承认自己的错误和不足。

另外，大学生职业素养的自我培养应该加强自我修养，在思想、情操、意志、体魄等方面进行自我锻炼。同时，还要培养良好的心理素质，增强应对压力和挫折的能力，善于从逆境中寻找转机。

### 9.1.2　职业道德

道德是调节个人与自我、他人、社会和自然界之间关系的行为规范的总和。每个人都生活在一定的社会环境中，在这个特定的环境中必然要与他人、社会、自然界之间发生这样那样的关系。这些关系是错综复杂的，往往会产生各种矛盾，以及对待这些矛盾的不同态度和行为。而约束和调整这些关系就要运用一定的规范，这种规范就是道德。职业道德是靠社会舆论、传统习惯、教育和内心信念来维持的。行为规范，就是行为准则，也就是应该怎么做、不应该怎么做的标准和原则。道德的特点主要表现在三个方面；一是它以善恶作为评价人与事的标准；二是它的调节手段是非强制性的；三是它首先维护的是整体利益。人们通常把道德分为三种类型，即家庭道德、社会公共道德和职业道德。



#### 1. 职业道德的概念

职业道德是指同人们的职业活动紧密联系的符合职业特点所要求的道德准则、道德情操与道德品质的总和(图 9-2)。职业道德不仅是从业人员在职业活动中的行为标准和要求，而且是本行业对社会所承担的道德责任和义务，是社会道德在职业生活中的具体化。要理解职业道德需要掌握以下四点：

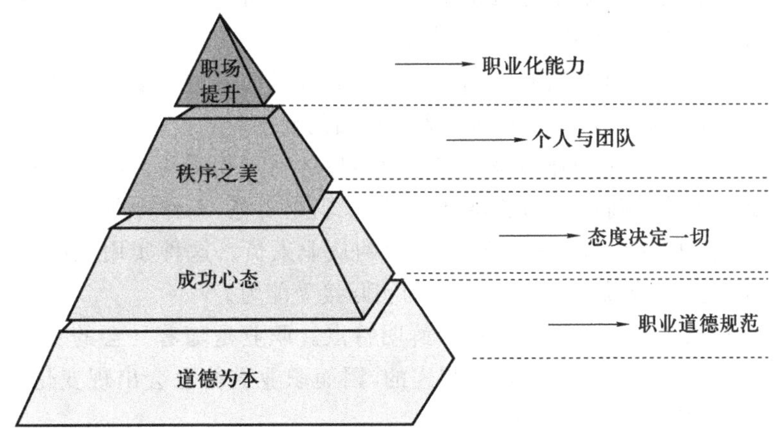


图 9-2　职业道德能力

(1) 在内容方面，职业道德总是要鲜明地表达职业义务、职业责任以及职业行为上的道德准则。它不是一般地反映社会道德和阶级道德的要求，而是要反映职业、行业以至产业特殊利益的要求；它不是在一般意义上的社会实践基础上形成的，而是在特定的职业实践的基础上形成的，因而它往往表现为某一职业特有的道德传统和道德习惯，表现为从事某一职业的人们所特有的道德心理和道德品质，甚至造成从事不同职业的人们在道德品貌上的差异。

(2) 在表现形式方面，职业道德往往比较具体、灵活、多样。它总是从本职业的交流活动的实际出发，采用制度、守则、公约、承诺、誓言、条例，以及标语口号等形式。这些灵活的形式既易于为从业人员所接受和实行，又易于形成一种职业的道德习惯。

(3) 从调节的范围来看，职业道德一方面用来调节从业人员内部关系，加强行业内部人员的凝聚力；另一方面，它也用来调节从业人员与其服务对象之间的关系，塑造本职业从业人员的形象。

(4) 从产生的效果来看，职业道德既能使一定的社会或阶级的道德原则和规范"职业化"，又能使个人道德品质"成熟化"。职业道德虽然是在特定的职业生活中形成的，但它决不是离开社会道德或阶级道德而独立存在的道德类型。在阶级社会里，职业道德始终是在社会道德和阶级道德的制约和影响下存在和发展的；职业道德和社会道德或阶级道德之间的关系，是一般与特殊、共性与个性之间的关系。任何一种形式的职业道德，都在不同程度上体现着社会道德或阶级道德的要求。同样，社会道德或阶级道德，在很大范围上都是通过具体的职业道德形式表现出来的。同时，职业道德主要表现在实际从事一定职业的人们的意识和行为中，是道德意识和道德行为成熟的阶段。职业道德与各种职业要求和职业生活结合，具有较强的稳定性和连续性，形成比较稳定的职业心理和职业习惯，以至于在很大程度上改变人们在青少年生活阶段所形成的品行，影响道德主体的道德风貌。



**2. 职业道德的基本特点**

职业道德是道德的重要组成部分，是道德规范的特殊领域，它具有自己鲜明的特点，主要表现在以下四个方面：

(1) 行业性。行业性是职业道德区别于一般道德的显著特点。职业道德往往都是与职业特点结合在一起的，因此，带有明显的行业特征。

(2) 广泛性。广泛性是针对所有不同职业的从业人员而言的。职业道德不是对某些职业中的某些人员提出的要求，而是对所有从业人员提出的要求。

(3) 实用性。实用性是指职业道德要与职业岗位的特点相适应。各种职业从本行业的要求出发，概括提炼出十分明确具体的道德准则，如以职业规范、工作守则、生活公约、行为须知等简明的形式公之于众，用以规范和约束本职业的从业人员。这种实用性的特点体现了职业道德要适应职业岗位的具体条件和从业人员的实际接受能力。

(4) 时代性。时代性是职业道德的一个鲜明特点。职业是随着社会的发展而不断发生变化的，职业的存在与否是和社会分工紧密相连的，因而职业道德也会出现变化，而且同一职业在不同的时代也会表现出不同的特点。

**3. 职业道德的社会作用**

职业道德是社会道德体系的重要组成部分，它一方面具有社会道德的一般作用，另一方面又具有自身的特殊作用。具体表现在以下四个方面：

(1) 调节职业交往中从业人员内部以及从业人员与服务对象间的关系。职业道德的基本职能是调节职能。它一方面可以调节从业人员内部的关系，即运用职业道德规范约束职业内部人员的行为，促进职业内部人员的团结与合作。如职业道德规范要求各行各业的从业人员，都要团结、互助、爱岗、敬业，齐心协力地为发展本行业、本职业服务。另一方面，职业道德又可以调节从业人员和服务对象之间的关系。如职业道德规定了制造产品的工人要怎样对用户负责；营销人员怎样对顾客负责；医生怎样对病人负责；教师怎样对学生负责；等等。

(2) 有助于维护和提高本行业的信誉。一个行业或企业的信誉，也就是它们的形象、信用和声誉，是指行业或企业及其产品与服务在社会公众中的信任程度。提高企业的信誉主要靠产品质量和服务质量，而从业人员具有较高的职业道德水平是产品质量和服务质量的有效保证。若从业人员职业道德水平不高，就很难生产出优质的产品和提供优质的服务。

(3) 促进本行业的发展。行业或企业的发展有赖于良好的经济效益，而良好的经济效益源于优秀的员工素质。员工素质主要包括知识、能力和责任心三个方面，其中责任心是最重要的，而职业道德水平高的从业人员的责任心是极强的。

(4) 有助于提高全社会的道德水平 。职业道德是整个社会道德的主要内容。它一方面涉及每个从业者如何对待自己的职业和工作，同时也充分体现了一个从业人员的生活态度和价值观念，是一个人的道德意识和道德行为发展的成熟阶段，因此具有较强的稳定性和连续性。另一方面，职业道德也是一个职业集体，甚至是一个行业全体人员的行为表现。如果每个行业和每个职业集体都具备优良的职业道德，那么整个社会道德水准就能够保持在一个较高的层面上。



### 9.1.3　IT 行业人员职业道德

每位从业人员，不论是从事哪种职业，在职业活动中都要遵守道德。如教师要遵守教书育人、为人师表的职业道德，医生要遵守救死扶伤的职业道德，等等。从事计算机行业，就必须要遵守计算机职业道德，计算机职业道德的最基本要求就是国家关于计算机管理理方面的法律法规。我国的计算机信息法规和规章制定较晚，比较常见的如《全国人民代表大会常务委员会关于维护互联网安全的决定》、《计算机软件保护条例》、《互联网信息服务管理办法》、《互联网电子公告服务管理办法》等，这些法规和规章是应当被每一位计算机职业从业人员所牢记的，严格遵守这些法规和规章是计算机专业人员职业道德的最基本要求。

**1. IT 行业人员职业的行为准则**

(1) 知识产权保护。知识产权是指人们就其智力劳动成果所依法享有的专有权利，通常是国家赋予创造者对其智力成果在一定时期内享有的专有权或独占权。知识产权从本质上说是一种无形财产权，它的客体是智力成果或者知识产品，是一种精神财富，是创造性的智力劳动所创造的劳动成果。它与房屋、汽车等有形财产一样，都受到国家法律的保护，都具有价值和使用价值。知识产权保护主要有两种手段：一是法律手段，二是技术手段。有了相关法律的规定，有关纠纷的解决就有法可依。但是，由于软件产品的日益更新，发展迅速，法律的修订与完善很难跟上现实软件产品发展的需求。技术手段方面，随着软件技术的飞速发展，对软件技术的保护措施的要求也越来越高。为此，应采取多种形式的措施加强对软件产品的保护。

(2) 按照有关法律、法规和规定建立计算机信息系统。建立计算机系统必须保障其具有一定的安全性，主要有三个方面：保密性(即信息和资源不能向非授权的用户泄漏)、完整性(即信息和资源保证不被非授权的用户修改和利用)、可靠性(即当授权用户需要时,信息和资源保证能够被使用)。

(3) 以合法的用户身份进入计算机系统。非法侵入计算机系统会给他人带来很多麻烦,侵犯了他人的合法权益。更严重的话,如果违反国家规定,侵入国家事务、国防建设、尖端科学技术的计算机系统,就是一种犯罪行为,即犯了“非法侵入计算机信息系统罪”,将要受到法律的制裁。

(4) 在收集、发布信息时尊重相关人员的名誉、隐私等合法权益。随意将他人的隐私曝光,是很不道德的行为,不论是在计算机行业,还是在其他行业,都应时刻注意,做任何事都不能损害他人名誉,侵犯他人隐私。

**2. IT 行业犯罪行为**

IT 行业犯罪主要有以下几个方面:

(1) 盗版侵权。擅自将他人开发的软件当作自己的软件发布;擅自修改、翻译、注释他人享有著作权的软件;擅自复制或部分复制他人享有著作权的软件。这些行业均属于盗版侵权行为,严重侵犯了知识产权保护法。

(2) 破坏活动。破坏活动是指蓄意破坏计算机程序、数据和信息,以达到某种目的。计算机破坏活动包括:入侵电子邮箱,未经授权访问利用他人邮箱,窃取他人秘密、损害他人利益;私自穿越防火墙,窥视、偷窃、破坏他人的信息,或者盗用他人的网络资源;私自解密入侵网络资源,侵犯公私财产,扰乱社会经济秩序,危害国家安全、重大利益或企业、公民合法权益。



(3) 偷窃行为。目前,四通八达、操作简单的国际互联网非常开放,丰富而多样化的网上资源为道德败坏者的偷窃行为提供了条件和可能,利用计算机来行窃的案例也越来越多。电子窃密活动可能侵入计算机网络,不仅商业和银行信息有被窃的可能,甚至某些重要的国家机密信息也可能被窃。

(4) 网络诈骗。网络诈骗指利用计算机网络技术,采用各种非法手段,例如编制诈骗程序、发布虚假信息、篡改数据文件等,非法获取利益的犯罪行为。

## 9.2 典型 IT 职业描述

互动教学 请描述一下你所知道的 IT 企业职业岗位工作情景。

### 9.2.1 系统工程师

系统工程师(图 9-3)要求从业者具备较高专业技术水平,了解不同应用的硬件及系统需求,能够分析各类应用需求,负责与用户交流、建议方案的设计以及投标书的撰写,完成对实际需求解决方案的基础架构,指导设备安装调试、系统测试、技术文档编写等工作。

**1. 职业定义**

系统工程师是大型项目的技术总设计和领导者,总体负责系统的体系结构设计和指导。系统工程师需要具备较高专业技术水平,能够分析商业需求,并使用各种系统平台和服务器软件来设计并实现解决方案的基础架构。

图 9-3　系统工程师

微视频

计算机相关职业-2

**2. 职位要求**

(1) 广博的知识面；

(2) 熟悉计算机以及网络基础理论，熟悉网络技术系统基础；

(3) 精通网络平台设计、服务器平台设计、基础应用平台设计；

(4) 精通网络设备调试技术、服务器调试技术、基础应用平台调试技术；

(5) 熟悉各类软件开发平台的功能，对数据库有一定了解；

(6) 要求较高的计算机专业英语水平：良好的口头语言表达能力和文字表达能力；

(7) 良好的人际交流能力和与他人协同工作能力。

**3. 工作职责**

(1) 硬件集成，主要任务包括服务器、存储设备安装调试、分区、微码升级等工作，并编写安装报告；

(2) 系统初始化，主要任务包括安装虚拟化软件、操作系统和相应补丁升级工作，并编写安装报告；

(3) 系统配置，主要任务包括网络、磁盘存储、文件系统、用户、交换分区、系统日志以及管理逻辑和物理设备等配署工作，并编写安装报告；

(4) 高可用软件安装，主要任务包括规划配置高可用环境，安装高可用软件等工作，并编写安装报告；

(5) 应用软件安装，主要任务包括安装数据库软件、备份、监控和其他应用软件等，并编写安装报告；

(6) 与产品规划人员沟通，掌握产品需求及变更，具有项目进度规划和管理、技术难点公关、各项性能优化能力；

(7) 各类招标投标文书的撰写及各类技术文档的编写。

### 9.2.2　网络工程师

网络工程师(图 9-4)应能根据应用部门的要求进行网络系统的规划、设计和网络设备的软硬件安装调试工作，能进行网络系统的运行、维护和管理，能高效、可靠、安全地管理网络资源，作为网络专业人员对系统开发进行技术支持和指导，具有工程师的实际工作能力和业务水平，能指导助理工程师从事网络系统的构建和管理工作。

图 9-4　网络工程师

**1. 职业定义**

网络工程师是指基于硬、软件两方面的工程师。根据硬件和软件的不同、认证的不同，将网络工程师划分成很多种类。网络工程师是通过学习和训练，掌握网络技术的理论知识和操作技能的网络技术人员。网络工程师能够从事计算机信息系统的设计、建设、运行和维护工作。

**2. 职位要求**



(1) 熟悉计算机系统的基础知识，掌握熟悉网络操作系统的基础知识；

(2) 理解计算机应用系统的设计和开发方法，了解熟悉数据通信的基础知识；

(3) 熟悉系统安全和数据安全的基础知识，掌握网络安全的基本技术和主要的安全协议；

(4) 掌握计算机网络体系结构和网络协议的基本原理、计算机网络有关的标准化知识、局域网组网技术，理解城域网和广域网基本技术；

(5) 掌握计算机网络互联技术，掌握 TCP/IP 协议网络的连网方法和网络应用技术，理解接入网与接入技术；

(6) 掌握网络管理的基本原理和操作方法，熟悉网络系统的性能测试和优化技术，以及可靠性设计技术；

(7) 理解网络应用的基本原理和技术、网络新技术及其发展趋势；

(8) 了解有关知识产权和互联网的法律法规，正确阅读和理解本领域的英文资料。

**3. 工作职责**

(1) 利用网络设备组建企业网络，安装并管理网络操作系统上的各种应用服务；

(2) 独立完成企业网络的日常运行维护；

(3) 快速排除网络运行的一般性故障；

(4) 规范地完成日常各种专业文档的编写；

(5) 网站的组建与维护工作；

(6) 网络平台信息采集和录入支持，网络平台的运作方向以及平台维护管理等工作。

### 9.2.3　数据库工程师

随着中国信息化建设的全面展开，数据库在越来越多的企事业中得到广泛的应用(图 9-5)，从大型的 ERP 系统，到小型的进销存管理系统，从财务系统到销售系统，数据库系统的设计、管理、维护、稳定、安全以及性能优化等问题成为企业最为关注的重点。目前数据库工程师的就业范围非常广，企业数据库运维管理方面的技术专家是最紧缺的人才之一。

图 9-5 数据库服务中心

**1. 职业定义**

数据库工程师主要从事数据库应用系统分析及规划、数据库设计及实现、数据库存储与并发控制、数据库管理与维护，要求掌握数据库系统的基本理论和技术，能够使用 SQL 语言实现数据库的建立、维护和管理，具备利用工具软件开发基本数据库应用系统的能力，能够胜任中小型数据库的维护、管理和应用开发。



**2. 职位要求**

(1) 掌握数据库技术的基本概念、原理、方法和技术；

(2) 能够使用 SQL 语言实现数据库操作；

(3) 具备数据库系统安装、配置及数据库管理与维护的基本技能；

(4) 掌握数据库管理与维护的基本方法；

(5) 掌握数据库性能优化的基本方法；

(6) 了解数据库应用系统的生命周期及其设计、开发过程；

(7) 熟悉常用的数据库管理和开发工具，具备用指定的工具管理和开发简单数据库应用系统的能力；

(8) 了解数据库技术的最新发展。

**3. 工作职责**

(1) 设计并优化数据库物理建设方案；

(2) 制订数据库备份和恢复策略及工作流程与规范；

(3) 在项目实施中，承担数据库的实施工作；

(4) 针对数据库应用系统运行中出现的问题，提出解决方案；

(5) 对空间数据库进行分析、设计并合理开发，实现有效管理；

(6) 监督数据库的备份和恢复策略的执行；

(7) 为应用开发、系统知识等提供技术咨询服务。

### 9.2.4 硬件工程师

硬件工程师(图 9-6)是指掌握硬件产品的结构、性能及应用技术，熟练使用各种软硬件测试工具，能够独立搭建软硬件测试平台，并评价产品，写出产品的测试报告等专门人才，要求具备一定的分析、解决问题能力。

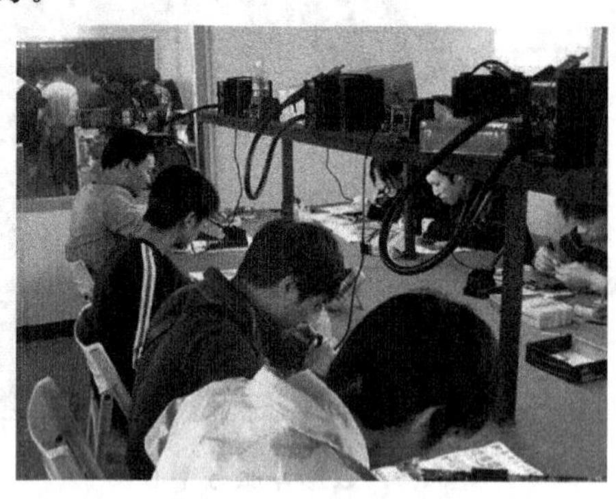

图 9-6 硬件工程师

**1. 职业定义**



硬件工程师是指维护硬件运行、修理硬件故障的专业技术人员。要求其学会并掌握计算机硬件基础知识及 PC 机组装技术，理解各种硬件术语的内涵，熟悉微型计算机硬件结构及组成原理，了解相关数码产品及办公产品的电气知识，了解各设备部件维修的操作规程，熟悉市场上电脑配件的种类及性能，能独立完成组装和系统的安装工作。熟练使用各种检测和维修工具，对硬件故障进行定位和排除。具备板卡维修、外存储器维修、显示器维修、笔记本电脑维修、打印机维修等能力。

**2. 职位要求**

(1) 掌握系统的微型计算机硬件基础知识和 PC 机组装技术，熟悉市场上各类产品的性能，理解各种硬件术语的内涵，能够根据客户的需要制作配置表，并独立完成组装和系统的安装工作；

(2) 熟悉各种硬件故障的表现形式和判断方法，熟悉各种 PC 操作系统和常用软件，具有分析问题能力，能够制作详尽的日常保养和技术支持的技术文件，跟踪所受理的维护项目；

(3) 学会并掌握微型计算机硬件结构及数码产品的电气知识、部件维修的基本操作，熟练使用各种软硬件检测和维修工具，具有分析问题能力，能够对硬件发生的故障进行定位和排除；

(4) 学会并掌握硬件产品的硬件结构、应用技术及产品性能，熟练使用各种测试的软硬件测试工具，能够独立搭建软硬件测试平台，并评价产品，写出产品的测试报告；

(5) 掌握 IC 设计、电路设计和 PCB 布线标准规范，熟练使用各种模拟器和 PCB 布线软件，具有分析和调试操作水平。

**3. 工作职责**

(1) 负责产品在研发阶段的维修、测试及记录工作；

(2) 支持其他部门的相关工作，负责硬件实验室的日常管理；

(3) 熟练使用各种检测和维修工具，具有分析问题能力，能够对硬件故障进行定位和排除；

(4) 相关硬件的调试、测试及分析工作；

(5) 理解各种硬件术语的内涵，能够根据客户的需要制作配置表，并独立完成组装和系统的安装工作；

(6) 熟悉各种 PC 操作系统和常用软件，具有分析问题能力，能够制作详尽的日常保养和技术支持的技术文件，跟踪实施所受理的维护项目。

(7) 编写调试程序，测试或协助测试开发的硬件设备，确保其按设计要求正常运行；

(8) 编写项目文档、质量记录以及其他有关文档。

### 9.2.5　软件工程师

软件工程师主要进行软件前期的项目需求的分析，对项目进行风险评估并试图解决这些风险，然后开始进行软件的开发，后期对软件的进度做相关的评估。目前伴随着云计算、大数据、物联网等的兴起，软件从开发环境到工具、从发布到市场产品，甚至营销方式也发生了很大的变化，整个开发模式到产品市场推广和产品本身的形态都在发生一场巨大的革命。革命不仅仅关系到软件行业，甚至波及所有行业。如何跟上发展趋势，将决定企业的未来竞争力。这给软件从业人员尤其是软件工程提供了更宽阔的工作空间，也提出了更高的要求。如图 9-7 所示。



微视频

中国的著名程序员

图 9-7　软件工程师

**1. 职业定义**

软件工程师指从事软件工程的立项、分析、建模、编程、测试、发布等工作并能够进行软件开发职业的技术人员。要求掌握常用软件开发平台，熟悉软件开发流程及良好文档编写能力，同时具有良好的团队合作精神和较强的沟通、协调能力。

**2. 职位要求**

(1) 精通典型编程工具；

(2) 具备编码和撰写文档的能力；

(3) 熟悉软件开发流程、设计模式、体系结构；

(4) 能独立解决技术问题,有较强的创新意识;
(5) 有较高的英语读写水平;
(6) 好学上进,耐心细致,有责任心;
(7) 工作勤奋,善于思考问题;
(8) 时间观念强,具有团队合作精神。

**3. 工作职责**

(1) 进行软件产品的详细设计,确保软件模块开发进度;
(2) 开发和维护统一的软件开发架构,发现和解决存在的软件设计问题;
(3) 修改已有的系统方案,以维持优良的操作性能及正常的信息沟通;
(4) 参与软件工程系统的设计、开发、测试等过程;
(5) 负责对产品提供个体测试以确保其一贯性和保证质量;
(6) 解决工程中的关键问题和技术难题;
(7) 负责编制系统帮助手册,协助编制用户手册;
(8) 协助相关应用软件的安装调试工作。

### 9.2.6 平面设计师



平面设计工作是一项主观性强的创意工作,大部分的平面设计师是通过不断的自学和进修、提升设计能力。譬如,平时就要多注意各式各样的海报、文宣品、杂志、书籍等的设计手法并加以收集,或是上网浏览其他设计师的作品,以激发自己的设计灵感。平面设计师要有敏锐的美感,但对文字也要有一定的素养。因此,平时还需要进行广泛的阅读,丰富本身的知识结构及文字敏感度。如图 9-8 所示。

图 9-8 平面设计师工作场景

**1. 职业定义**

平面设计师是在二维空间的平面材质上,运用各种视觉元素的组合及编排来表现其设计理念及形象。平面设计师把文字、照片或图案等视觉元素加以适当的影像处理及版面安排,呈现在报纸、杂志、书籍、海报、传单等纸质媒体上,也就是在纸质媒体上进行美术设计及版面编排。

**2. 职位要求**

(1) 熟悉掌握一些平面处理工具，如图形制作与处理软件 CorelDRAW 或 Illustrator、图像照片处理软件 Photoshop、大量文字排版软件 Pagemaker、方正排版等；

(2) 具有强烈敏锐的感受能力、发明创造的能力、对作品的美学鉴赏能力、对设计构想的表达能力、具备全面的专业技能；

(3) 必须有独特的素质和高超的设计技能，能反复推敲，吸取并消化同类优秀设计精华，实现新的创意；

(4) 逻辑思维清晰，做事认真、细致，表达能力强，具备良好的工作习惯；

(5) 具备团队合作精神，有很强的上进心，能承受工作带来的较大压力，有良好的心态，对企业有一定的忠诚度。

**3. 工作职责**

(1) 根据客户的要求，设计整个广告的核心理念和广告整体框架；

(2) 全程负责广告策划、文案表达、推广执行等工作，能独立撰写或设计广告推广样稿；

(3) 平面设计主要包括美术排版、平面广告、海报、灯箱等的设计制作；

(4) 完成对照片、图片、文字的后期处理；

(5) 完成会展、活动的整体布局，灯光舞美、气氛模拟设计。



### 9.2.7 动漫设计师

动漫设计师工作场景如图 9-9 所示。

图 9-9　动漫设计师工作场景

**1. 职业定义**

动漫设计师是指具备计算机动画设计、数字声像合成技术能力，计算机二维、三维动画制作及影视后期制作能力的高级技术应用型专门人才。主要从事计算机动画设计、数字声像合成、计算机动画制作及影视后期制作。

**2. 职位要求**

(1) 具有较高的审美素养、较强的视觉感受能力和视觉表现能力；

(2) 掌握动漫的基本原理和基础理论，并能在实践中融会贯通；

(3) 掌握动漫的各种表现语言和表现技巧，有较强的专业设计能力和创造能力；

(4) 能熟练运用计算机进行专业的辅助设计和创作；

(5) 具备一定的素描、色彩、透视基础；

(6) 熟练掌握 Photoshop、Maya、3ds Max 等软件的高级运用。

**3. 工作职责**

(1) 利用数字建模、模型布线进行不同类型动画人物的制作；

(2) 虚拟现实、建筑漫游动画、游戏动画制作、产品展示动画设计与制作；

(3) Flash 婚庆动画、Flash 广告、QQ 表情等设计与制作；

(4) 片头包装、广告设计、剪辑、特效与制作；

(5) 三维动画设计、制作。

### 9.2.8 软件测试工程师



软件项目开发是分工明确的系统工程，不同的人员扮演了不同的角色，包括部门经理、产品经理、项目经理、系统分析师、程序员、测试工程师、质量保证人员等。软件测试工程师只是软件项目开发中的重要角色之一。通过设置软件测试环境，发现和报告软件缺陷或错误，尤其需要快速定位软件中的严重错误；对软件整体质量提出评估，确认软件是否达到企业需求及某种具体标准。

**1. 职业定义**

测试工程师是指理解产品的功能要求，并对其进行测试，检查软件有没有错误，决定软件是否具有稳定性，写出相应的测试规范和测试用例的专门工作人员。简而言之，软件测试工程师在一家软件企业中担当的是质量管理角色，及时纠错、及时更正，确保产品的正常运作。

**2. 职位要求**

(1) 掌握软件测试的基本技能，包括黑盒测试、白盒测试、测试用例设计等基础测试技术，也包括单元测试、功能测试、集成测试、系统测试、性能测试等测试方法，以及测试流程管理、缺陷管理、自动化测试技术等知识；

(2) 掌握软件编程技能，具备一定的算法设计能力，应该掌握 Java、C＃、C ＋＋等中的至少一种语言以及相应的开发工具；

(3) 掌握一定的网络、操作系统等方面知识，掌握 Windows、UNIX、Linux 等操作系统的基本操作命令以及相关的工具软件；

(4) 掌握数据库方面知识，不但要掌握数据库基本的安装、配置，还要掌握 SQL，还应掌握 MySQL、SQL Server、Oracle 等常见数据库的使用；

(5) 具有一定的文字表达能力及语言组织能力，能编写项目测试文档、质量记录以及其他有关文档。

**3. 工作职责**

(1) 制订测试计划，包括测试资源、测试进度、测试策略、测试方法、测试工具、测试风险等；

(2) 使用自动化测试工具，编写测试脚本，进行性能测试等；

(3) 使用黑盒测试及白盒测试等各种测试技术和方法来测试和发现软件中存在的软件缺陷；

(4) 完成单元测试、集成测试、确认测试和系统测试工作，依据软件体系结构设计，测试软件模块之间的接口是否正确实现；

(5) 将发现的缺陷编写成正式的缺陷报告，提交给开发人员进行缺陷的确认和修复。

### 9.2.9 信息安全工程师

当今世界正处于信息化的浪潮之中，中国也正在大力发展信息产业，广泛深入地利用信息技术和网络技术。随着信息技术的发展，特别是互联网的迅速普及和广泛应用，网络和信息安全的地位越来越重要，网络和信息安全成为保障国家安全、经济发展和社会稳定的重要基石。信息安全是软件工程和信息化技术的重要研究领域，社会各界对网络信息安全方面的人才需求日益迫切。

**1. 职业定义**

信息安全工程师是指遵照信息安全管理体系和标准工作、防范黑客入侵并进行分析和防范、通过运用各种安全产品和防火墙、防病毒、IDS、PKI、攻防技术等技术设置，并进行安全制度建设与安全技术规划、日常维护管理、信息安全检查与审计系统账号管理与系统日志检查等的技术人员。



**2. 职位要求**

(1) 精通网络安全技术。包括端口、服务漏洞扫描、程序漏洞分析检测、权限管理、入侵和攻击分析追踪、网站渗透、病毒木马防范等；

(2) 熟悉 TCP/IP 协议，熟悉 SQL 注入原理和手工检测、熟悉内存缓冲区溢出原理和防范措施、熟悉信息存储和传输安全、熟悉数据包结构、熟悉 DDoS 攻击类型和原理，有一定的 DDoS 攻防经验，熟悉 IIS 安全设置、组策略等系统安全设置；

(3) 熟悉 Windows 或 Linux 系统，精通 PHP、Shell、Perl、C、C ++等中的至少一种语言；

(4) 了解主流网络安全产品的配置及使用；

(5) 善于表达沟通，诚实守信，责任心强，讲求效率，具有良好的团队协作精神。

**3. 工作职责**

(1) 负责服务器的架设、系统平台的搭建以及数据信息安全(需要对 Linux 系统非常熟悉)；

(2) 负责网络、电话、交换机、防火墙、考勤系统、监控系统、公共广播设备的维护和管理。保证网络等基础设备的正常运行；

(3) 服务器硬件、操作系统、应用管理，负责文件服务器、数据库服务器等应用服务器的监控和权限管理，DHCP、DNS、AD、防病毒服务器的管理；

(4) 数据库、网络设备、文件备份与恢复，保证服务器正常运作，系统备份；

(5) 负责公司网络安全体系建设、系统安全评估与加固；

(6) 保障公司终端、系统、网络与信息的安全性、完整性和可用性,消除安全隐患,避免问题发生。

### 9.2.10 系统架构师

系统架构师是指分析和评估系统需求、给出开发规范、搭建系统实现的核心构架、主要着眼于系统的“技术实现”的技术人员。系统构架师是近几年来在国内外迅速成长并发展良好的一个职位,它的重要性是不言而喻的。

**1. 职业定义**

系统架构师根据系统具体设计需求,结合各类开发设计规范,搭建系统实现的核心构架,解决设计过程中所涉及的关键技术。考虑从需求到设计的每个细节,把握整个项目,使设计的项目尽量效率高、开发容易、维护方便、升级简单等。

**2. 职位要求**

(1) 具备丰富的大中型开发项目的总体规划、方案设计及技术队伍管理经验;

(2) 对相关的技术标准有深刻的认识,对软件工程标准规范有良好的把握;

(3) 对.NET/Java 技术及整个解决方案有深刻的理解及熟练的应用,精通 Web Service/J2EE 架构和设计模式,能在此基础上设计产品框架;



(4) 具有面向对象分析、设计、开发能力(OOA、OOD、OOP),精通 UML 和 ROSE,熟练使用 Rational Rose、PowerDesigner 等工具进行设计开发;

(5) 精通大型数据库如 Oracle、SQL Server 等的开发;

(6) 对计算机系统、网络和安全、应用系统架构等有全面的认识,熟悉项目管理理论,并有实践基础;

(7) 良好的团队意识和协作精神,有较强的沟通能力。

**3. 工作职责**

(1) 根据产品和项目需求,分析、设计与实现系统架构方案,保障系统架构的合理性、可扩展性及经济性;

(2) 负责产品架构分析,提出软硬件架构整体设计,数据库存储设计方案,指导其他工程师的设计工作;

(3) 对相关产品系统架构方案进行评审及改进,控制产品系统架构质量;

(4) 负责核心技术问题的攻关、系统优化,协助解决项目开发过程中的技术难题;

(5) 制订开发规范,参与制订技术标准,编写相应的技术文档,并对通用技术进行整理,提高技术复用;

(6) 积极了解业界发展、相关新技术及趋势,促进技术进步和创新。

## 9.3　课后体会

互动练习

第 9 章自测题

### 学生总结

年　月　日

# 第10章　职业资格与认证

**本章课前准备**

查找相关资料，了解当前高职院校中较流行的资格考试

给自己制订一个规划，准备参加哪些证书考试

**本章教学目标**

使学生建立职业资质认证体系知识

了解相关证书获取的方式

**本章教学要点**

介绍IT行业的相关职业资质及认证

**本章教学建议**

讨论、讲述、演示相结合

微视频

职业资格与认证-1

职业资格认证是相关从业人员除了学历证书之外的非常重要的"敲门砖"和"砝码"，它代表了持证者胜任某项工作的能力和水平，是一种比较客观的评价体系；IT职业资格认证比较复杂，初接触者往往分不清各种认证之间的区别，而社会上各种培训认证的广告更是令人眼花缭乱；本章主要从不同的体系分类介绍典型IT职业资格认证。

## 10.1　职业资格

互动教学　从事IT职业需哪些方面的职业资格？请举例说明。

### 10.1.1　职业资格与学历的区别

职业资格与学历文凭不同，学历文凭主要反映学生学习的经历，是文化理论知识水平的证明。职业资格与职业劳动的具体要求密切结合，更直接、更准确地反映了特定职业的实际工作标准和操作规范，以及劳动者从事该职业所达到的实际工作能力水平。

学历指一个人的学习经历。目前，我国高等学历分5个层次：博士研究生学历、硕士研究生学历、第二学士学位学历、普通全日制本科学历、普通全日制专科（高职）学历。同等学历指具有与某级教育相同层次的学历或者获得同级教育但非同一学科、专业的毕业证书，包括相应的学位证书。

学位证书，又称学位证，是为了证明学生专业知识和技术水平而授予的证书，在我国学位证授予资格单位为通过教育部认可的高等院校或科学研究机构。目前我国学位分为三类：学士学位、硕士学位、博士学位。其中，学士学位里还包括第二学士学位，统称学士学位。

获得学位意味着被授予者的受教育程度和学术水平达到规定标准的学术称号，经高等学校或科学研究部门学习和研究，成绩达到有关规定，由有关部门授予并得到国家社会承认的专

业知识学习资历。

职业资格是对从事某一职业所必备的学识、技术和能力的基本要求。职业资格包括从业资格和执业资格。从业资格是指从事某一专业(工种)学识、技术和能力的起点标准,如教师证、银行资格证等。执业资格是指政府对某些责任较大、社会通用性强、关系公共利益的专业(工种)实行准入控制,是依法独立开业或从事某一特定专业(工种)学识、技术和能力的必备标准。职业资格分别由劳动、人事行政部门通过学历认定、资格考试、专家评定、职业技能鉴定等方式进行评价,对合格者授予国家职业资格证书。许多行业中获取从业资格是获取执业资格的前提条件。近年来在职业资格考试的报考条件中常以相应的学历、学位为前提条件。

### 10.1.2 从业资格认证

从业资格证书是证书持有人专业水平能力的证明,可作为求职、就业的凭证和从事特定专业的法定注册凭证。开展职业技能鉴定,推行职业资格证书制度,是落实党中央、国务院提出的“科教兴国”战略的重要举措,也是我国人力资源开发的一项战略措施。它对于提高劳动者素质,促进人力资源市场的建设以及深化国有企业改革,培养技能型人才,促进经济发展都具有重要意义。根据《劳动法》和《职业教育法》的有关规定,对从事技术复杂、通用性广以及涉及国家财产、人民生命安全和消费者利益的职业(工种)的劳动者,只要从事国家规定的技术工种(职业)工作,必须取得相应的职业资格证书,方可就业上岗。

从业资格认证通过考试方法取得,参加从业资格考试的报名条件根据不同专业而有相应的规定。从业资格考试通常由政府或相应行业协会组织,考试实行全国统一大纲、统一命题、统一组织、统一时间,所取得的从业资格经注册后,全国范围有效。所获证书具有一定的时效性。

### 10.1.3 执业资格认证

执业资格的确认及其证书的颁发工作都由劳动人事行政部门综合管理,必须经考试合格才能取得,报考条件、考试内容、考核标准则因不同的专业而略有差异,目前我国已经完全建立了执业资格制度的共有 16 个专业。其中 7 个专业实行注册制度。注册是对专业技术人员执业管理的重要手段,未经注册者,不得使用相应名称和从事有关业务。现在实行注册制度的 7 个专业为:注册律师、注册会计师、注册建筑师、注册拍卖师、注册监理工程师、注册资产评估师、注册房地产估价师。其他 9 个实行执业资格证书的专业是:教师、医师、药师、护师、统计师、会计师、法律顾问、造价工程师、国际商务师。今后,随着执业资格的不断发展与完善,必然还会有更多的专业建立起执业资格制度。

执业资格的注册管理机构为国务院有关业务主管部门。各省、自治区、直辖市业务主管部门负责审核、注册,并报国务院业务主管部门备案,各省、自治区、直辖市人事(职改)部门负责对注册工作的监督、检查。

申请执业资格注册,必须同时具备下列条件:① 已经取得《执业资格证书》;② 遵纪守法,具备职业道德;③ 经所在单位考核合格;④ 身体健康,能坚持工作。如果是再次注册者,还应取得知识更新和参加业务培训的证明。

# 10.2　IT职业认证体系

互动教学　你打算参加一些职业资格考试吗？

当今国内流行各种IT考试认证，包括全国计算机等级考试、软件水平考试、职业技能鉴定考试（计算机高新考试）、高校计算机等级考试（CCT）、行业认证（包括微软认证）、国家信息化技术证书、印度NIIT认证、全国信息技术高级人才水平考试（NIEH）认证、北大青鸟ACCP认证等。按技术方向分，常见的有网络技术、通信、信息安全、硬件技术、电子商务方向，数据库方向，开发方向等。以下介绍目前较流行的几类综合性的IT认证考试。

## 10.2.1　全国计算机等级考试

计算机技术的应用在我国各个领域发展迅速，为了适应知识经济和信息社会发展的需要，操作和应用计算机已成为人们必须掌握的一种基本技能。许多单位、部门已把掌握一定的计算机知识和应用技能作为人员聘用、职务晋升、职称评定、上岗资格的重要依据之一。鉴于社会的客观需求，经原国家教委批准，原国家教委考试中心于1994年面向社会推出了全国计算机等级考试（National Computer Rank Examination，NCRE），其目的在于以考促学，向社会推广和普及计算机知识，也为用人部门录用和考核工作人员提供一个统一、客观、公正的标准。教育部考试中心负责实施考试，制定有关规章制度，编写考试大纲及相应的辅导材料，命制试卷、答案及评分参考，进行成绩认定，颁发合格证书，研制考试必需的计算机软件，开展考试研究和宣传、评价等。



NCRE级别、科目设置见表10-1。

**表10-1　NCRE级别、科目设置（2013版）**

| 级别 | 科目名称 | 科目代码 | 考试时间 | 考试方式 |
|---|---|---|---|---|
| 一级 | 计算机基础及WPS Office应用 | 14 | 90分钟 | 无纸化 |
| | 计算机基础及MS Office应用 | 15 | 90分钟 | 无纸化 |
| | 计算机基础及Photoshop应用 | 16 | 90分钟 | 无纸化 |
| 二级 | C语言程序设计 | 24 | 120分钟 | 无纸化 |
| | VB语言程序设计 | 26 | 120分钟 | 无纸化 |
| | VFP数据库程序设计 | 27 | 120分钟 | 无纸化 |
| | Java语言程序设计 | 28 | 120分钟 | 无纸化 |
| | Access数据库程序设计 | 29 | 120分钟 | 无纸化 |
| | C++语言程序设计 | 61 | 120分钟 | 无纸化 |
| | MySQL数据库程序设计 | 63 | 120分钟 | 无纸化 |
| | Web程序设计 | 64 | 120分钟 | 无纸化 |
| | MS Office高级应用 | 65 | 120分钟 | 无纸化 |
| 三级 | 网络技术 | 35 | 120分钟 | 无纸化 |
| | 数据库技术 | 36 | 120分钟 | 无纸化 |
| | 软件测试技术 | 37 | 120分钟 | 无纸化 |
| | 信息安全技术 | 38 | 120分钟 | 无纸化 |
| | 嵌入式系统开发技术 | 39 | 120分钟 | 无纸化 |

续表

| 级别 | 科目名称 | 科目代码 | 考试时间 | 考试方式 |
| --- | --- | --- | --- | --- |
| 四级 | 网络工程师 | 41 | 90 分钟 | 无纸化 |
| | 数据库工程师 | 42 | 90 分钟 | 无纸化 |
| | 软件测试工程师 | 43 | 90 分钟 | 无纸化 |
| | 信息安全工程师 | 44 | 90 分钟 | 无纸化 |
| | 嵌入式系统开发工程师 | 45 | 90 分钟 | 无纸化 |

一级：操作技能级。考核计算机基础知识及计算机基本操作能力，包括 Office 办公软件、图形图像软件。

二级：程序设计/办公软件高级应用级。考核内容包括计算机语言与基础程序设计能力，要求参试者掌握一门计算机语言，可选类别有高级语言程序设计类、数据库程序设计类、Web 程序设计类等；二级还包括办公软件高级应用能力，要求参试者具有计算机应用知识及 MS Office 办公软件的高级应用能力，能够在实际办公环境中开展具体应用。

三级：工程师预备级。三级证书面向已持有二级相关证书的考生，考核面向应用、面向职业的岗位专业技能。

四级：工程师级。四级证书面向已持有三级相关证书的考生，考核计算机专业课程，是面向应用、面向职业的工程师岗位证书。

NCRE 考试采用全国统一命题、统一考试的形式。所有科目每年开考两次。一般从 3 月倒数第一个周六或 9 月倒数第二个周六开始，考试持续 5 天。

NCRE 考试实行百分制计分，但以等第分数通知考生成绩。等第分数分为“不及格”、“及格”、“良好”、“优秀”四等。考试成绩在“及格”以上者，由教育部考试中心发合格证书。考试成绩为“优秀”的，合格证书上会注明“优秀”字样。NCRE 合格证书式样按国际通行证书式样设计，用中、英两种文字书写，证书编号全国统一，证书上印有持有人身份证号码(图 10-1)。该证书全国通用，是持有人计算机应用能力的证明。

自 1994 年开考以来，NCRE 适应了市场经济发展的需要，考试持续发展，考生人数逐年递增。至 2012 年年底，累计考生超过 4933 万人次，累计获证达 1876 万人次。

### 10.2.2　计算机技术与软件专业技术资格(水平)考试

计算机技术与软件专业技术资格(水平)考试(简称计算机软件考试)是中国计算机软件专业技术资格和水平考试(简称软件考试)的完善与发展，是由中华人民共和国人力资源和社会保障部及工业和信息化部联合主办的国家级考试，其目的是科学、公正地对全国计算机技术与软件专业技术人员进行职业资格、专业技术资格认定和专业技术水平测试。考试的权威性和严肃性，得到了社会及用人单位的广泛认同，并为推动我国信息产业特别是软件产业的发展和提高各类 IT 人才的素质作出了积极的贡献。

计算机软件考试从 2004 年起纳入全国专业技术人员职业资格证书制度的统一规划。通过考试获得证书的人员，表明其已具备从事相应专业岗位工作的水平和能力，用人单位可根据工作需要从获得证书的人员中择优聘任相应专业技术职务(技术员、助理工程师、工程师、高级

图 10-1　NCRE 证书样本



工程师)。计算机技术与软件专业实施全国统一考试后,不再进行相应专业技术职务任职资格的评审工作。因此,这种考试是职业资格考试,也是专业技术资格考试。

同时,这种计算机软件考试还具有水平考试的性质,报考任何级别不受学历、资历条件限制,考生可根据自己熟悉的专业情况和掌握的知识水平选择适当的级别报考。程序员、软件设计师、系统分析师级别的考试已与日本相应级别的考试互认,以后还将扩大考试互认的级别以及互认的国家和地区。

计算机软件考试分 5 个专业类别:计算机软件、计算机网络、计算机应用技术、信息系统、信息服务(表 10-2)。每个专业又分三个层次:高级资格(相当于高级工程师)、中级资格(相当于工程师)、初级资格(相当于助理工程师、技术员)。对每个专业、每个层次,设置了若干个资格(或级别)。从 2004 年开始逐步实施这些级别的考试。考试合格者颁发由中华人民共和国人事部(后为人社部)和信息产业部(后为工信部)共同用印的《计算机技术与软件专业技术资格（水平）证书》（图 10－2），全国统一，全国有效。从 2004 年开始，每年将举行两次考试，上下半年各一次。每年上半年和下半年考试的级别不尽相同，考试级别和考试大纲由全国计算机技术与软件专业技术资格（水平）考试办公室公布。

**表 10－2　计算机技术与软件技术资格（水平）考试专业类别、资格名称和级别对应表**

| | 计算机软件类 | 计算机网络类 | 计算机应用技术类 | 信息系统类 | 信息服务类 |
|---|---|---|---|---|---|
| 高级资格<br>（不再分类） | 信息系统项目管理师<br>系统分析师（原系统分析员）<br>系统架构设计师<br>网络规划设计师<br>系统规划与管理师 | | | | |
| 中级资格 | 软件评测师<br>软件设计师<br>（原高级程序员）<br>软件过程能力评估师 | 网络工程师 | 多媒体应用设计师<br>嵌入式系统设计师<br>计算机辅助设计师<br>电子商务设计师 | 信息系统监理师<br>数据库系统工程师<br>信息系统管理工程师<br>系统集成项目管理工程师<br>信息安全工程师 | 信息技术支持工程师<br>计算机硬件工程师 |
| 初级资格 | 程序员（原初级程序员、程序员） | 网络管理员 | 多媒体应用制作技术员<br>电子商务技术员 | 信息系统运行管理员 | 信息处理技术员<br>网页制作员 |

图 10－2　计算机软件考试证书样本

### 10.2.3　全国信息技术水平考试

全国信息技术水平考试是由工业和信息化部电子教育与考试中心（全国电子信息应用教

育中心)负责具体实施的国家级统一考试。颁发计算机信息处理技术证书、计算机程序设计技术证书、数据库应用系统设计高级技术证书、信息系统开发高级技术证书、局域网组网高级技术证书、计算机网络管理高级技术证书、互联网应用高级技术证书共7个证书,2004年开始新增加了计算机信息处理技术证书(Linux模块)和计算机网络管理高级技术证书(Linux模块)2个证书,共计9个证书,并组编了一系列的考试用书。

在全国范围内设立了28家考试机构,每年组织两次考试,该考试不断跟踪最新最实用的技术。每年6月和12月开考两次。考试报名时间:上半年报名时间为4月,下半年为9月。采用理论和实践分别考试的双考方式,上、下午各考一场。通过者颁发相应的证书(图10-3),报考条件与报考对象不受年龄、学历、职业和就业状况的限制。

微视频

职业资格与认证-2

图10-3 全国信息技术水平考试技术水平证书样本



## 10.3 IT企业原厂认证

互动教学 你知道哪些著名的IT企业?它们的代表产品分别是什么?

由于各IT企业不断推出新的技术,为了使广大用户快速地了解、掌握、使用这些新技术,一些IT企业推出了一系列专业技术认证。这些新技术证书的获得证明了持证人掌握了解哪些最新技术,增加了找工作的竞争优势。下面介绍目前市场上较热门的一些原厂专业资质认证。

注 原厂认证经常会随着技术的进步(或公司合并)而产生变动,在IT领域这种变动(更新)的速度是非常迅速的。

### 10.3.1 微软认证体系

微软认证是微软公司设立的推广微软技术、培养系统网络管理和应用开发人才的完整技术金字塔证书体系,被全世界90多个国家和地区认可有效。微软认证从1992年设立至今,在业界的影响力也越来越大,全球共计有8万位MCSE2003和3万多位MCSD产生,是具备相当含金量和实用价值的高端证书。要参加微软资格认证考试,首先应该具有一定的英语水平

（试题全部使用英文，相当于大学英语二、三级的英文水平），有一定的 Windows 操作系统的操作基础。可以在微软公司设在全球范围内的 800 多家授权考试中心（APTC：Authorized Pronmetric Testing Center）的任何一家报名参加考试。考生必须提前 3 天和考试管理员联系确定考试时间。微软认证考试报名有两种方式：一种是网上报名；一种是在考试中心报名。考生可在当地考试中心考场开放日内参加考试。微软考试题型有单选题、多选题、拖图题、实验题，每个人的每次考题都是随机抽取的。微软认证考试形式都是上机考试的方式，机器阅卷，考完之后立即得知成绩。考试中心通过 Internet 将考试结果传送至考试公司。考试公司在 24 小时内将考试结果送至相应的厂商数据库，如果通过了厂商要求的证书系列考试，可在 6～8 周内收到由厂商直接寄发的证书（图 10-4）。

图 10-4　微软认证证书样本（MCITP 和 MCSA）

2012 年，微软对认证体系进行了全面升级，主要是将云技术解决方案和相关的知识体系引入原有的认证考试体系，从而推动整个行业向云计算时代进行变革，新版微软认证体系更加注重最前沿的技术。

新一代微软云技术认证体系简单明了，包括 3 个级别：MCSA、MCSE/MCSD 和 MCSM，微软云认证与原有认证的体系对比如图 10-5 所示。

考取比较典型的微软认证的途径见表 10-3。

| | | 微软认证 | 微软云技术认证 |
|---|---|---|---|
| 大师 | 资深IT专业人士的顶级头衔 | MCM（大师） | MCSM（解决方案大师） |
| 专家 | 全球公认的IT精英 | MCITP（IT专业人员）<br>MCPD（专业开发人员） | MCSE（解决方案专家）<br>MCSD（解决方案开发专家） |
| 专员 | IT领域职业发展的坚实基础 | MCTS（技术专员） | MCSA（解决方案专员） |

图 10-5　微软认证体系

表 10-3 微软认证体系(参考)

| | | | |
|---|---|---|---|
| 初级证书 | MCTS | MCTS(微软认证技术专家)认证是微软全新认证体系中的证书,其证书的等级相当于以前的 MCP 认证,但 MCTS 认证更有针对性地在每个证书上新增了其技术方向的说明,侧重于某项的微软产品或技术的资格的鉴定,只要考过一门科目就可以获得一项 MCTS 认证。 | 参加一门或者两门考试即可获得证书,只能代表学习过的某一具体的技术或者技能 |
| | MCSA | MCSA(微软认证系统管理员)认证是微软推出的在 Windows Server 平台环境下对现有网络及系统进行实施、管理、故障排除等工作的专业人员而设计的认证。 | |
| 中级证书 | MCITP | MCITP(微软 IT 专家)认证属于微软全新认证体系的中级证书,需要考生首先通过一项或多项 MCTS 认证,侧重于特定的工作角色包括设计、项目管理、运营管理以及规划等,需重新认证以保持有效 | 通过至少两门考试,可以满足和担当一些技能和岗位的要求,这也是 IT 认证考试资源网专家推荐的主要证书 |
| | MCPD | MCPD(微软认证专业开发)认证在整个微软认证体系中属于中级证书。MCPD 侧重于特定的工作角色,包括设计、项目管理、运营管理以及规划等 | |
| 高级证书 | MCM | MCM(微软认证高级技术专家或者微软认证大师)认证是为专注于专一系统、软件、设备并具备 5 年以上工作经验的微软认证专家设立的,同时获得 MCM 认证也是获得 MCA 认证的必要条件 | 原厂培训+笔试+实验室考试+五年以上从业资历才能成为微软高级技术专家 |



### 10.3.2 Oracle 认证体系

Oracle 认证考试由 Oracle 公司授权国际考试认证中心对考生进行资格认证。Oracle 提供了 3 级认证:OCA 认证专员、OCP 认证专家、OCM 认证大师(图 10-6)。

(1) OCA:这项较低级的认证是 Oracle 专为那些仅通过 OCP 两项考试的人员设计的初级技能水平考试,是使用 Oracle 产品的基础。要获得 OCA 证书,必须通过两次考试。第一次可以通过 Internet 进行,第二次考试则必须在授权的 Prometric 国际考试中心进行。

目前,OCA 认证版本已经升级到 11g,考试科目为:Oracle Database 11g:SQL Fundamentals、Oracle Database 11g:Administration Workshop Ⅰ,要获得 OCA 证书,只需要在考试中心通过考试就可以获得 Oracle 公司发放的 OCA 认证。

(2) OCP:Oracle 专业认证要求通过 4 门具有一定难度的考试,以证实学员在 Oracle 数据库管理领域内的熟练程度 。

OCP 属于专家级技能和技术知识考试,通过这种考试之后,说明此人可以管理大型数据库,或者能够开发可以部署到整个企业的应用。要获得 OCP 证书,必须先获得 OCA 证书,然后才能参加 OCP 要求的其他考试。参加 OCP 认证的学员必须至少在 Oracle 大学或者其授权培训中心学习一门课程才能获得 OCP 证书。这些考试也必须在授权的国际认证考试中心进行。

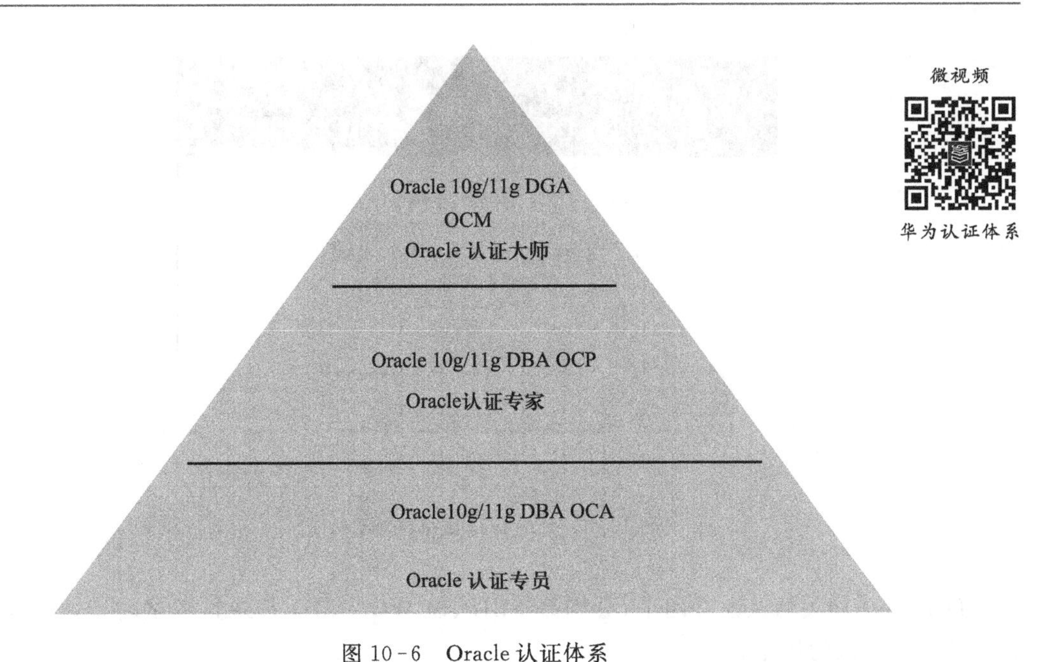


图 10-6　Oracle 认证体系



OCP 认证版本已经升级到 11g,考试科目为:Oracle Database 11g: Administration Workshop Ⅱ。要获得 Oracle10g OCP 认证,要求在 OCP 考试前必须参加一门 Oracle 大学的原厂课程培训,即 Oracle Database 11g: Administration Workshop Ⅰ 和 Oracle Database 11g: Administration Workshop Ⅱ 中的任何一门课程,否则将不能得到 OCP 的证书。

(3) OCM:OCM 要求参试人员必须完成的几项任务:获得 OCP 认证 、参加 Oracle 大学的两门高级课程 、通过预先测试 、通过 Oracle 试验室的实践测试。

OCM 是资深专家级 Oracle 技能考试,通过后将成为企业内的资深专家。OCM 不但有能力处理关键业务数据库系统和应用,还能帮助客户利用 Oracle 技术获得成功。要想获得 OCM 证书,必须先通过 OCP 考试,再学习 Oracle 大学开设的两门高级技术课程,并通过预考,然后在 Oracle 实验环境内成功地通过实习考试。实习考试的目的是培养动手能力,学员必须实际完成职业需要的真正任务。

从另一角度,Oracle 认证又分为:

(1) Oracle 专业 DBA 认证:这是为 Oracle 数据库管理设计的一门基本认证(4 门考试);

(2) Oracle 网络应用开发人员认证:这是关于 SQL、PL/SQL 和网络开发的一门认证(4 门考试);

(3) Oracle Java 开发人员认证:这是与 Sun 公司一起为 Oracle 设计的 Java 开发人员认证,共有 6 门考试以及 Sun 和 Oracle 的衔接认证;

(4) Internet 数据库操作人员认证:iDBO 是为测试数据库和 Internet 应用管理中 Oracle 管理人员专门设计的单独考试。

### 10.3.3　Java 认证体系

Sun Java 证书样本如图 10-7 所示。

图 10-7　Sun Java 证书样本(SCJP)

目前 Java 相关的认证有四个,分别是 SCJP、SCWD、SCJD、SCAJ,考试时皆以英文出题。这几项认证考试的特点如下:

(1) SCJP(Sun Certified Java Programmer):测试 Java 程序设计的观念和能力,内容偏重于 Java 语法和 JDK 内容。共 59 道多选题及填充题,时间 2 小时,答对 61%是及格标准。



(2) SCWD(Sun Certified Web Component Developer for J2EE Platform):内容涵盖 Servlet 与 JSP。共 60 道多选题及填充题,时间 2 小时,答对 70%是及格标准。

(3) SCJD(Sun Certified Java Developer):测试 Java 软件开发的进阶技能,考试分成两阶段:第一阶段是程序设计题,答对 80%以上就可以进入第二阶段应试;第二阶段是 5~10 道简答题,时间 90 分钟,答对 70%以上即可得到 SCJD 认证。

(4) SCAJ(Sun Certified Enterprise Architect for J2EE):测试对于 J2EE 架构的熟悉程度以及系统整合的能力。本考试分成三个阶段:第一个阶段是 48 道多选题,时间 75 分钟,答对 68%以上方可进入第二阶段;第二阶段是系统设计专题,答对 70%以上方可进入第三阶段;第三阶段是四道申论题,时间 90 分钟。

### 10.3.4　思科认证体系

思科认证是由网络领域著名的厂商思科系统公司(Cisco System Inc.)于 1993 年设立的。整套认证主要致力于网络支持、网络设计、网络安全、网络服务四个方向,包含网络工程师从初级到高级的一系列课程(表 10-4)。在思科的各种认证中,最为大家熟知和热衷的主要包括 CCNA(Cisco Certified Network Associate,思科认证网络支持工程师)、CCNP(Cisco Certified Network Professional,思科认证网络高级工程师)和 CCIE(Cisco Certified Internetwork Expert,思科认证网络专家),其中 CCIE 是全球互联网领域中最顶级的认证证书。

表 10-4　思科认证体系(参考)

| 认证专业方向 | 助理级 | 专业级 | 专家级 |
| --- | --- | --- | --- |
| 路由交换 | CCNA | CCNP | CCIE(Routing & Switching) |
| 网络安全 | CCNA | CCSP | CCIE(Security) |
| 运营商 | CCNA | CCIP | CCIE(Service Provider) |
| 语音 | CCNA | CCVP | CCIE(Voice) |
| 无线 | CCNA | CCNP | CCIE(Wireless) |
| 存储网络 | CCNA | CCNP | CCIE(Storage Networking) |
| 运营商运维 | CCNA | CCNP | CCIE(Service Provider operations) |
| 网络设计 | CCDA | CCDP | CCDE(Design) |

想要获得思科认证,首先要参加由思科推荐并授权的培训中心(Cisco Training Partner,CTP)所开设的培训课程。完成学业后再到由全球考试机构 Sylvan Prometric 授权的考试中心参加由思科指定的科目认证考试(表 10-5)。通过指定的系列科目考试后,学员就可以获得相应分支系列等级的资格认证,证书样本如图 10-8 所示。



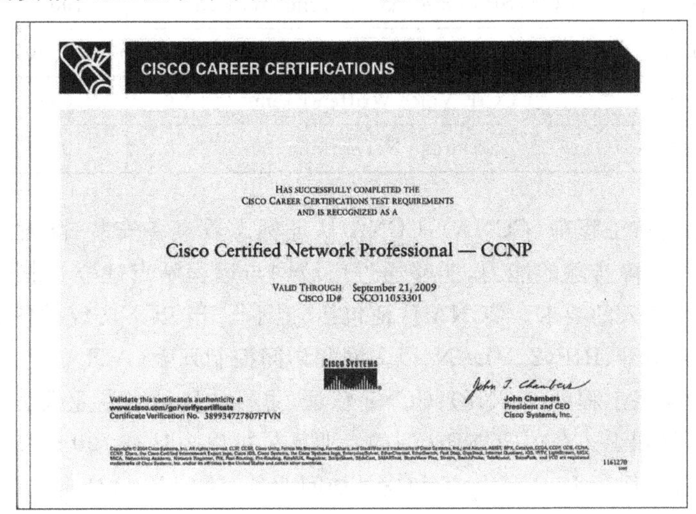


图 10-8　思科证书样本(CCNP)

思科认证的考试内容包括笔试(客观题)和实验。笔试在全球认证的考试中心进行,时间为 2 个小时。由于采用了计算机联网的标准化考试,因此考试一结束,学员马上就可以知道自己的成绩。不同的考试级别可选择的授权考试中心不尽相同,CCIE 考核最为严格,其中笔试部分现在中国一些比较发达的城市的授权考试中心基本都能考,而实验部分考试在世界范围内只有 10 个固定考场:研究三角园区(美)、圣何塞(美)、悉尼(澳)、香港(中)、北京(中)、东京(日)、布鲁塞尔(比)、圣保罗(巴)、迪拜(阿)、班加罗尔(印度)。实验室考试分为两天,第一天要求学生利用实验室提供的设备建立网络;第二天由考官给学员的网络设置故障,学员则要想办法查出故障并加以解决。

表 10-5 思科考试科目(参考)

| 考试科目 | 考试号 | 课程名 | 考题数量 | 考试时间(min) | 通过分数 |
|---|---|---|---|---|---|
| CCNA | 640-802 | CCNA | 48～60 | 120 | 825 |
| CCNP | 642-901 | BSCI | 55～65 | 120 | 790 |
| | 642-812 | BCMSN | 55～65 | 120 | 804 |
| | 642-825 | ISCW | 55～65 | 120 | 790 |
| | 642-845 | ONT | 55～65 | 120 | 790 |
| | 642-892 | COMPOSITE | 55～65 | 120 | 790 |
| CCIE | 350-001 | CCIE Routing and Switching Written Exam | 105 | 150 | 70 |
| | 350-018 | CCIE Security Written | 100 | 150 | 70 |
| | 350-020 | CCIE Service Provider Optical Exam | 100 | 150 | 70 |
| | 350-021 | CCIE Service Provider Cable Exam | 100 | 150 | 70 |
| | 350-023 | CCIE Service Provider WAN Switching Exam | 100 | 150 | 70 |
| | 350-026 | CCIE SP Content Networking Written | 100 | 150 | 70 |
| | 350-029 | CCIE SP Written | 100 | 150 | 70 |
| | 350-030 | CCIE Voice Written Exam | 100 | 150 | 70 |
| | 350-040 | Storage Networking | 100 | 150 | 70 |



思科认证网络支持工程师(CCNA):CCNA 认证标志着具备安装、配置、运行中小型路由和交换网络,并进行故障排除的能力,能够通过广域网与远程站点建立连接,消除基本的安全威胁,了解无线网络接入的要求。CCNA 认证包括(但不限于)以下协议的使用:IP、EIGRP、串行线路接口协议、帧中继、RIPv2、VLAN、以太网和访问控制列表(ACL)。

思科认证高级网络工程师(CCNP):CCNP 认证(思科认证网络专业人员)表示通过认证的人员具有丰富的网络知识。获得CCNP认证的专业人员可以为具有 100～500 多个结点的大型企业网络安装、配置和运行 LAN、WAN 和拨号访问业务。CCNP 认证标志着具有对从 100 个结点到超过 500 个结点的融合式局域网和广域网进行安装、配置和排障的能力。获得 CCNP 认证资格者拥有丰富的知识和技能,能够管理构成网络核心的路由器和交换机,以及将语音、无线和安全集成到网络之中的边缘应用。

思科认证网络专家(CCIE):CCIE 认证资格表示持证人在不同的 LAN、WAN 接口和各种路由器、交换机的联网方面拥有专家级知识。R&S 领域的专家可以解决复杂的连接问题,利用技术解决方案提高带宽,缩短响应时间,最大限度地提高性能,加强安全性和支持全球性应用。考生应当能够安装、配置和维护 LAN、WAN 和拨号接入服务。

### 10.3.5 红帽认证体系

中国加入 WTO 后,知识产权保护将逐步规范,使得更多企业转向成本低廉的 Linux 操作平台。目前,Linux 在服务器市场上的占有率超过 27%,其增长率超过 Windows 操作系统 4 个百分点。随着 Linux 持续不断渗入各大企业中,使得 Linux 的专业认证显得格外重要。

红帽( Red Hat)是目前世界上最资深的 Linux 和开放源代码提供商,同时也是最获认可的 Linux 品牌,为全球企业提供专业技术和服务。红帽公司提供对 Linux 从业人员的专业评估和认证标准,是目前全球通用的最权威的 Linux 方面的国际权威认证(图 10-9)。

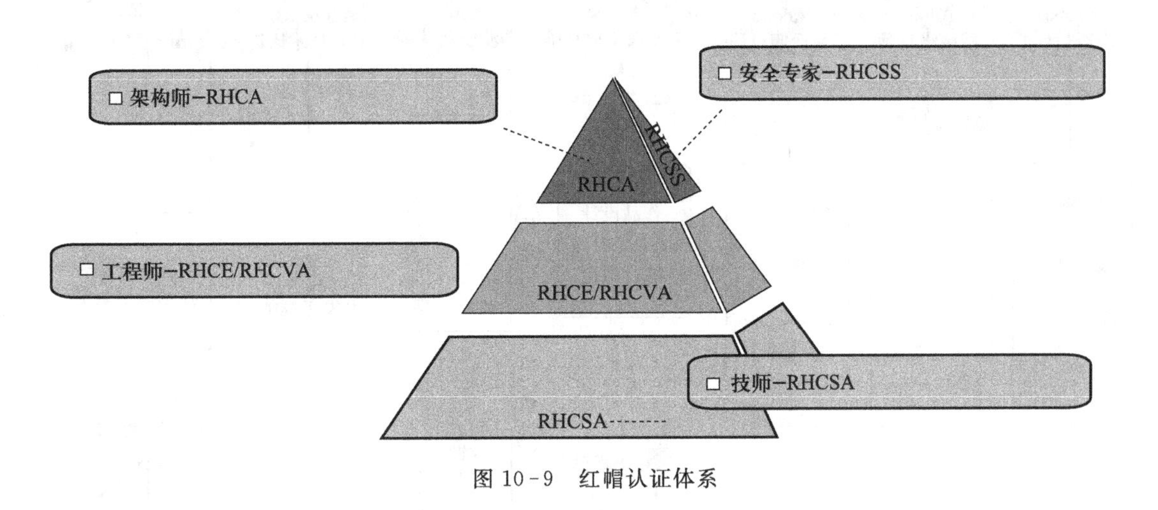


图 10-9　红帽认证体系



红帽系统管理员(RHCSA):内容为红帽企业 Linux 的系统管理技能、如何在现有网络中添加和配置工作站。

红帽认证工程师(RHCE):内容为配置红帽企业 Linux 常用网络服务所需的深入知识、对网络和本地安全任务的设置。

红帽认证架构师(RHCA):内容为部署和管理大型企业环境中众多系统的高级 Linux 系统管理员的实际操作。

### 10.3.6　Adobe 认证体系

Adobe 公司推出认证设计师资格认证,认证范围包括广告行业的操作技能、平面作品的设计制作能力;平面广告、印刷出版、包装、书籍装帧设计、图书出版、公司形象识别(CI)等技术;影视制作软件的使用,实现影片剪辑制作,并运用软件实现特定影视特效制作和输出,电视栏目包装、编辑制作多媒体或网页的动态图形和视频特技等方面的工作。通过 Adobe 认证考试者,Adobe 公司将统一颁发 Adobe 认证产品专家(Adobe Certified Product Expert,ACPE)单科证书和 Adobe 中国认证设计师(Adobe China Certified Designer,ACCD)证书。

Adobe 认证体系如图 10-10 所示。

创意设计师:要求通过 Adobe Photoshop、Adobe Illustrator、Adobe InDesign、Adobe Acrobat 四门考试。

影视后期设计师:要求通过 Adobe After Effects、Adobe Premiere 、Adobe Photoshop、Adobe Illustrator 四门考试。

网络设计师:要求通过 Adobe Dreamweaver(或 Adobe Golive)、Adobe Flash、Adobe Fireworks、Adobe Photoshop 四门考试。

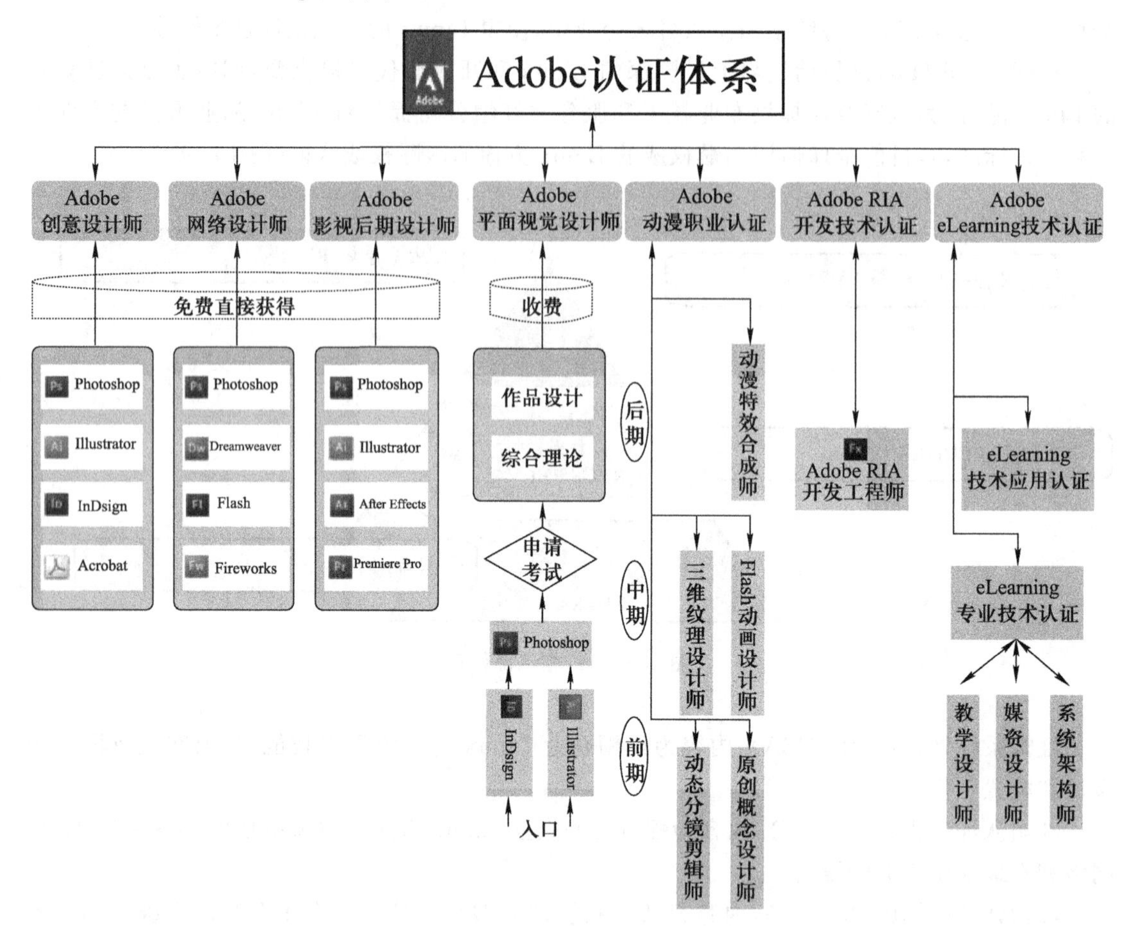


图 10-10　Adobe 认证体系



## 10.4　课后体会

### 学生总结

互动练习

第 10 章自测题

年　月　日

# 参考文献


[1] 王永红，王诗瑶. 计算机网络基础项目教程[M]. 北京：清华大学出版社，2019.

[2] 林伟伟，彭绍亮. 云计算与大数据技术理论及应用[M]. 北京：清华大学出版社，2019.

[3] 刘梅彦. 大学计算机基础[M]. 2 版. 北京：清华大学出版社，2013.

[4] 张尧学，宋虹，张高. 计算机操作系统教程[M]. 4 版. 北京：清华大学出版社，2013.

[5] 刘金岭，冯万利. 数据库系统及应用教程－SQL Server 2008[M]. 北京：清华大学出版社，2013.

[6] 唐晓君，王海文，李晓红. 软件工程——过程、方法及工具[M]. 北京：清华大学出版社，2013.

[7] 李海峰. 数字媒体概论[M]. 北京：清华大学出版社，2013.

[8] 戢友. OpenStack 开源云王者归来——云计算、虚拟化、Nova、Swift、Quantum 与 Hadoop[M]. 北京：清华大学出版社，2014.